다시 쓰는 전쟁론

이 도서의 국립중앙도서관 출판예정도서목록(CIP)은 서지정보유통지원시스템 홈페이지
(http://seoji.nl.go.kr)와 국가자료공동목록시스템(http://www.nl.go.kr/kolisnet)에서
이용하실 수 있습니다. CIP제어번호: 2018003322(양장) 2018003321(반양장)

MORE ON WAR

다시 쓰는 전쟁론

손자와 클라우제비츠를 넘어

마틴 반 크레벨드 지음 강창부 옮김

한울
아카데미

전쟁을 연구하는 이들에게 바친다.

그것을 연구하는 시간과 장소를 막론하고.

당신은 전쟁에 관심이 없을지 모른다.

그러나 전쟁은 당신에게 관심이 있을 수 있다.

_레온 트로츠키(Leon Trotsky)❖

❖ 이 말은 트로츠키가 한 말로 잘못 알려져 있다. 트로츠키는 "당신은 변증법에 관심이 없을 수도 있다. 그러나 변증법은 당신에게 관심이 있다"라고 말했을 뿐이다. 그러나 이 표현은 다양하게 변형되어 통용되면서 '전쟁'으로 대체된 표현이 트로츠키의 발언인 것처럼 잘못 알려지게 되었다. ─역주

역자의 글

  손자와 클라우제비츠를 생략하고 전쟁이나 군사전략에 대한 온전한 이해에 도달할 수 있는 이가 있을까? 『병법』은 "동서고금을 통틀어 최고의 군사고전"으로, 『전쟁론』은 "전쟁에 대한 가장 위대할 뿐 아니라 진정으로 위대한 유일한 책"으로 극찬을 누려왔다. '대안적인 전쟁론'을 저술한다는 실로 야심적인 작업에 뛰어든 마틴 반 크레벨드가 자신이 뛰어넘어야 할 궁극적인 대상을 손자와 클라우제비츠로 지명한 것도 실상은 두 거장의 위대함에 대한 겸손한 인정과 다를 바 없다. 상황이 이 정도면, 군이 손자와 클라우제비츠를 챙겨 읽지 않아도 심지어 군사적 직무를 평생의 직업으로 삼기에도 그다지 불편함이 없는 우리의 현실이 오히려 낯설게 느껴지기도 한다.

  『병법』과 『전쟁론』은 군사사상의 '불멸의 고전'으로 그치지 않는다. 실로 많은 이들이 두 저술의 현재적 가치와 유효성을 물었고, 다시 한 번 다분히 긍정적인 결론에 이르렀다. 크레벨드도 같은 질문을 던진다. 다만 그의 답은 그다지 간단하지도 관대하지도 않다. 두 거장에 대한 존경심("지난 2500년 동안 진정으로 중요한 고작 2명의 군사이론가")을 전제로 하고 있지만, 결과적으로는 '군사이론의 위기'에 대한 두 사람의 결이 다른 책임성을 부인하지 않고 있다. 크레벨드에 따르면 두 사람은 전쟁의 원인이나 목적에 대해서는 이야기하지 않았다. 경제와 전쟁의 관계에 대해서도 파고들지 않았다. 전쟁을 주로 고위 지휘관의 관점에서 서술했을 뿐 아니라 군사기술에 대해서는 시선을 두기에 인색했다. 참모업무, 병참, 정보, 전략의 본질과 결과, 해전, 항공전, 핵전쟁, 우주전, 사이버전, 전쟁법, 비대칭전도 개인적·시대적 한계로 인해 누락되고 말았다. 이 책에서 크레벨드는 그러한 공백과 누락을 채우려는 '전쟁론 다시 쓰기'에 임하고 있다. 크레벨드가 크레벨드여서 가능한, 실로 야심적인 도전이다.

해외의 군사학 명저들을 교재로 삼아 강의를 하다 보면 당혹감을 감추지 못하게 되는 순간이 있다. 분명 개론서나 일반서(더러는 대중서!)로 저술된 서적이 학생들 앞에서는 어느새 정통 전문서로 둔갑하여 각별한 수고와 노력을 요구하는 험산(險山)이 되어 있다. 무엇보다도 영국과 미국 등 선진국들에서는 학계뿐 아니라 일반 독자들 사이에서도 군사학(나아가 군사문제 전반)에 대한 관심과 지식의 깊이가 우리와 사뭇 다른 이유이리라. 출발점이 다른 셈이다. "21세기 전쟁에 대한 현대적이고, 포괄적이며, 쉽게 읽히고, 이해하기 쉬운 이론서"로 소개되는 『다시 쓰는 전쟁론(More on War)』또한 결코 전문서로 의도되지 않았다. 그러나 '독자 친화적'이라는 점에 선뜻 공감하지 못하는 대목을 행여 만난다 할지라도 당혹해하지는 않았으면 한다. 기독교인들이 성경을 온전히 이해하기 위해 사용하는 묵상(默想)의 기술을 이 책에 적용해보는 것은 어떨까? 크레벨드의 이번 글은 곱씹을수록 청국장처럼 깊은 맛을 낼 뿐 아니라 학문적 건강에는 더욱 유익하다.

행여 쉽게 읽히지 않는다면 옮긴이에게 기인한 것일 수도 있다. 더 '독자 친화적'으로 옮기지 못한! 영국유학 시절, 알고 지내던 한 영국인이 박사과정 학업에 허덕이던 나를 동정하며 'PhD'의 진짜 의미가 무엇이지를 아는지 물었던 적이 있다. 철저히 공감하지 않을 수 없었던 그의 답은 이랬다. "영구적인 머리 손상(Permanent Head Damage)!" 군사학 명저들을 몇 차례에 걸쳐 우리글로 옮기면서 나는 저자의 표현과 단어 선택에 최대한 충실하려 했다. 그가 선택한 단어와 그것을 통해 만들어내는 표현은 그의 "머리 손상"의 결과임을 너무도 잘 알기 때문이다. 그게 아니라 나의 무지가 오역이나 누락을 초래해 독자들의 글 읽기를 더 어렵게 하는 일이 생기지는 않기만을 간절히 바랄 뿐이다.

내가 즐겨 부르는 찬송가의 한 구절은 이렇게 이어진다. "세월 지나갈수록 의지할 것뿐일세." 나이가 들어갈수록 인생은 내 힘, 내 재주로 사는 게 아님을 깨닫고 또 깨닫게 된다. 『다시 쓰는 전쟁론』의 한국어판 번역을 준비하는 과정에서도 나는 많은 이들에게 의지할 수밖에 없었다. 예기치 않은 제안에도 다시 한 번 출판을 허락해준 한울엠플러스(주)의 김종수 대표와 기획실 윤순현 차장, 그리고 어느덧 나오는 네 번째 호흡을 맞추며 특유의 전문성으로 이 책을 책답게 만들어준 편집부 배유진 팀장에게 깊은 감사의 인사를 전한다. 공군사관학교 군사학과의 동료 교수들, 특히 전쟁사 강의 팀의 이지원, 이상현, 최정훈 선생은 번역의 전선이 눌어붙어 버렸을 때마다 내가 의지했던 '특수전력'이었다. 특히 최정훈 선생의 헌신적인 도움을 각별하게 기억한다.

네 번째 번역서를 준비하며 허덕이는 나의 모습을 지켜보면서 아내는 "여기까지"임을 강조하고 또 강조한다. 이 '역자의 글' 바로 뒤에 이어지는 '감사의 말'에서 저자 크레벨드는 자신의 아내에게 "괜찮아요, 드보라! 당신이 없었다면 다른 대부분의 것들이 그렇듯이 이 책도 태어날 수 없었을 겁니다. 당신을 사랑합니다!"라고 적는다. 그가 저자이고 내가 역자라고 해도 도무지 양보할 수 없는 고백이리라. 힘겨운 예술의 길을 걷고 있는 두 아들은 꿋꿋하게, 하지만 언제나 행복한 기운으로 그 길을 걸었으면 좋겠다. 이 책을 옮기는 과정 내내 내가 그랬듯이. 지금쯤이면 구순(九旬)의 내 어머님은 자리에 누우셨을까?

2018년 2월
강창부

감사의 말

이 책의 뿌리는 두 가지다. 첫 번째는 당시 이스라엘방위군 총참모부에서 일하고 있던 내 친구 댄 파유츠킨(Dan Fayutkin) 소령(퇴역)이 전략의 진수(眞髓)에 대한 짧은 에세이를 요청했던 2010년으로 거슬러 올라간다. 사실 나는 그 글을 써주었지만 이스라엘방위군은 결코 내 생각을 받아들이지 않았다. 그 결과, 그 글의 히브리어 버전은 발간되지 못한 채로 남아 있다.

두 번째는 스웨덴국방대학(Swedish War College)이 개최하는, 군사사상에 관한 컨퍼런스의 참석 요청이 있었던 2013년으로 거슬러 올라간다. 손자(孫子)와 카를 폰 클라우제비츠(Carl von Clausewitz)에 대한 내 존경심은 그 누구에게도 뒤지지 않는다. 이 책을 준비하면서 내가 깨닫게 된 첫 번째는 이론을 쓴다는 게 얼마나 어려운 일인가 하는 것이었다. 특히 워드프로세서를 사용하지 않고도 클라우제비츠가 그런 이론을 써냈다는 것은 나로서는 상상할 수 없는 일이다. 하지만 오래전부터 나는 그들이 고의적이건 아니건 간에 특정의 사안에 대해서는 숙고하지 않았고, 특정의 물음에 대해서도 답하지 못했다고 느껴왔다. 이제 내게 기회가 온 것이라고 생각했다.

다른 이들도 이런저런 방식으로 나를 도와주었다. ―때로는 그들이 나를 도와주었다는 점도 깨닫지 못하고 있었다. 에얄 벤 아리(Eyal Ben Ari) 명예교수, 이츠하크 벤 이스라엘(Yitzhak Ben Israel) 교수(퇴역 장성), 로버트 벙커(Robert Bunker) 교수, 모셰 벤다비드(Moshe Ben David) 박사(퇴역 대령), 니브 데이비드(Niv David), 스티브 캔비(Steve Canby) 박사, 제프 클레멘트(Jeff Clement) 중위, 야이르 에브론(Yair Evron) 명예교수, 아수이아 하운(Asuia Haun) 박사, 야길 헨킨(Yagil Henkin) 박사, 하가이 클레인(Hagai Klein), 리팅팅(Lee Ting Ting) 박사(소령), 요나단 레비(Jonathan Lewy) 박사(사랑스러운 나의 양아들), 에드워드 러트왁(Edward Luttwak) 박사, 앤디 마셜(Andy Marshall), 새뮤얼 넬슨-만(Samuel Nelson-Mann), 존 올슨(John Olsen) 교수(대령), 팀 스웨이지스(Tim Sweijs) 박사, 제이크 새커리(Jake Thackeray) 장군(퇴역), 에리히 바드(Erich Vad) 박사(퇴역 장성), 엘다드와 유리 반 크레벨드(Eldad & Uri van Creveld, 나의 사랑하는 아들들), 마틴 바그너(Martin Wagener) 교수가 그들이다. 각 사람, 그리고 그들 모두가 이 책에 상당히 기여했다. 그들이 없었다면 이 책을 끝내지 못했을 것이다.

이 일을 처음 시작했을 때 나의 사랑하는 아내 드보라(Dvora)는 그도 그럴 것이 이 일을 할 수 있는 나의 능력을 의심했다. 그 모든 것을 완결한 지금도 나는 여전히 내가 그녀를 확신시켜준 건지 잘 모르겠다. 괜찮아요, 드보라! 당신이 없었다면 다른 대부분의 것들이 그렇듯이 이 책도 태어날 수 없었을 겁니다. 당신을 사랑합니다!

차례

서문: 군사이론의 위기

1. 전쟁 연구

전쟁은 세상에서 가장 중요한 일이다. 막상 발발하고 나면 전쟁은 각 나라, 정부, 개인의 존재를 좌우하게 된다. 그것이 바로 —비록 전쟁은 100년에 한 번 발발할 수도 있지만— 매일 전쟁을 준비해야 하는 이유이다. 시신들이 널브러져 경직되어 가고 생존자들이 그들을 애도하게 되면 책임 있는 이들은 자신의 책무를 다하는 데 실패한 것이 되고 만다.

전쟁에 대해서는 매우 많은 책들이 저술되어왔는데, 그 책들을 타이타닉 호(*Titanic*)에 실었다면 그 배는 빙산의 아무런 도움 없이도 침몰되고 말았을 것이다. 기원전 400년 직전의 투키디데스부터 오늘날에 이르기까지 여러 훌륭한 군사사가가 존재해왔다. 전쟁에 대한 우리의 이해에 그들이 기여한 바는 엄청나며 그 기여도는 점점 더 커지고 있다. 그러나 역사와 이론은 동일한 게 아니다. 역사는 특정한 것, 일시적인 것, 반복되지 않는 것에 초점을 둔다. 그것은 발생한 일을 기록하고 그것이 발생한 원인과 그 경과를 이해하려 한다. (나중에 더 다뤄지겠지만) 이론은 패턴을 발견하려 하며 그것을 사용해 한 시기나 한 장소 이상으로 타당한 일반화를 도출하고자 한다. 그것은 주제가 되는 사안의 본질에 대해 기술하고 때로는 규정하기도 한다. 이를테면 그 원인과 목적은 무엇인가, 그것은 어떻게 구분될 수 있는가, 그것은 다른 많은 것들과 어떤 관련을 맺는가, 그것을 어떻게 다루고 관리할 수 있는가에 주목한다.

인간의 사상과 행위의 거의 모든 분야에서 훌륭한 철학자는 아주 많이 존재한다. 그들은 자신들의 주제—그것은 미학이거나 윤리학이거나 논리학이거나 신의 존재에 관한 것이다—를 고찰하고, 그것들을 주제를 구성하는 부분들로 나눈다. 다음에 그들은 독자들이 그들의 지식을 확장시키고 이해를 얻는 데 도움을 줄 수 있는 새롭고도 놀라운 방식으로 그것들을 재조립한다. 그러나 2500년 동안 진정으로 중요한 군사이론가는 고작 2명밖에 없었다. 당대에는 유명했던 일부를 포함하여 나머지 모든 이들은 어쨌든 잊히고 말았다.

프론티누스(Frontinus, 서기 40년경~103년), 베게티우스(Vegetius, 서기 5세기 전반), 비잔티움 황제 마우리키우스(Maurice, 539~602년), 앙투안 앙리 조미니(Antoine-Henry Jomini, 1779~1869년), 바실 리델 하트[Basil Liddell Hart(1895~1970년)], 그리고 다른 많은 이들은 이 분야의 소수 전문가들에게나 중요하다. 2세기 동안 몇 개의 언어로 같은 제목의 다른 많은 책들이 선보이게 만들었던 니콜로 마키아벨리(Nicolò Machiavelli)의 『전쟁술(Arte de la guerra)』(1521년)도 마찬가지다. 그러나 마키아벨리는 그가 전쟁과 군대에 대해 말했던 것보다는 거의 전적으로 그의 정치사상 때문에 기억된다.

그와 같은 이들, 그리고 다른 매우 많은 이론가들이 잊힌 이유는 가까운 데 있다. 전쟁은 현실적인 일이다. 일부는 그것이 전쟁에 대한 추상적인 생각을 배격할 정도라고 주장했다. 그것은 악기를 연주하는 것, 보다 높은 수준에서는 오케스트라를 지휘하는 것과 공통점이 많다. 전쟁을 수행하는 이들은 온갖 종류의 통찰력을 주워 담기 위해서가 아니라 승리하기 위해 그렇게 한다. 본래 최고의 이론도 적의 날카로운 칼로부터 우리를 구해줄 수는 없다. 이러한 사실은 실용적인 마음을 가지고 있는 지휘관들에게 실용적인 조언을 해주고자 하는 대부분의 이론가들로 하여금 전쟁을 어떻게 준비하고, 어떻게 그것을 수행하며, 어떻게 전쟁에서 싸울 것인가에 초점을 두게 만든다.

그렇게 하면서 그들은 두 가지 사실을 간과하곤 했다. 첫째, 동일한 무장분쟁이란 단 하나도 없다. 둘째, 인류 역사의 필수적인 부분인 전쟁 자체가 계속 변화하고 있으며, 끊임없이 변화할 것이다. 앞의 문제는 많은 이론가들이 "원칙"이나 "금언"을 찾기 위해 무모하고도(무모하거나) 현학적인 시도에 임하게 만들었다. 후자는 그들로 하여금 자신들의 사는 특정의 시간과 장소에 구속되게 만들었다. 그것은 또 오래전부터 적합하지 않게 된 종류의 세부 사항으로 그들을 끌고 들어간다. 예를 들어 시대를 망라해 가장 위대한 해군이론가인 앨프리드 머핸(Alfred Mahan, 1840~1914년)과 줄리언 코르벳(Julian Corbett, 1854~1922년)은 공히 해전에 있어 석탄이 가지는 중요성에 주목했다. 코르벳은 영국 해군이 매우 다른 연료인 석유로 전환하고 있던 바로 그 시점에 그렇게 했다. 셀 수 없이 많은 다른 이들이 동일한 운명을 공유했다. 시대에 뒤떨어지지 않으려고 노력해보아도 그들은 자신들이 곧 시대에 뒤떨어지고 말 것이라는 점을 확실히 해주었을 뿐이다.

이러한 규칙에는 두 가지의 예외만 존재했다. 첫째는 중국의 지휘관이자 현자(賢者)인 손자(기원전 544년경~496년)였다. 둘째는 프로이센의 군인이자 철학자인 클라우제비츠(1780~1831년)였다. 그들은 공히 각광을 받는 시절을 누리기도 했는가 하면 평가절하 되기도 했다. 때때로 그들의 저술은 그 주제에 관심을 두고 있는 자라면 누구에게나 읽혔거나 읽힌 것으로 가정되었다. 때로는 그것은 너무 구식이거나, 너무 제한적이거나, 너무 철학적이거나, 또는 그 모든 경우에 해당하는 것으로 치부되기도 했다. 특히 클라우제비츠는 읽히고 이해되는 것보다 훨씬 더 많이 인용되곤 했다. 그럼에도 두 사람은 공히 나머지 사람들보다 한참 뛰어난 거인들이다. 그들은 이러저러한 형태로 전쟁만큼이나 오래갈 것이다. 행여 전쟁이 더 이상 손을 쓸 수 없는 사양길에 접어들었다고 주장하는 이들이 옳게 되는 날이 온다 해도, 그들은 더욱 그 생명력을 유지할 것이다.

이것이 그들의 저술이 문제가 없다고 말하는 것은 아니다. 1831년에 저자가 사망할 때는 대부분 정리되지 못한 저술들의 모음에 지나지 않았던, 클라우제비츠의 『전쟁론(On War)』은 특히 그렇다. 첫째, 손자도 클라우제비츠도 전쟁의 원인이나 전쟁을 치르는 목적에 대해서는 아무것도 이야기해주지 않는다. 손자의 경우에 이는 그가 전쟁은 "국가의 생존이 걸린 중요한 사안이며 생과 사를 가르는 일이고 생존이냐 폐허냐를 가르는 길이다. [그러므로] 그것은 철저히 연구되어야 한다"라고 말하는 것으로 시작하기 때문이다.[1] 거기로부터 시작하여 그는 특정 인물이나 특정 사안에 전쟁이 발발한 책임을 돌리는 일이 없이 곧바로 그 준비와 수행으로 넘어가 버린다.

그와는 대조적으로 클라우제비츠는 전쟁을 폴리틱(*Politik*)—이 용어는 정책을 의미할 수도 있고 정치를 의미할 수도 있다—의 연속으로 정의한다. 클라우제비츠의 프로이센에서는 전쟁을 수행하는 최상의 방법에 대한 논의가 허용되었다. —서면으로 공식적인 반대서가 제출되는 일도 있었다. 그러나 그는 일단 군주나 그의 대리인이 명령을 내리면 지휘관들이나 장병들은 행동에 돌입해야 하며, 또 그렇게 할 것이라는 점을 결코 의심하지 않았다. 보다 좁은 영역에서나마 민간인들도 그러할 것이었다. 1806년 10월에 나폴레옹에 의해 프로이센이 처절한 패배를 당한 뒤에 베를린 지사가 지시했듯이 어쨌든 그들은 침묵을 유지해야 했다. 달리 말하자면 클라우제비츠는 정책이 기여할 수 있는 목적과 "왜"의 문제 모두를 무시하고 말았던 것이다. 그럼으로써 그는 자신이 원하는 목적과 방법으로 전쟁을 시작하거나 수행할 수 있는 통치자의 능력을 심각하게 과장하고 말았다.

둘째, 손자도 클라우제비츠도 경제와 전쟁 간의 관계에 대해서는 말해줄 수 있는 게 많지 않았다. 손자는 어쨌든 전쟁의 엄청난 비용에 대해 언급함으로써 경종을 울렸다. 클라우제비츠는 그조차도 하지 않았다. 만약 그가 그 이유를 질문 받았다면 의심의 여지 없이 그는 경제가 필수적으로 중요하기는 해도 전쟁 자체의 일부를 형성하지는 않는다고 대답했을 것이다. 엄밀하게 말하자면 그가 옳을지도 모른다. 그럼에도, 특히 프리드리히 엥겔스(Friedrich Engels)가 지적하듯이, "음울

한 과학"인 경제학은 전쟁에 매우 중요하며 전쟁은 경제학에 매우 중요하여 그것들을 무시하는 것은 중대한 결함이 될 뿐이다. 분명 혹자는 제2차 세계대전과, 다른 많은 경우에 경제학은 결과를 결정짓는 데 있어 어떤 군사적 움직임들보다 더 많은 역할을 했다고 주장할 수 있다.

셋째, 두 저술가 모두 고위 지휘관의 관점을 취하는 경향이 있다. 그들이 사용하는 예들은 그러한 사실을 반영한다. 그들의 독자층 또한 그렇다. 그들은 어중이 떠중이들을 대상으로 말하지 않는다. 그와 유사한 중국의 문헌들처럼 손자의 『병법(The Art of War)』도 결코 출간을 의도하지 않았다. 그것은 선택된 소수만이 접근할 수 있는 문서고에 비밀리에 보관되었다. 알려진 가장 오래된 판본이 기원전 2세기로 거슬러 올라가는 왕실 무덤에서 발견되었던 점은 우연이 아닐지 모른다. 처음에 『전쟁론』은 프로이센 장교들 사이에서 예약을 받아 판매되었다.

상부 지향적 관점에서 서술됨에 따라 두 책 모두는 전쟁―특히 일반 병사들이 경험한 전쟁―을 실제보다 더 이성적이고 통제가 가능한 것처럼 보이게 만드는 경향이 있다. 그들은 이행되는 모든 명령에는 결코 이행되지 않는 몇 가지의, 아니 많은 부분이 존재한다는 것을 망각하고 만다. 이 문제는 손자에게서 특히 분명히 드러난다. 그와 얼추 같은 시대를 살았던 공자(孔子)가 그랬듯이 그는 엘리트에 초점을 맞추고 나머지는 그저 인적 자원으로 다룰 뿐이다. 전장에서는 모든 것이 혼돈처럼 보인다고 말하면서도 그는 시간과 장소를 망라해 헤아릴 수 없이 많은 전투원들에게 전장은 혼돈 자체, 그것도 가장 끔찍한 혼돈에 지나지 않음을 부언하는 데는 실패하고 만다. 살아 있는 한, 피곤하고 배고프며 탈진해 있고 겁먹은 장병들에게는 이러한 코앞의 현실을 초월하는 무언가에 대해서는 생각할 수 있는 여유가 거의 없다. 화력의 증가가 숙달훈련(drill)을 포기하게 하고 "텅 빈 전장"을 만들어냈던 1815년부터는 특히 그랬다. 그리고 다양하고도 ―많은 경우― 유동적이며 구별하기 힘든 세력들 간의 내전에서는 더더욱 그렇다. 민간인은 차치하고서라도 병사들이 자신의 생각을 가지며 그러한 생각들이 모든 수준에서 전쟁의 수행에 영향을 미칠 수 있는 가능성은 거의 언급되지 않는다.

손자도 클라우제비츠도 훈련, 조직, 기율, 리더십을 완전히 무시해버리지는 않았다. 그러나 그들의 논의에 문제가 없었던 것은 아니다. 손자는 몇 개의 경구를 남기는 것에 국한되고 말았다. 조직에 대한 클라우제비츠의 저술은 대부분 구시대적이다. 예를 들어 그가 보병, 기병, 포병을 협력시키는 최상의 방법에 대해 저술할 때 그랬다. 설상가상으로 『전쟁론』에서는 "군사적 덕", 대담성, 끈기와 같은 요소들이 "전략"이라는 기준 아래 놓였다. 그것은 전략이라는 용어에 대한 클라우제비츠 자신의 정의나 우리의 그것 중 그 어느 것에도 부합되지 않는다.

넷째, 손자도 클라우제비츠도 전쟁의 도구, 즉 대개 군사기술로 알려진 분야에 대해서는 거의 무시하다시피 하고 있다. 그것에 대해 손자는 몇 마디를 던지고 있을 뿐이다. 클라우제비츠는 그에 대해 언급하지만, 대장장이의 기술이 검술과 연관되듯이 군사기술은 전쟁과 연관된다고 부언하고 있을 뿐이다. 두 저자는 공히 전쟁이 칼, 창, 활, 머스킷, 대포 등으로 치러짐을 매우 잘 알고 있었다. 두 사람 모두는 기술—영국의 군사사가이자 전략가인 J. F. C. 풀러(J. F. C. Fuller)가 말하듯이 올바른 무기를 찾는 일—이 어느 시기와 장소에서나 전쟁의 모양을 결정짓는 가장 중요한 요소들 중 하나라는 점 또한 이해하고 있었음에 틀림없다. 그럼에도 그들이 기술을 진지하게 숙고할 가치가 있는 근본적인 요소로 간주하지 않은 것 역시 마찬가지로 분명하다. 그 이유는 그들이 당대의 모든 군대들이 대략 동일한 기술을 사용하는 모습을 목도했다는 점과, 1815년부터 자명해지는 것과 같은 급격한 기술적 진보가 존재하지 않았기 때문이었던 것으로 보인다.

다섯째, 손자도 클라우제비츠도 참모업무, 병참, 정보에 대해서는 별로 이야기하지 않는다. 클라우제비츠가 말하는 것들 중 일부, 예를 들어 하나의 군대가 필요로 하는 텐트 수송용 말의 수와 관련된 내용은 심각하게 구시대적이다. 그러나 참모업무와 병참은 전쟁을 건설하는 석재이다. 제2차 세계대전기 영국 육군원수 아치볼드 웨이블(Archibald Wavell, 1883~1950년) 경의 말을 바꾸어 표현하자면, 전략의 조합은 어떤 아마추어도 이해할 수 있을 정도로 충분히 단순하다. 전문인이 자신의 전문성을 입증해내는 일은 군대를 이동시키고 군대에 계속해서 보급하는 실질적인 기술로 정의되는 병참을 살핌으로써 가능해진다. 탁상공론식의 전략가는 지구본을 살피면서 한 나라의 항공모함이 어디에 기지를 두어야 할지 결정하는 데 이렇다 할 어려움을 겪지 않을 것이다. 그러나 항구를 떠나기 전에 실어야 하는 1만 개의 서로 다른 물품들을 9만 톤 함선에 싣는 책임에는 매우 다양한 전문적 식견이 필요하다.

정보에 관해서는 두 저자 모두가 각기 자신의 방식으로 그것의 특정한 측면들에 대해서만 언급한다. 손자는 정보의 중요성을 강조하고 지휘관이 정보를 획득하기 위해 사용할 수 있는 다양한 종류의 첩자들에 대해 설명한다. 그러나 그는 정보의 성격이나 그것이 해석되거나 해석되어야 하는 방식에 대해서는 거의 아무것도 이야기하지 않는다. 클라우제비츠는 군사정보의 성격과 그것이 전쟁에서 수행하는 역할에 대해 논한다. 그러나 그는 군사정보가 획득되는 방법에 대해서는 거의 다루지 않는다. 이 주제에 대한 그들의 논의는 확장되고 최신화되어야 할 필요가 시급하다.

여섯째, 손자와 클라우제비츠는 공히 전략의 가장 중요한 특성, 즉 그것의 상호적이고 쌍방향적인 성격과 그러한 성격이 그 수행을 결정짓는 방식을 강조한다. 손자는 상호성을 자신의 저술에서 핵심으로 삼지만, 그것을 상술(詳述)함에 있어 너무 과도하게 나아가고 말았다. 클라우제비츠의 경우에는 전략의 본질과 결과 모두가 덜 중요한 다른 많은 주제들 사이에서 잊히고 마는 경향이 있다. 그것이 전략에 대한 현대적인 논의가 필요한 이유이다.

일곱째, 두 사람 중 어느 누구도 해전에 대해서는 관심을 두지 않는다. 아마도 이는 그들의 시대에는 중국이나 프로이센이나 할 것 없이 해양국가가 아니었기 때문일 것이다. 그게 아니라면 이는 제2차 세계대전까지는 육군과 해군이 별개의 본부와 부처에 의해 운영되었다는 사실을 반영한다. 비록 3천 년이나 된 중국과 이집트의 부조(浮彫)에 묘사되기는 하지만, 아마도 해전은 육상전보다 뒤늦게 탄생했을 것이다. 페르시아의 그리스 침공을 실패하게 만들었던 기원전 480년의 살라미스 해전부터 시작하여 1944~1945년 태평양에서의 대규모 전투들에 이르기까지 때때로 해전은 육상전만큼이나 결정적이었다. 제해권이 없었다면 1982년에 영국군은 포클랜드 제도를 회복하는 것은 고사하고 결코 그곳에 도달하지도 못했을 것이다.

여덟째, 분명한 이유들로 인해 손자도 클라우제비츠도 항공전(바다에서의 항공전을 포함하여)에 대해서는 언급하지 않는다. 우주전이나 사이버전의 경우에도 마찬가지이다. 그러한 전쟁들을 전략의 보다 전통적인 측면들과 연관시키며 전통적인 측면들의 내부에 위치시키는, 그러한 모든 분야를 균등한 기준으로 논하고 있는 오늘날의 연구물도 존재하지 않는 것으로 보인다. 한편, 단순히 국방예산이 감축되고 있기 때문일지는 모르겠지만, 21세기 초에 "합동성"을 위한 외침은 전에 없이 많이 들려오고 있다. 그것이 바로 그런 연구물이 시급히 필요한 이유이다.

아홉째, 그리고 다시 한 번 분명한 이유들로 인해 두 저자 중 어느 누구도 1945년 이후 "전쟁"의 단연코 가장 중요한 형태가 되어버린 핵전쟁에 대해서는 언급하지 않는다. 우주전, 사이버전─그리고 네트워크전쟁, 문화중심 전쟁, 하이브리드 전쟁, 효과중심작전, 그리고 거의 매일같이 돌출하는 다른 많은 종류의 것들─이 그 창시자들이 주장하는 만큼이나 혁명적인지는 논쟁의 여지가 있다. 그러나 정치적 도구로서의 전쟁의 유용성에 대해 의문을 제기함으로써 군사사에서 목도된 적이 없는 가장 거대한 혁명을 초래한 핵무기는 놓치지 말아야 한다. 거대한 버섯처럼 그것은 다른 모든 것에 그 그림자를 드리우고 말았다. 그러기를 멈추지도 않을 것이다. 원자시대 이전에 쓰여서 그렇든, 아니면 저자 자신의 잘못에 의해서든, 그러한 사실을 무시하는 이론들은 위험을 각오하고 그리해야 할 것이다.

열째, 두 사람 중 누구도 전쟁법에 대해서는 이렇다 할 언급을 하지 않고 있다. 손자의 경우에 이는 전쟁법과 같은 것이 존재하지 않았기(일부 학자들은 그렇게 주장한다) 때문일 수 있다. 클라우제비츠의 경우에 이는 그가 전쟁법을 한두 문장으로 치부해버리기 때문이다. 그는 전쟁법은 전쟁의 원천적인 폭력성을 거의 감소시키지 못한다고 말한다.[2] 프로이센이 나폴레옹에게 당한 처절한 패배로부터 강한 영향을 받은 그런 주장은 이해할 수 있다. 몇 가지 면에서 그것은 옳기도 하다. 그럼에도 공식적인 것이든 비공식적인 것이든, 성문화된 것이든 성문화되지 않은 것이든, 전쟁법은 다른 사회적 현상을 형성하는 데와 같이 전쟁을 형성하는 데도 커다란 역할을 수행한다. 혹자는 1945년경 이후 전쟁법의 중요성이 증가해왔다고 말한다. 일부 경우에 그것은 특히 대(對)반군 전력의 전쟁수행 능력에 엄격한 제한을 가했다.

열한째, 그 누구도 비대칭적인 교전집단 간의 전쟁에 대해서는 그다지 관심을 기울이지 않는다. 이 맥락에서 "비대칭적"이라는 단어는 두 가지의 서로 다른 의미를 갖는다. 첫째, 그것은 상이한 문명에 속한 공동체나 조직 간의 전쟁을 의미할 수 있다. 손자의 경우, 이런 관심 부족은 그가 이른바 전국시대(戰國時代, 기원전 453~221년경) 동안에 살고 지휘하며 저술했다는 (만약 그랬다면) 사실에 따른 것이다. 손자의 경력은 중국인들이 "천하(天下)"라고 부르곤 했던 환경 속에 있는 매우 유사한 정체(政體) 간의 끊임없는 전쟁을 배경으로 펼쳐진 것이었다. 손자는 또한 "야만족"들을 너무 경멸하여 그들에 대해 별도의 장을 쓰지 않았던 것일 수 있다. 클라우제비츠가 문명권 내의 전쟁에 초점을 두었던 것은 유럽 군대들은 비슷하게 커지고 있어 질보다 양이 더 중요해졌다는 그의 주장으로 확인된다. 클라우제비츠가 글을 쓰던 시기에 유럽과 나머지 세계 간의 군사적 간극은 매일같이 커져 가고 있었다. 그리고 어쨌든 프로이센은 식민국가가 아니었다.

그러나 "비대칭적"이라는 단어는 또 하나의 의미를 갖는다. 그것은 군대들이 서로 대적하고 서로에 맞서 진격하며 서로 싸우는 게 아니라 전혀 다른 종류의 세력이 서로 싸우는 상황일 수도 있다. 비정규 세력—자유투사(파르티잔), 반군세력, 반도(叛徒), 게릴라, 도적, 그리고 마지막으로 (그러나 마찬가지로 중요한) 테러리스트로도 알려졌다—들은 적어도 처음에는 자신들보다 훨씬 더 강력한 군대와 대결할 수 있다. 군대들은 적어도 처음에는 자신들보다 훨씬 더 허약한 비정규 세력과 대적할 수도 있다. 클라우제비츠는 어쨌든 그러한 문제에 대해 강연했으며, 『전쟁론』에서도 그에 대해 한 장(章)을 할애했다. 손자는 그렇지 않았다. 두 사람 중 어느 누구도 대칭적 전쟁과 비대칭적 전쟁 모두를 포함할 수 있는 지적인 틀을 제공하지는 않았다. 다른 누구도 그렇게 하지는 못했다. 그와 같은 틀의 부재는 식민국가들로 하여금 그들의 제국을 지켜내지 못하도록 하는 데 기여했을 뿐 아니라 베트남, 아프가니스탄, 이라크(2차)에서 미국과 소련이 패배를 당하게 하는 데도 기여했다.—그렇게 되도록 한 주된 원인은 아닐지라도 말이다.

나로 하여금 이 책을 저술하도록 만든 마지막 이유는, 교육자로서 몇 년간의 경험을 통해 내가 입증할 수 있는바, 많은 젊은이들이 두 저자의 저술은 이해하기 어려워하기 때문이다. 손자의 경우에는 경구적인 스타일뿐 아니라 그의 다양한 제자들에 의해 언급된 대부분의 이름이 현대의 독자에게는 아무런 의미가 없다는 점 또한 문제이다. 클라우제비츠의 경우에는 그의 저작이 미완결 상태였다는 점과, 때때로 그가 매우 추상적인 방식으로 내용을 제시한다는 점이 반영된다. 『다시 쓰는 전쟁론』은 자생적인 것이기도 하고 손자와 클라우제비츠가 살고 저술했던 시간과 공간에서 기인한 것이기도 한 그러한 간극을 채우려고 시도할 것이다. 또한 이런저런 이유로 두 사람이 무시하거나 다루지 않고 내버려 두었던 테마들로 논의를 확장하며, 그들의 연구를 현실성이 있고 가치가 있어 보이는 지점까지 최신화하려 할 것이다. 이 모든 작업은 그들의 업적에 대한 깊은 존경과 감사를 바탕으로 이루어질 것이다.

2. 실제, 역사, 그리고 이론

다시 한 번 말하자면, 전쟁을 벌이고 그것을 치르는 일은 악기를 연주하거나 그보다 높은 수준에서는 오케스트라를 지휘하는 것과 같은 실제적인 행위이다. 그렇기 때문에 그것과 친숙해지는 (유일하지는 않다 하더라도 최상의) 방법들 중 하나는 그것을 실행하는 것이다. 줄곧 이야기되듯이 전쟁에 대한 최고의 교사는 전쟁이다. 다른 조건이 동등하다면, "오케스트라"가 더 크고 더 복잡할수록 지휘자, 즉 지휘관의 역할은 더 커진다. 다른 모든 이의 노력을 조율하며 목표를 향해 그들을 이끄는 궁극적인 책임을 지는 것은 바로 지휘관이다. 그러는 내내 적이 그의 계획을 방해하고 와해시키지 않도록 조심해야 한다.

지휘관들은 가장 낮은 수준에서 자신들의 일을 통달하는 것에서부터 시작해야 한다. 이는 고대 역사가 플루타르코스(Plutarch)가 로마의 장군 티투스 플라미니우스(Titus Flaminius, 기원전 229~174년)에 대해 쓰면서 그가 병사로 복무함으로써 병사들을 어떻게 지휘할 것인지를 배웠다고 썼던 바와 같다. 다음으로 지휘관들은 그중 가장 유능한 자가 최고수준에 도달할 때까지 한 단계씩 진출해가야 한다. 한 발짝씩 더 내딛을 때마다 추가적인 요소들이 전체적인 그림에 가미되어 점점 더 중요한 역할을 하게 될 것이다. 지휘관의 지위가 높아질수록 통상적으로 그가 조율하고 사용하려는 무기, 장비, 부대의 종류는 더 다양해질 것이다.

일부 요소들은 군사적인 것이다. 다른 많은 것은 정치적·경제적·사회적·문화적·종교적인 것이다. 그 모든 것은 연구되고, 이해되며, 통달되고, 나머지 것과 조율되어야 한다. 최고수준에서는 인간이 행하는 행위―개인적인 것이든 집단적인 것이든―의 어떤 측면이든지 전쟁의 수행에 영향을 주지 않는 게 없다는 것이 전쟁의 본질이다. 그 결과, 책임을 맡은 이가 고려하고 따르지 않아도 되는 것이란 없다.

역사를 훑어보면 몇몇 지휘관들은 순전히 그들 자신의 천재성과 실전의 결합 덕택에 입지를 확보하고 자신의 수완을 발휘할 수 있었다. 나폴레옹이 그는 "나의 군사제국에서 가장 위대한 이름"[3]이라고 말했던 육군원수 앙드레 마세나(André Massena, 1758~1817년)의 예를 들어보자. 마세나는 반(半)문맹 농부의 아들이었다. 그는 병장으로 복무했으며, 그 뒤에는 2년간 밀수업자로 일하다가 재입대했다. 그는 육군사관학교를 다닌 적이 전혀 없지만 승승장구했다. 제2차 세계대전기 독일 장군들 중 가장 잘 알려진 에르빈 로멜(Erwin Rommel)도 총참모대학이나 사관학교를 다닌 적이 없었다.

또 다른 예는 이스라엘방위군이 낳은 가장 유능한 작전지휘관인 아리엘 샤론(Ariel Sharon, 1928~2014년)이었다. 샤론은 1948년에 이라크 침공군에 맞서 칠흑과 같은 어둠과 폭우 속에서 텔아비브 인근에 있는 자신의 마을을 지키고 있던 20세의 사병으로 출발했다. 이례적인 재능을 발휘하자 그에게는 장교학교를 생략하고 곧장 다른 이들을 책임지는 자리가 부여되었다.

그러나 경험도 천재성도 충분하지는 않다. 어떤 단일한 인물의 경험이 그가 점점 더 큰 책임을 갖게 되는 지위에 오르면서 직면해야 하는 모든 요소를 포괄할 수는 없다. 프로이센의 프리드리히 대왕(1740~1786년 재위)은, 경험이 충분한 것으로 치자면 오스트리아 지휘관 사부아의 외젠 공(Prince Eugene of Savoy, 1663~1736년)이 원정 시에 탔던 노새가 최고의 지휘관이 되었을 것이라고 말했던 것으로 알려진다.[4] 설상가상으로, 경험은 그것을 갖고 있는 이들을 변화에 둔감하게 만들 수 있다. 변화의 속도가 빠를수록 위험도 더 커진다.

천재는 본디 흔하지 않다. 역사에서 천재의 등장은 예견하거나 통제할 수 없기 때문에 그에게 의지할 수도 없다. 제2차 세계대전의 한 암울한 순간에 이오시프 스탈린(Josef Stalin)은 "우리에게 힌덴부르크와 같은 이들이 꾸준히 제공될 수는 없지 않은가"[5]라고 말한 것으로 알려진다. 파울 폰 힌덴부르크(Paul von Hindenburg)가 천재인지 아닌지는 여기서 중요하지 않다. 중요한 점은, 고위 지휘부로 진출하며 그러한 지휘권을 행사하고자 하는 이들의 대부분은 천재가 아니기 때문에 그들은 그 대신에 학습과 교육에 의지하여 그들이 할 수 있는 최선을 다해야 할 것이라는 점이다. 클라우제비츠가 이야기하듯이, 지식으로부터 능력으로의 발전은 커다란 도약이다. 하물며 무지로부터 유능함으로의 발전은 그보다 더한 도약이다.[6]

미래는 알지 못하며 알 수도 없다. 미래가 과거와 흡사할 것이라고 가정하는 것은 위험하다. 다른 어떤 것보다 전쟁에서는 특히 그렇다. 그럼에도 학습과 교육은 과거의 경험에 기초하지 않을 수 없다. 다른 것들보다 그것이 선호되는 것은, 무엇보다도 전쟁에서는 모든 교훈이 많은 경우 피의 대가를 치르고 학습되기 때문이다. 적절히 연구되고, 적절히 조직되며, 분명히 제시된 경험은 역사가 된다. 군사사에 대해 나폴레옹은, 지휘관이 되려는 모든 사람은 "알렉산드로스, 한니발, 카이사르, 구스타프 아돌프(Gustavus Adolphus), 튀렌(Turenne, 프랑스 지휘관), 외젠, 프리드리히 대왕의 전역을 정독하고 정독해야 한다"라고 말했다.[7] 황제는, 지휘관이 되려는 이는 "그들을 본보기로 삼아야 한다. 그것이 위대한 지휘관이 되는 유일한 길이다. 이러한 학습을 통해 그의 천재성은 계몽되고 개선되며, 그는 이러한 위대한 지휘관들의 원칙과 다른 모든 금언을 배척하는 법을 배우게 될 것이다"라고 덧붙였다.

이상 7명 중 3명은 나폴레옹의 시대 이전의 열여덟 세기 동안에 그와는 전적으로 다른 세상에서 활약했다는 점을 주목할 필요가 있다. 중단 없고 급격한 변화에 익숙해져 있으며 심지어 그것을 당연한 것으로까지 간주하는 학생들은 고대(비록 나폴레옹은 그렇게 이야기하지 않지만 중세까지도)의 군사사가 최근 사건들을 다루는 그것만큼이나 유용할 수 있다는 점을 인정하기를 거부할 것이다. 결국, 가장 강력한 무기가 창이고 가장 빠르게 통신할 수 있는 방법이 말에 탄 전령들로 구성되어 있었던 군대들로부터 배울 수 있는 것은 무엇일까?

이러한 오류는 너무 만연해 있어 클라우제비츠조차 이를 피할 수는 없다. 그가 저술한 상세한 연구물들과 그가 기초했던 것들은 고작 1630년대의 아돌프까지만 거슬러 올라간다. 그보다 앞선 전쟁들은 피상적으로, 그리고 거의 전적으로 그것들이 얼마나 관계가 없는지를 보여주기 위해 언급된다. 특히 클라우제비츠는 고대사가 전쟁을 준비하고 그것을 수행하는 책임을 부여받은 "현실 속의" 사람들에게는 아무런 교훈을 제공해주지 못한다고 말한다. 그와 같은 교훈은 조직과 장비의 면에서 그 자신이 살아가는 시대의 그것과 다소간에 흡사한, 최근의 전쟁에서만 발견될 수 있었다. "최근"이 의미하는 바에 관해 그는 하나가 아니라 세 가지 상이한 답변을 제시했다. 그가 끝까지 그 문제에 대해 결코 숙고하지 않았음을 보여주는 보다 분명한 증거는 찾아내기 힘들 것이다. 그 거장에게 당연히 경의를 표해야겠지만, 그 길만이 우리가 가야 할 길은 아니다.

게다가 클라우제비츠는 따라야 하거나 피해야 할 "교훈"을 제공해주는 능력이 군사사의 주된 가치라고 추정하는 오류를 범하고 있다. 그와 같은 "교훈"은 흔해빠져 가치가 없다. 많은 경우에 그것들은 모순적이기도 하며, 사실상 아무것이나 입증하는 데 쓰일 수 있다. 오히려 우리에게 비교를 위한 기초를 제공해주는 것은 [역사상의] 실제를 파헤치고 조명하는 일이다. ―그러한 실제는 현재와는 매우 다르기 때문에 그렇다. 역사, 특히 아주 오래전 시대의 역사는 확대경과 같다. 그것은 모든 흠을 부각시키며, 그것을 쳐다보는 이들로 하여금 그러한 흠으로부터 깨닫게 하고 그것을 바로잡을 수 있게 해준다. 다른 비유를 들자면, 학생은 낯선 문화 속에서 살며 일하는 데 꽤 상당한 시간을 소비하는 견습생과 같다. 낯선 문화를 학습하고 스스로 그것에 흠뻑 빠짐으로써 그는 문제가 되는 문화(이는 자명한 것이다)뿐 아니라 (그보다 훨씬 더 중요하게는) 자기 자신의 문화에 대해서도 보다 깊은 이해를 얻을 수 있다.

무엇보다도 그는 낯익은 것이 존재하는 모든 것, 또는 존재할 수 있는 모든 것, 또는 존재할 모든 것, 또는 존재해야 하는 모든 것은 아니라는 점을 깨달을 수 있다. ―아니 그래야 한다. 전쟁은 주마등과 같이 ―많은 경우 매우 빠르게― 그리고 예기치 않은 다양한 방식으로 계속해서 변화하고 있다. 때문에 지휘관은 ―독일군 총참모장 알프레트 폰 슐리펜(Alfred von Schlieffen, 1891~1906년 재임)이 언젠가 말했듯이 ― "믿던 바가 이루어졌다(*das Denkbare ist erreicht*)"라는 신념을 경계해야 한다. 희망컨대 군사사에 대한 학습이 그러한 오류로부터 보호받는 데 도움을 주었으면 한다. 또한 그러한 역사가 더 오래전의 것이고, 더 낯설며, 현재와 덜 닮을수록 그것이 그러한 보호를 제공해주는 데 더 적합했으면 한다. 그러나 그것은 단순히 "기원", "교훈", "사례"를 찾고자 하는 탐구로서가 아니라 군사사를 내재적으로 연구함으로써만 가능해질 수 있다.

이론이 건설되는 토대는 역사이다. 종교("신의 뜻"), 점성학, 마술, 직관, 그리고 "상식"—매우 흔하게 이것들은 학습의 대체물로 사용되었다—을 차치한다면 그것은 이론이 건설되는 유일한 기초이다. 분명 어떤 이론도 삶의 복잡성을 충분히 다루지는 못한다. 한편, 이론이 없으면 역사가 제공해줄 수 있는 모든 교훈은 모호하게 남아 있어 수단이 목표를 지배하게 만든다. 이론이 없으면 경험을 통해 모든 것을 배울 수 있는 기회도 없고, 천재가 아닌 압도적인 대다수는 유관한 것과 무관한 것을 구별해낼 수 없다. 매번 그들은 어떤 일에 착수해 새삼 처음부터 다시 해야 할 것이다. 머핸은, 넬슨 경(Lord Nelson)조차도 특히 해군장교들에게는 아직 그것[공식학습]이 가용하지 않았고 요구되지도 않았던 초기에 다소간의 공식적인 학습을 통해 일을 할 수 있었다고 주장했다. 마지막으로, 이론이 없다면 공통적인 사상도, 공통적인 용어들도 존재하지 않게 된다. 그런 용어들이 존재하지 않을 때 무슨 일이 발생하는가는 성경에 나와 있는 바벨탑 이야기를 보면 된다.

이론은 분명한 것에 대한 재진술도 아니요 이해하기 어려운 —그리고 많은 경우 모호하고 모순되며 부적절한— 명제들의 뒤범벅도 아니다. 더군다나 이론은 발생할 수 있는 모든 사태를 예견하거나 교과서적인 해법을 제공하려고 하지도 않는다. 그것은 매뉴얼이 될 수도, 자기 개선을 위한 손쉬운 방안들의 목록이 될 수도 없다. 기껏해야 그것은 역사가 제공해줄 수 있는 사례, 비유, 원칙 들을 체계적으로 정리하려는 시도일 뿐이다. 그것은 주제를 여러 부분으로 해체하고, 본질적인 부분과 비본질적인 부분을 분리시키며, 각각의 성격을 고찰하고, 그것이 다른 부분뿐 아니라 다른 것들과도 갖는 관계를 분석한다. 마지막으로 그것은 그것들을 다시 한 번 조합하여 그것을 정독하는 이들을 깨우치고 도와준다.

가치 있는 이론은 많은 요구를 충족시킨다. 첫째, 그것은 그 자신의 한계—즉, 그것이 할 수 있는 일과, 무엇보다도 그것이 할 수 없는 일—를 인지하고 있어야 한다. 둘째, 그것은 다루는 주제를 그 주제의 성격이 허락하는 한 엄밀하게 정의해야 한다. 셋째, 그것은 가능한 한 최대한 통일적이고 체계적이며, 포괄적이고, 물론 품격이 있어야 한다. 넷째, 그것은 유용할 수 있도록 충분히 상세해야 하지만, 그렇다고 머리카락을 쪼개는 일로 전락할 정도로 너무 상세해서는 안 된다. 가치 있는 이론은 그것이 기초하는 역사적 실제와 무관하지는 않으면서도 논리적이어야 한다. 그것은 독단적이지 않으면서도 확고해야 하고, 변화하는 상황에 적응할 수 있도록 충분히 유연해야 한다.

이 모든 것은 독자로 하여금 손자와 클라우제비츠의 주된 —유일하지는 않더라도— 가치가 그들이 군장교들이 기량을 통달하고 행사하는 데 도움을 주는 것에 있다고 생각하게 만들 수 있다. 그러한 시각은 이해는 되지만 옳지 않다. 이는 유럽연합이 제9번 교향곡의 마지막 악장을 그 국가로 정했기 때문에 우리가 베토벤을 높이 평가하는 것과 같다.

『병법』과 『전쟁론』이 이례적이라면, 그것은 분명 그러한 저작들이 단순히 지휘관들에게 그들의 행동을 안내해줄 나침반을 제공해주는 것 이상의 훨씬 더 많은 일을 해주기 때문이다. 물론 그것들은 그러한 지원을 제공해주지만, 일종의 지도 또한 만들어낸다. 앞서 언급된 한계들에도 불구하고 그러한 지도는 변화에 적응할 수 있는 현저한 능력을 입증해냈다. 두 저술의 주제인 전쟁은 세상에서 가장 두려운 것이다. 많은 사람들은 예술, 미(美), 정의, 사랑, 그리고 그와 비슷한 것들에 대해 생각하는 것을 훨씬 선호할 것이다. 그럼에도 전쟁이라는 주제의 성격으로 인해 그러한 저작들이 그 진정한 가치를 인정받지 못하는 일이 발생해서는 안 된다. 다시 말해, 앞서 언급한 철학자들의 저작들과 같은 맥락에서 인간정신의 보물로 인정되어야 한다.

3. 이 책의 계획

이 책의 궁극적인 목표는 나 자신을 위해, 그리고 또한 다른 어떤 이들을 위해 이해를 얻는 것이다. 그러나 나는 어느 날엔가는 전쟁을 계획하고 수행할 엄중한 책임을 맡을 준비를 하는 이들에게도 그러한 이해가 유용해지게 만들려고 시도했다. 그들에게 따라야 할 금언들의 목록을 제공하는 게 아니라 그들 자신의 사고를 키위갈 수 있는 토양을 제공함으로써 말이다. 그렇게 하는 것은 몇 가지를 암시한다. 첫째, 나는 이 책이 『병법』이나 『전쟁론』보다 포괄적이게 만들고자 했다. 둘째, 바쁜 사람들은 학습과 교육에 쓸 수 있는 시간이 얼마 안 된다고 추정하여 나는 그 분량을 제한했다. 희망컨대 그리함으로써 필수적인 내용들에 초점을 맞추고 과도하게 상세해지는 일은 피할 수 있게 되었으면 한다.

셋째, 단순하고 비(非)기술적이며, 전문용어가 포함되지 않은 언어를 사용하고자 했다. 특히 약어를 피하고 싶었다. 너무 흔하게도 약어들은 사람들의 뇌를 막아버릴 것처럼 위협하는 혈류 안의 혈전들마냥 떠돌아다닌다. 여기서 다시 한 번 나는 손자도 클라우제비츠도 그러한 약어들을 사용하지 않았다는 사실로부터 위안을 얻는다. (『글쓰기의 요소(The Elements of Style)』에서 스트렁크(Strunk)와 화이트(White)가 권했던 것처럼, 윌리엄 진서(William Zinsser)가 『글을 잘 쓰려면(On Writing Well)』에서 그러는 것처럼) 두 성(性) 모두에 남성형을 사용함으로써 단순함을 기할 필요 또한 있다. 넷째, 추상적인 추론, 역사적 사례, 그리고 인용들을 그것들이 서로를 이해하는 데 도움을 주고 통합된 전체를 형성할 수 있는 방식으로 결합시키고 균형을 유지하기 위해 최선을 다했다.

요약하자면, 이것들이 나의 목표이다. 그것이 달성되었는지는 독자들이 결정할 것이다.

제1장

왜 전쟁을 하는가

1. 감정과 충동

엄격히 말해, 달걀은 그것을 부화한 닭의 일부가 아닌 것처럼, 전쟁의 원인은 전쟁의 일부가 아니다. 그런 면에서 각각 고유한 방식으로 전쟁의 원인에 대한 문제를 거의 무시하다시피 했던 손자와 클라우제비츠에게 책임을 물을 수는 없다. 그럼에도 닭의 성질, 생활, 특성, 행동을 연구할 때는 그 닭이 달걀 안에서 그 삶을 시작한 것이지 포유류 암컷의 자궁 안에서나 박테리아의 경우처럼 세포 분열에 의해 그리 한 것이 아님을 아는 게 유용하다. 전쟁에도 마찬가지가 적용된다.

수천 년 동안 평화와 전쟁은 매우 얽히고설키어 많은 이들은 전쟁을 기정사실로 받아들일 정도였다. 전쟁은 더 이상의 설명을 필요로 하지 않는, 인간의 삶에 있어 두려울 수는 있지만 통상적인 일부였다. 대부분의 사람은 그것을 혐오했으며, 그 아래서 고통을 당했고, 그 끔찍함을 한탄했다. 『일리아스(Iliad)』에서 호메로스(Homer)는 그것을 "인간의 끔찍한 재앙"이라 불렀다. 아레스(Ares)*는 "가장 혐오스러운 신"이었다.[1] 그럼에도 아주 오랜 옛날의 황금기에 관한 신화상의 이야기들을 차치한다면 그들은 전쟁에 체념했다. 예를 들어 고대 그리스에서 많은 평화협정은 결코 진정한 평화협정이 아니었다. 그것들은 이럭저럭 다년(多年)이 흐른 뒤에는 만료되어 버리도록 의도적으로 만들어진, "영속적인 전쟁 속의 휴전"—이는 투키디데스가 말한 것으로 여겨지나 그는 결코 그런 말을 한 적이 없다—이었다. 1609년에 스페인과 네덜란드공화국은 12년 동안 적대행위를 중단하는 데 동의했다. 그 기간이 지나면 그들은 그것을 재개하기로 되어 있었으며, 실제로 그리했다.❖❖

전쟁은 너무도 자명한 실재여서 그것이 없는 세상을 상상할 수는 없었다. 그것은 『국가』(기원전 420년경)에서 플라톤, 『유토피아』에서 토머스 모어(Thomas More), 『기독교 도시(Christianopolis)』(1621년)에서 J. V. 안드레에(J. V. Andreae)를 포함하는 많은 "유토피아적" 저술가들에게도 마찬가지였다. 그들의 상상 속 공동체들은 모두가 특히 —그리고 어떤 경우에는 주로— 전쟁을 수행하기 위해 조직된 것이었다. 존 밀턴(John Milton)의 『실낙원』에서 천국의 천사들은 포격을 주고받는다. 설명되어야 했던 것은 평화, 즉 상당한 폭력에 의존하는 일이 없이 상당한 기간 상당한 사람들이 함께 살아갈 수 있는 능력이었다. 이러한 시각은 여전히 살아 있으며 건재하고 있다.

이러한 배경을 고려해볼 때, 일부 사람이 원인과 동기를 찾는 것을 학술적인 활동 또는 순전한 선전에 지나지 않는 것으로 믿었다는 점은 놀라운 일이 아니다. 때때로 원인과 동기는 동일한 사람 속에서 결합되어 나타난다. 18세기의 가장 잘 알려진 "계몽" 통치자인, 프로이센의 프리드리히 2세를 살펴보자. 자신을 계몽사상가로 여기던 그는 한때 "소가 밭을 갈고 나이팅게일❖❖❖이 지저귀며 돌고래가 바다

❖ 그리스 신화에 나오는 올림푸스 12신 중 전쟁과 파괴를 주관하는 신이다. —역주
❖❖ 1568~1648년간의 '80년전쟁' 또는 '네덜란드 독립전쟁'의 일부였다. —역주
❖❖❖ 곤충과 열매를 먹는 작은 갈색 새로서 고운 소리를 내며 관목 숲과 공원에서 발견된다. —역주

에서 혜엄을 치는 것처럼 전쟁을 만들 수밖에 없음"을 불평했다.[2] 상수시(Sans Souci) 궁전****에서 볼테르(Voltaire)와 이야기하며 시간을 보내는 게 얼마나 더 좋은가? 그러나 다른 때에는 그가 권력에 굶주린 군주와 총사령관의 역할을 취하면서 지극히 냉소적인 모습을 보여주었다.

가장 기초적인 설명은 전쟁이 인간의 타고난 사악함이나 (종교적인 사람들이 말하듯이) 죄악의 결과라는 것이다. 탈무드(Talmud)는 "인간은 젊을 적부터 점점 더 악해지는 경향을 보인다"라고 말한다. 공자는 "속임수와 교활함이 일어나며 이로 인해 전쟁이 발생한다"라고 말한다.[3] 그 배경에 종교가 있을 수도 있고 그렇지 않을 수도 있지만, 많은 경우 인간은 가장 악하고 가장 비열하며 끔찍한 자질들—탐욕, 증오, 시기, 복수심, 잔인함, 잔혹함과 같은—이 자신을 지배하도록 내버려둔다. 그 결과는 끊임없고 보편적인 불신과 두려움이다. 많은 경우 이는 너무나 당연시되었다.

불신과 두려움은 다시 사람들로 하여금 점점 더 많은 힘을 얻기 위한 투쟁에 임하도록 강제한다. 영국의 위대한 정치학자 토머스 홉스(Thomas Hobbes, 1588~1679년)의 말을 빌리자면, 그러한 추구는 "죽어서나 중지된다."[4] 불신과 두려움, 그리고 그와 유사한 감정들은 수없이 많은 복잡한 방식으로 상호작용하면서 우리 세상의 모든 악한 것의 원인이 된다. 여기에는 그중 최악의 것인 전쟁도 포함된다.

이러한 논리를 염두에 둔 많은 이들은 전쟁이 천벌(天罰)에서 유래한다고 주장했다. 기원전 8세기의 선지자 이사야(Isaiah)는 이를 가장 잘 표현했다. 그는 유다(Judea) 사람들의 죄로 인해 하나님이 다음과 같이 하실 것을 선언했다.

[하나님이] 멀리 있는 나라들에게 신호를 보내 그들을 땅끝에서부터 오게 하실 것이다. 그들이 예루살렘을 향해 돌진해 올 것이나 그들 중에 피곤하여 넘어지는 자가 없고

***** 포츠담에 있는, 프리드리히 대왕의 여름 궁전으로서 프랑스 베르사유 궁전에 필적하는 독일 궁전으로 간주된다. '상수시(sans souci)'는 '근심이 없다'는 의미의 프랑스어이다. —역주

조는 자나 자는 자도 없을 것이며 허리띠가 풀리거나 신발 끈에 끊어진 자도 없을 것이다. 그들의 화살은 날카롭고 활은 당겨진 채로 있으며 그들의 말굽은 부싯돌처럼 단단하고 그들의 전차 바퀴는 회오리바람 같을 것이다. 그들이 무서운 소리를 지르며 사자가 먹이를 덮쳐 움켜 가듯이 내 백성을 잡아끌고 갈 것이나 그들을 구해줄 자가 없을 것이다.[5]

이러한 생각이 일부 지역에서는 여전히 팽배하다.

1900년경에 사람들은 흔히 "호전적인 본능"에 대해 말했다. 전쟁은, 자연에서 유래되며 정도의 차이는 있지만 그것에 의해 각 사람에게 이식되는 충동의 결과였다. 충동은 그들로 하여금 늘 서로 싸우게 만들었으며, 앞으로도 계속 그럴 것이다. 후속 세대들은 "호전적인(pugnacious)"보다 "침략적인(aggressive)"을, "본능(instinct)"보다 "충동(drive)"을 선호했다. 그들은 또한 그러한 충동을 새로운 생물학적 발견─첫째는 호르몬에, 둘째는 유전자에, 그다음에는 뇌 안에서 이루어지는 모든 종류의 과정들에─에 단단히 기반을 두게 하려 했다. 그러나 그들도 전쟁을 감정이나 충동─통상적으로 나쁜 그것─의 탓으로 돌렸기 때문에 그러한 시각은 앞선 시각들을 지속시키는 것에 지나지 않았다.

차별화되었던 점은 전쟁이 정적이지 않고 "진화"에 대한 생각에, 그리고 그러한 생각을 통해 진보에 대한 생각과 연관된다는 점이었다. 찰스 다윈(Charles Darwin)에 의해 발견된 진화는 사회적 다윈주의라는 형태로 인간사에도 적용되게 되었다. 프로이센의 장군이자 군사사가인 프리드리히 폰 베른하르디(Friedrich von Bernhardi, 1849~1930년)와 같은 사상가들은, 전쟁을 자연이 "최적자(最適者)"를 선택하기 위해 고안해낸 하나의 방법─실로 최상의 방법─이라고 주장했다. 사람과 공동체들은 상어와 같다. 그들은 헤엄을 치거나 익사하거나 해야 하며, 또 성장하거나 부패하거나 해야 한다. 이러한 이론이 속화(俗化)된 형태로 폭넓게 받아들여졌다. ─독일에서만 그랬던 것도 결코 아니었다.

"최적자"가 무엇을 의미하는지는 분명하지 않다. 우리의 가장 가까운 친척으로서 침팬지를 포함하는 동물들의 경우에 "최적자"는 그 동물이 기초하는 지능, 체력, 건강을 결합시킨 것과 —아마도 개별 동물의 호르몬이나 유전자 구성에 뿌리를 두는— 경쟁, 침략, 지배를 향한 경향을 의미할 수 있다. 인간의 경우에 상황은 더 복잡하다. 우리의 종(種) 안에서 각 사람이 미끄러운 장대에서 차지하는 위치는 개인적인 자질뿐 아니라 출생보다 앞선 사회적인 요소들, 달리 말하자면 역사에 의해서도 결정된다.

많은 경우 가문, 유산, 부는 그것을 주장할 수 있는 이들로 하여금 그들 자신의 노력만으로는 결코 도달하지 못했을 지위를 차지할 수 있게 해준다. 예외가 있기는 하지만, 이러한 것들의 결여는 가장 유능하고 가장 강하며 가장 우세한 개인이라 할지라도 그가 달성할 수 있는 것을 제한할 것이다. 이는 사회적 다윈주의자들이 인간의 삶을 포함하는 모든 삶을 혹독하고 무자비하며 영속적인 투쟁으로 보는 것과 같은 맥락이다. "자연"은 많은 아름다운 꽃들이 단지 작고 무방비 상태라는 이유로 짓밟힐 것을 요구했다. 그러나 그것은 그 대안인 퇴화나 궁극적인 멸종보다는 선호되는 것이었다. 이러한 대안들을 고려해보면, 개인도 공동체도 선택의 여지는 없었다.

진화의 산물이자 진화가 진행되는 방법으로서의 전쟁에 대한 사상과 연관되어 있는 것은 성적(性的) 선택에 대한 사상이었다. [여성(암컷)으로 하여금 자신의 종에서 최적자를 가장 선호하게 만듦으로써] 성(sexuality)이 진화에 결정적으로 중요하다는 생각은 다윈 자신의 저작에서 발견된다. 나중 세대들은 이를 더 상세하게 설명했다. 그들은 전쟁이 '최적자'—이것이 무엇을 의미하든지 간에—들을 사회적 구조의 맨 꼭대기에 위치시킴으로써 진화를 지원해주는 게 아니라고 주장한다. 전쟁이 행하는 것은 승자들에게 가임 여성에 대한 보다 많은 접근권을 제공하는 것이다. 승자들은 자신들의 씨를 뿌리고 자신들의 유전자를 남겨놓는다. 진화적인 맥락에서 보자면, 그것이 구약성경이 말하는 "생육하고 번성하며 땅에 가득하는", 성공이 의미하는 바를 실현하는 것이다.

역으로, 마르스(Mars)와 베누스(Venus)의 오랜 관계가 보여주듯이, 전쟁은 그것을 수행하는 이들로 하여금 섹스를 열망하게 만든다. 그것이 그들이 자신들의 파트너와 떨어져 있기 때문인지, 아니면 죽음을 당하는 경우에 무언가를 남겨놓고자 하는 그들의 무의식적인 열망 때문인지, 아니면 그들의 호르몬 때문인지는 말하기 어렵다. 성적 충동이 할 수 있는 일에 대한 초기의 사례는 『일리아스』에서 발견된다. 트로이아의 목전에서 10년을 보낸 아카이아인들은 넌더리가 나고 말았다. 고향으로 돌아가고자 그들은 자신들을 규합시키려는 지도자들을 거역하고 배를 향해 질주했다. 늙은 현자 네스토르(Nestor)가 일어서서 큰 소리로 그들에게 각자가 "트로이아 남자들의 여자들 중 한 명과 잠을 잘 수 있을 때까지" 기다리라고 외쳤다.[6] 그것은 통했으며, 그들은 그냥 머물렀다.

무장분쟁에는 늘 강간이 동반되었다. 때때로 승자들은 그것을 패자들에게 치욕을 주는 무기로 사용했다. 그러나 그것이 늘 필요한 것은 아니다. 한 목격자—작가 시몬 드 보부아르(Simone de Beauvoir, 1908~1986년)—에 의하면, 1940년에 독일 장병들은 파리에 입성하자마자 직업적이거나 아마추어이거나 한 프랑스 여성들에 의해 둘러싸였다. 1944~1945년에 엘베(Elbe) 강 양편에 있던 연합군 장병들도 신나게 즐겼다. 영국과 미국의 병사들은 담배, 초콜릿, 나일론 스타킹으로 여성들을 "샀다". 초기의 마구잡이식 강간이 끝나자 소련군 장병들도 동일한 목적을 위해 빵과 소금에 절인 생선을 사용했다. 많은 여성들이 다른 이들로부터 자신들을 보호해줄 수 있는, 점령군의 일원—가급적 고계급자—에게 자신을 바침으로써 안전을 획득했다. 자발적이든 아니든 간에 섹스는 남성과 여성 모두의 DNA를 확산시킨다. 지구 상에서 가장 흔한 인간 유전자는 가장 위대한 정복자인 칭기즈 칸(Genghis Khan)에게서 유래되는 것으로 이야기된다.[7] 한 이야기에 따르면, 그는 인생에서 가장 큰 즐거움은 패배당한 적의 면전에서 그들의 아내와 딸들을 품에 안는 것이라고 말했던 것으로 전해진다.

그러나 전쟁이 우리의 가장 좋은, 그리고 가장 숭고한 자질 또한 반영할 수는 없을까? 무엇보다도 전쟁은 다른 이들에게 죽음과 고통을 가하는 어떤 사람들로만 구성되는 게 아니다. 전쟁은 그러한 일을, 그것도 상당히 많이 실행한다. 그러나 그것은 또한 사람들로 하여금 고통을 감내하고, 스스로를 희생하며, 심지어 "명분(cause)"—매우 훌륭한 영어 표현이다— 을 위해 싸우면서 목숨을 바칠 것을 요구하기도 한다.

명분, 또는 —다른 이들이 선호하는 표현으로는— 신화는 하나님 혹은 왕, 국가, 국기 등일 수 있다. 이러한 것들은 역사에 따라 결정되며, 경우에 따라 다르다. 결국, 그것들의 정확한 본질은 부차적으로 중요하다. 그것들은 그 생존이 위험에 처해 있으며 개인들이 자신의 목숨을 위험에 빠뜨리는 목적이 되는 집단을 의인화한다. 그렇게 하는 것은 비단 문제가 되는 명분을 인지하고 이해하는 것 훨씬 이상의 일을 행할 것을 요구한다. 그는 그것을 느끼고 경험하며, 자신의 존재 그 맨 밑바닥까지 끌어들여야 한다. 그는 자기 자신보다 훨씬 더 위대하고 훨씬 더 나으며 훨씬 더 가치가 있는 파도를 만난 듯이 압도되고 휩쓸려야 한다. "내게 자유를 주든지 아니면 죽음을 달라"는 것처럼.

전쟁이 우리 안의 가장 좋고 가장 숭고한 것으로부터 유래한다는 생각은 일부 사람들—그 모든 이들은 다른 이들이 그들을 지켜주기 때문에 잠자리에 들 수 있다—에게는 극히 혐오스러운 것이다. 그러나 그것이 그러한 생각에 취할 만한 것이 없다는 것을 의미하지는 않는다. 아마도 그 반대일 것이다. 인류의 가장 위대한 일부 철학자와 예술가들은 이를 시인했다. 무엇보다도 킬러들이 자기 자신의 목숨을 위험에 처해지게 만든다는 사실은 전쟁을 처형, 대학살, 집단학살과 구별되게 만든다. 이러한 것을 혼동하는 것은 모르는 사이에 그런 것이든 의도적이든지 간에 무지를 보여주는 것이다.

많은 전쟁이 처형, 대학살, 집단학살을 동반했다. 때로는 그러한 행동이 그것을 낳은 분쟁 자체보다도 더 많은 이들을 죽음으로 내몰았다. 그러나 전쟁과 잔학행위는 동일한 것이 아니다. 잔학행위의 실행자를 명예시하는 사회는 없다. 귀향한 그들은 다른 모든 이들에 의해 경멸되고 회피의 대상이 된다. 자신의 목숨을 위험에 빠뜨리거나 자신이 믿는 명분을 위해 죽는 이들은 언제나 찬사를 받았다. 그럴 만한 이유가 있었다. 그렇게 하는 게 그들 안에 있는 가장 좋고 가장 숭고한 모든 것의 표현이 아니고 무엇이겠는가?

알렉산드로스 대왕에게 특히 호메로스를 가르쳤던 아리스토텔레스에게 최고로 영웅적인 인간적 자질은 탁월성(arête)이다. 그것은 숭고한 명분을 위해 싸우다 죽을 준비가 되어 있어 영예로운 삶을 살아가는 이를 나타낸다. 훨씬 훗날에, 게오르크 프리드리히 헤겔(Georg Friedrich Hegel, 1770~1831년)과 프리드리히 니체(Friedrich Nietzsche, 1844~1890년)와 같은 사상가들은 거의 모든 것에 의견을 달리했다. 그러나 그들은 전쟁이 민족(헤겔)에게나 개인(니체)에게나 할 것 없이 최고의 시험이라는 점에 동의했다. 두 사람 모두는 우연히 그것을 몸소 경험했다. 헤겔은 1806년 프로이센에 맞선 나폴레옹의 전역 동안 그의 집이 전소되었을 때 이를 경험했다. 니체는 1870~1871년의 프랑스-프로이센 전쟁 동안에 구급 마차를 운전하면서 이를 경험했다.

헤겔은 전쟁의 위협이 없다면 공동체들을 뭉치게 하는 한 가지 힘은 이기적인 '관심'과 전제(專制)의 결합이 될 것이라고 주장했다. 니체는 전쟁이 없다면 인간의 모든 문화가 성장할 수 있는 원천이 되는 토양으로서 보다 수준 높은 감정이 존재할 수 있는 여지가 없을 것이라고 주장했다. 전쟁이 없다면 인류는 동물의 삶으로 전락하고 말 것이었다. 흙을 파고 먹고 자며 섹스를 하고 오락을 찾을 것이었다. 로마인들이 말했던 "빵과 서커스", 그리고 니체가 썼던 "최후의 인간(the last man)"이 바로 그러한 맥락이었다. 그리고 인류의 문화로 알려진 것들은 서서히, 고통 없이, 그리고 지루하게 끝을 맞을 것이었다.

"누가 죽음을 결연한 얼굴로 바라볼 수 있단 말인가. 이제는 군인들만이 자유로운 인간이다"[독일의 극작가이자 시인인 프리드리히 실러(Friedrich Schiller, 1759~1805년)]. 과거와 미래, 원인과 결과, 처벌과 보상은 잊히고 만다. 엷은 안개처럼 그것들은 사라져 눈부시게 청명한 하늘을 남긴다. 자유—즉, 완벽히 자연스럽게 행동할 수 있는 기회—가 끔찍한 전쟁이 한창인 가운데 그러한 끔찍함을 겪은 이들이 종종 경험하는 환희의 분출을 설명해준다. 종종 끔찍함이 클수록 —적어도 한동안은— 환희도 커진다. 일부 심리학자들은 사람을 죽이는 데 익숙하지 않은 현대 사회의 대부분의 사람은 그것을 배울 필요가 있으며, 그렇지 못한 탓에 심리적 피해에 시달리게 된다고 주장한다. 그러나 그들은 또한 '전투쾌감(combat high)'에 대해서도 이야기하며, 그것을 아드레날린의 분출과 연관 짓는다. 그러한 느낌은 결코 새로운 것이 아니다. 『일리아스』에서 아가멤논(Agamemnon) 왕은 "선혈이 낭자한 손으로" 좌우의 트로이아 전사들을 죽였다.[8] 내내 부하들에게 자신을 뒤따르도록 "큰 소리로" 외치면서.

역사 전반에 걸쳐, 전쟁을 혐오하는 이들이 있는가 하면 전쟁의 "두려움을 앗아가는, 입이 마르게 하는 황홀감"[어니스트 헤밍웨이(Ernest Hemingway)][9]에 흥청거리는 또 다른 이들 또한 존재했다. 그들 중 일부는 나쁜 이들이었고 다른 일부는 선량했고, 대부분은 평균적이었다. 중세의 기사이자 음유 시인 베르트랑 드 보른(Bertran de Born, 1140~1215년경)이 그 주제에 대한 유명한 시를 썼다. 다른 많은 이들도 같은 느낌을 가졌다. 몇 명만 거론하자면 로버트 E. 리(Robert E. Lee) 장군, 시어도어 루스벨트(Theodore Roosevelt) 대통령, 이탈리아의 작가 가브리엘레 단눈치오(Gabriele D'Annunzio)와 쿠르치오 말라파르테(Curzio Malaparte), 독일의 작가 에른스트 윙어(Ernst Juenger)—프로이센의 푸르 르 메리트(Pour le Mérite) 메달의 수훈자이자 『강철폭풍 속에서(In the Storm of Steel)』의 유명한 저자—와 미국의 조지 패튼(George Patton) 대장이 그런 이들이다. 그리고 이러한 목록은 실제로 전쟁을 겪었던 이들만을 포함한다. 제1차 세계대전 직전에 해군장관 처칠은 자신의 아내에게 몰아치는 폭풍이 얼마나 자신을 흥분시키는지 말했다. 자신의 삶이 벽돌만큼이나 무미건조함을 느끼고 있어 거대한 서사시에 참여할 수 있기를 갈망하던 무수히 많은 이들도 같은 생각이었다.

미국의 철학자이자 제2차 세계대전의 참전 베테랑이었던 글렌 그레이(Glenn Gray, 1913~1977년)는 "파괴의 기쁨은 황홀하게 만드는 특성이 있었다… 사람들은 그것으로 힘을 얻었으며, 그것에 사로잡혔고, 그것도 밖으로부터 사로잡혔다"[10]고 썼다. 1973년 10월 전쟁은 이스라엘이 겪었던 가장 힘든 전쟁이었다. 다른 어떤 전쟁에서보다 하루당 죽음을 당한 장병의 수가 많았다. 20년 뒤에, 퇴역장군이자 훗날 총리가 되는 샤론은 120명의 학생(그리고 나)에게 그 전쟁이 "정말 좋았다"고 말했다.

이 모든 것은 왜 수많은 사람이 늘 갖은 종류의 워게임을 실행했는지 설명해준다. 또한 왜 전쟁 자체가 그토록 흔하게 게임 중에서 가장 좋은 게임으로 불렸는지도 설명해준다. 분명 즐거움은 한때이다. 살아가면서 즐거움은 향수(전우애에 대한, 아드레날린에 대한)나 전쟁에 대한 격렬한 혐오에 자리를 빼앗기게 되는 경향이 있다. 그리고 분명 즐거움은 관련된 많은 감정들 중 하나일 뿐이다. 그러나 즐거움이 지속되는 동안에는 그것이 자칭 평화주의자들까지도 압도하고 만다.

제1차 세계대전기 영국의 시인 시그프리드 서순(Siegfried Sassoon, 1886~1967년)은 솜(Somme) 전투의 개시를 "단단한 재미"[11]라고 묘사했다. 그의 친구이자 동료 작가 월프레드 오언(Wilfred Owen, 1893~1918년)에게는 "[참호 밖으로 나와] 서서히 걸어 전진해가면서 우리 스스로를 드러내 보이는 행동"이 "이례적일 정도로 커다란 기쁨"을 유발했다. 시대를 망라하여 많은 전사들은 사람을 죽이는 행위를 섹스와 비교했다. 인간의 모든 행동 분야에서 무언가를 가장 잘하는 이들은 그들이 행하는 일을 사랑하는 이들이다. 전쟁이라고 해서 그와 달라야 할 이유가 있을까?

2. 개인에서 공동체로

앞서 설명과 관련된 한 가지 문제는 전쟁은 개인의 행동이 아니라 집단적인 행동이라는 것이다. 그렇기 때문에 전쟁은 "최적"의 개인을 선별하기 위한 도구의 하나(유일한 도구는 고사하고)로서 기능할 수도 없다. 어느 전쟁에서나 가장 먼저 죽는 이들은 사회의 "최적" 구성원, 즉 젊은이들이다. 그들은 그들의 적합성에도 불구하고 죽음을 당하는 게 아니라 적합성 때문에 그리 되는 것이다. 수 세기 동안 아프리카와 아시아의 사회들은 제국주의적 국가들에 의해 쉽사리 격파되고 정복당하곤 했다. 나중에야 그들은 총을 손에 넣게 되면서 멍에를 벗어던지게 되었다. 그것이 어떤 식으로도 그들이 전에 그들을 지배했던 이들보다 더 "적자"가 되었음을 입증해주지 않음은 분명하다. 다른 설명이 있을 수 있을까?

전쟁을 유발하는 데 있어 좋거나 나쁜 개인적 감정과 충동이 행하는 역할도 마찬가지로 문제가 된다. 집단 정신병과 같은 것이 존재한다. 나치의 뉴스 영화들은 어떻게 한 선동정치가가 적어도 한동안은 수십만 명의 사람들로 하여금 동일한 감정―가장 폭력적인 감정을 포함하는―을 공유하게 만들 수 있는지를 보여준다. "문화혁명" 동안 활동했던 홍위병에 대한 중국의 영화들은 훨씬 더 인상적이고 무섭다. 올린 팔과 꽉 쥔 주먹, 이글거리는 눈, 으르렁거리는 얼굴, 벌어진 입술, "히틀러 만세"나 "유대인들에게 죽음을!"과 같은 슬로건을 외치는 입은 한 가지 모습일 뿐이다. 전쟁으로 알려진, 매우 조직적이고 많은 경우 냉정하고 의도적으로 계획되고 수행되는 행동은 그와는 전적으로 다른 것이다.

사실 전쟁이 난폭한 난투극으로 전락해버릴 위험성은 상존한다. 그러나 완전한 혼돈과 전쟁은 같은 게 아니다. 역사적으로 보았을 때는 전자가 후자에 선행되었을 수 있다. 엄격한 통제가 유지되지 않으면 후자는 언제나 전자로 전환될 위험이 있다. 그것이 많은 지휘관들―특히 살인, 강간, 약탈할 수 있는 많은 기회를 제공해주는, 포위전에서의 승리와 같은 상황 속에 있을 때―이 자신들의 장병을 규제하고자 최선을 다하는 이유이다. 다른 경우, 특히 로마와 몽골 군대의 경우에는 살인, 강간, 약탈을 엄격한 통제 아래 체계적으로 수행되는 노역과 같은 것으로 전환시키는 기율을 보여주었다. 그것이 그들이 성공을 거두었던 한 가지 이유였다.

개인적인 감정과 공동체적인 행동 간의 간극은 너무나 커서 많은 학자들은 개인에게는 덜 초점을 두고 그 개인이 형성하는 공동체에 더 초점을 두는 경향을 보였다. 일부는 그것이 젊은이들을 증오하고 두려워하는 노인들에 관한 문제라고 믿는다. 결국에는 젊은이들이 승리하게 되어 있다. 그들이 서로 죽이게 만드는 것보다 그들을 제거하는 더 나은 방법이 무엇이 있을까? 이러한 설명은 해결되지 않은 두 가지 질문을 남긴다. 첫째, 전쟁은 젊은이들을 죽음으로 내몰지만 그것은 젊은이들로 하여금 연장자들을 대신해 전면에 나서도록 만들기도 한다. 둘째, 대부분의 시간과 장소에서 기대수명은 너무 낮아서 거의 대부분의 사람들은 젊었다. 느지막이 1450년에도 영국 공작 —공작을 의미하는 'duke'는 지휘관을 의미하는 'dux'에서 유래되었다— 가문의 자제들은 기껏해야 21세까지 살 것으로 기대되었다.

대부분의 계몽사상가들은 인간의 기본적인 본성은 선하지도 악하지도 않다는 장 자크 루소(Jean-Jacques Rousseau, 1712~1778년)에 동의했다. 그렇기 때문에 그들은 사악한 정부에 전쟁의 책임을 돌렸다. 왕과 그에게 아첨하는 귀족들은 전쟁을 그들의 경쟁자들이 그들을 우습게 보지 않게 만들려면 치러야 하는, 일종의 통과의례로 취급했다. 영국과 스페인의 '젠킨스의 귀 전쟁(War of Jenkins' War, 1739~1748년)'이 보여주듯이 전쟁을 하는 그들이 진술한 사유는 실로 시시한 것이었다. 일부 설명에 따르면 7년전쟁(1756~1763년)의 진정한 원인은 프리드리히 2세가 프랑스의 왕 루이 15세(1715~1774년 재위)의 가장 총애받는 정부(情婦)인 퐁파두르 부인(Madame de Pompadour)을 그녀의 원래 이름인 푸아송 부인(Madame de Poisson)으로 불렀다는 사실이다. 그녀는 그를 증오했으며, 나머지는 굳이 말할 필요가 없을 것이다. 의심의 여지 없이 때때로 전쟁은 왕관을 쓴 명사(名士)들에 의해 나머지 모든 이들은 무시하거나 희생시키면서 수행되는 "왕들의 게임"으로 불렸다.

두 가지 요소가 이러한 종류의 경박함을 조장했다. 첫째, 그때는 대규모 영방국가가 표준이 되어가던 통합의 시대였다. 군대들은 국경이나 그 부근에서 작전을 수행했다. 왕, 그리고 그의 심복과 아내는 대부분 개인적인 위험을 피하면서 자신들의 성 안에 그대로 머물렀다. 가장 크고 가장 견고한 영방국가를 70년 이상 통치한 프랑스 왕 루이 14세(1643~1715년 재위)도 그러한 사실에 주목했다. 그는 이러저러한 도시를 잃는다 해도 자신은 여전히 왕좌에 머물게 될 것이라고 말했다. 회고록에서 그가 영예욕이라 불렀던 것을 충족시키기 위해 수십만 명이 죽고 그보다 많은 이들이 고통당해야 한다는 사실은 그를 괴롭히지 못했던 것으로 보인다.

둘째, 통치자들과 그들의 부하들은 성(性)을 막론하고 계급감정에 의해 보호되었으며, 그러한 감정은 그들 간에 모종의 국제적 유대를 만들어냈다. 포위된 요새의 지휘관이 상대 진영의 지휘관에게 점잖게 농담을 던지며 자신의 아내에게 아무곳에나 입 맞추는 데 성공한다면 그녀의 어디에나 입 맞출 수 있게 해줄 것이라고 말하는 게 모든 시대에 일어난 일은 아니었다. 동료의 사적인 재산을 폐허로 만드는 일을 피하거나, 그에게 잃어버린 망원경을 전해주거나, 의심스러운 경우이기는 하지만 그가 먼저 발포하도록 하는 일도 마찬가지이다. 그러한 유대는 또 스위스의 법학자 에머리히 바텔(Emmerich Vattel, 1714~1767년)에 의해 공포된 것과 같은 당대의 국제법에 의해 지탱되고 체계화되었다.

전쟁이 정체(政體)들 내의 내부적 모순에 의해 유발된다는 생각을 지지한 가장 중요한 인물은 독일 철학자 이마누엘 칸트(Immanuel Kant, 1724~1804년)와 미국의 정론가(政論家) 토머스 페인(Thomas Paine, 1736~1809년)이었다. 두 사람은 왕정과 공화정 간의 차이로부터 출발했다. 왕정은 왕들과, 지위를 상속받음으로써 어느 누구에 대해서도 책임을 지지 않는 귀족들에 의해 통치되었다. 막 기술된 방식 아래 전쟁으로 치달음으로써 그들은 영토의 일부를 교환하고, 상속문제를 해결하며, "명예"로 느슨하게 알려진 것에 대한 모욕에 보복하기 위해 전쟁을 사용했다. 때때로 그들은 단순히 스스로를 즐겁게 하기 위해 그렇게 했을 수 있다. 동료 시민들에게 책임을 지는 공화정의 통치자들은 그러한 특권을 누리지 못한다. 시민들은 자신들보다 나은 자로 가정된 이들의 변덕을 위해 죽음을 당하도록 스스로를 방치하지 않았다. 뒤이은 많은 자유주의자들은 이러한 주제에 대해 더 상세히 말하면서 "영구평화"—칸트의 저작들 중 하나의 이름이다—를 획득하는 유일한 길은 모든 국가를 민주정이 되게 만드는 것이라고 주장했다.

19~20세기의 많은 사회주의자나 공산주의자들은 전쟁의 뿌리를 개인—그들이 얼마나 사악하거나 나쁘거나 영웅적이거나 호전적이거나 (영어로는 다른 표현으로 대체할 수 없는 말을 쓰자면) 성적으로 흥분했거나(horny)에 상관없이—의 변덕보다는 공동체의 구조에서 찾았다. 그러나 카를 마르크스(Karl Marx, 1818~1883년)는 공동체는 괴팍스러운 귀족들과 불운한 평민들 사이에서 분열되는 게 아니라고 가르쳤다. 그것은 자본가와 프롤레타리아트, 부르주아와 노동자, 착취를 하는 이와 착취를 당하는 이들 간에 분열되었다. 자본주의의 본질 자체가 각 쌍의 첫 번째 집단으로 하여금 점점 더 부유해지고 수적으로는 소수가 되게 만드는 한편, 두 번째 집단은 점점 더 가난해지고 수적으로는 많아지게 만들고 있었다.

각 국가의 자본가들에게는 종종 원료가 모자랐다. 마찬가지로 종종 그들은 필요한 구매력을 갖추지 못한 열등자들에게 자신들의 생산품을 떠안길 수 없었다. 이는 그들로 하여금 격렬한 경쟁에 임하도록 강제했으며, 그들을 극심한 압력 아래 놓이게 했다. 전쟁에 책임이 있는 것은 개인의 탐욕이 아니라 그러한 압력이었다. 그것은 본국에서나 국경에서나 해외에서나 할 것 없이 마찬가지였는데, 어디서나 전쟁은 제국주의적 팽창의 형태를 취했다. 훗날 레닌과 스탈린도 살짝 개조된 형태로 같은 주제를 선택했다. 그러나 현대에 국한해서만 살펴볼 이유가 있을까? 24세기 전에 플라톤은 어느 선을 넘으면 부와 가난 간의 대조가 내전(stasis)을 이끌 것이라고 주장한 바 있었다.

다른 사회적 요소 또한 내전을 유발할 수 있다. 그 한 가지 요소는 분리주의를 낳는 민족적·종교적·문화적 차이이다. 관련된 집단들은 수십 년 이상 동안은 비교적 평화롭게 함께 살 수 있다. 그 뒤에는 1976년의 레바논과 1991년의 유고슬라비아가 보여주듯이 증오와 폭력의 광란으로 빠져든다. 다른 한 가지 요소는 생계를 해결하거나 짝을 찾을 수 없는 젊은이들의 과잉이다. 너무 강력하고, 너무 자의

적이며, 너무 억압적인 체제는 무장봉기를 조장할 수 있다. 그 주민들을 억제하기에 충분할 정도로 강력하지 않은 체제도 무장봉기를 조장할 수 있다. 다른 모든 원인들을 결합시키는 가장 강력한 원인은 사람들이 살고 있는 정체가 불공평하다는 감정의 팽배이다. 한 여경이 행상인을 폭행하는 모습이 전 세계로 퍼져나가 "아랍 봉기"를 촉발시켰던 2010년 12월 튀니지의 경우가 그랬다.

이와 같은, 그리고 그와 유사한 문제들은 정치적 경쟁관계로 변환될 수 있으며, 이는 또 전쟁을 유발할 수 있다. 그러나 전쟁이 정체 내부의 그러한 "모순"—마르크스식으로 표현하자면—에 뿌리를 두고 있다는 데 모든 이들이 동의하는 것은 아니다. 민주적이었지만 호전적이었던 아테네를 비롯한 경우가 보여주듯이, 특정 종류의 정부가 다른 이들보다 '본질적으로' 평화주의적이라고 생각하는 것도 그다지 타당하지 않다. 그 대신 홉스로부터 루소를 거쳐 21세기 초의 "현실주의적" 사상가들에 이르는 이들은 정체들 간의 관계를 지적했다. 하나의 정체가 상대적인 힘을 얻고 보다 안정될 때마다 그 이웃한 정체는 덜 그렇게 된다. 그리고 그들은 도무지 우세한 자를 인정하려 들지 않기 때문에 그들 간의 차이를 해소할 수 있는 법정이란 존재하지 않는다.

행위자가 큰지 작은지, 적은지 많은지가 종국에는 중요하지 않다. 상대적 힘에 발생하는 변화가 크고 빠를수록, 그리고 그러한 체계의 구성원들 모두를 결속시키는 이해관계의 망이 촘촘할수록 문제는 더 첨예해진다. 정체들이 때때로 형성하는 동맹들에도 마찬가지가 적용됨은 첨언할 필요가 없을 것이다. 달리 말해 전쟁은 국제적 무정부 상태의 산물인 것이다, 정의(正義)가 결여되면 힘이 결정하게 되는 것이다.

3. 목적, 원인, 그리고 그것들이 중요한 이유

앞서 설명들 중 일부는 인간의 본성에 뿌리를 두고 있으며, 다른 일부는 공동체들의 구조와 공동체들 간의 관계에 뿌리를 두고 있다. 그럼에도 그것들은 한 가지 공통점을 가지고 있다. 그것들은 시간과 공간을 망라한 모든 전쟁이나 특정 시간과 공간에서의 모든 전쟁—예를 들면 절대왕정에서 일어나는 전쟁 또는 자본주의에서 일어나는 전쟁—에 적용된다. 이것이 왜 그러한 설명들이 특정의 전쟁이 어떻게 발생하는지는 말해줄 수 없는 이유이다. 아돌프 히틀러(Adolf Hitler)에 대해 쓴 21세기 초의 한 전기 작가는 그가 거의 출생 시부터 나쁜, 그것도 매우 나쁜 사람이었다는 점을 보여주기 위해 노력을 아끼지 않았다. 그의 시각에는 대부분은 아닐지라도 많은 독일인도 마찬가지였다. 이는 총통이 권좌에 올랐을 때 그들은 강압의 대상이 될 필요가 없었다는 사실로 입증된다. 독일인들은 스스로를 꾐에 빠지도록 방치하면서 자신들의 자유의지로 그에게 "협력했다".

그러한 설명은 타당할 수도 있고 그렇지 않을 수도 있다. 그러나 그 어떤 경우라 할지라도 그것은 왜 제2차 세계대전이 발발했는지는 설명해주지 못한다. 히틀러와 독일인들이 늘 나빴던 것일까? 그렇지 않다면 어떻게 그들은 다른 사람들이나 국민들과 차별화되었던 것이며 언제, 그리고 왜 그렇게 되었던 것일까? 그들은 나중보다 1933년에는 덜 나빴던 것일까? 그리고 악한 그들이 왜 다른 이들이 아니라 그러한 적들에 맞서 이러한 특정의 전쟁을 이러한 특정의 방식으로 개시했던 것일까? 그와 같은 설명들은 무지(無知)를 감춰버리기에 충분할 정도로 큰 무화과 나뭇잎에 지나지 않는 것으로, 아무것도 이야기해주지 못하는 건 아닐까?

탈무드에는 "모든 것을 붙잡으려고 하면 아무것도 얻지 못하게 된다"는 말이 있다. 특정 전쟁의 발발에 대해 설명하면서 그것이 무엇이든지 간에 근본적인 원인이나 요인을 지적하는 것만으로는 충분하지 않다. 그러한 요인들이 존재할 뿐 아니라 관련된 결정을 내리는 이들에게 영향을 주었다는 점이 입증되어야 한다. 그렇게 하는 것은 많은 경우 (그리고 아마도 언제나) 불가능하다.

1962년 쿠바 미사일위기 동안 케네디 대통령의 움직임을 관찰했던 미국의 역사가 아서 슐레진저(Arthur Schlesinger, 1917~2007년)는 의사결정 과정의 일부로서 그가 분석해냈던 요소들 중 많은 수가 적절하지 않았음을 알게 되었다. 서독 총리 헬무트 슈미트(Helmut Schmidt, 1918~2015년)도 유사한 경험을 했다. 1977년 10월에 루프트한자(Lufthansa) 민항기가 공중납치되어 소말리아의 모가디슈(Mogadishu)에 착륙했다. 슈미트는 특공대를 파견하는 것으로 이에 대응했다. 임무는 달성되었으며, 승객은 사상자 없이 풀려났다. 실패했다면 그것은 많은 이들의 죽음은 말할 것도 없고 권력으로부터 그의 몰락 또한 야기했을 것이었다. '주둥이(Schnauze)'라는 별명을 가진 슈미트는 극도로 자신감에 차 있고 매우 지적인 정치인이었다. 아무도 그에게 다른 이들은 어떻게 했었는지, 그리고 자신이 무슨 일을 하고 있는지에 대해 연구하거나 생각하지 않았다고 비난할 수는 없다. 훗날 그가 썼듯이, 근원적인 요소들에 관해 그가 학습했던 모든 것은 결심—실행할 것인지 아닌지를 결정하는—의 순간에 이르러서는 해 아래의 눈처럼 사라지고 말았다. 남아 있는 것이라고는 작전의 목적, 그것의 성공 가능성, 그리고 그것이 성공하지 못한다면 발생할 일이 전부였다.

일반적으로 말해 전쟁은 그저 발생하는 게 아니다. 일부 사람들이 제1차 세계대전으로 이어지는 몇 주 동안에 그랬던 것으로 주장하는 것과 같이 사건들의 의도치 않은 연쇄작용을 가정한다 하더라도 "불가피한" 것은 아무것도 없다. 어떤 시점에서 누군가는 결심을 해야 한다. 중지할 것인지 계속할 것인지를. 히틀러는 원래 1939년 8월 26일에 개시하려고 계획했던 폴란드 침공을 중지시켰다. 분명 그는 9월 1일의 폴란드 침공도 마찬가지로 그렇게 할 수 있었을 것이다.

결정의 배경이 되는 고려들은 심각한 것일 수도 있고 시시한 것일 수도 있으며, 옳은 것일 수도 있고 잘못된 것일 수도 있다. 그것들은 사회를 동원하고 그 사회로 하여금 전쟁을 지지하게 만드는 데 성공할 수도 있고 그렇게 하지 못할 수도 있다.

그러나 그것들은 특정의 불만, 특정의 적, 특정의 목적, 그리고 무엇보다도 특정의 손익계산을 포함할 것이다. "~하기 위해(in order to)"가 존재할 수밖에 없고 그렇게 된다. 통치자나 지휘관이 인간의 악한 본성이 그로 하여금 그리하도록 했다거나, 혹은 자신을 희생시키려 하거나 해방감을 느끼려는 그의 숭고한 열망 때문에 전쟁으로 치닫는 경우는 결코 없었을 것이다. 국제적인 경쟁이 강화되게 만들었던 자본주의의 내적 모순들이 직접적으로 그로 하여금 그렇게 하는 경우도 결코 없었다.

　(비록 그 자신은 그렇게 생각하지 않았지만) 히틀러는 철저히 악했을 수 있다. 독일인들도 마찬가지일 수 있다. 그러나 어쨌든 의식적으로 악한 본성 때문에 그가 제2차 세계대전을 시작한 것은 아니었다. 그는 마음속에 가지각색의 견고한 목표들을 가지고 전쟁을 시작했다. 그는 독일이 최근 당한 패배를 복수하고 역전시키고자 했으며, 유화의 시도가 실패로 끝난 뒤에 그의 요구를 거절했던 독일의 적들을 파괴하려 했고, 제1차 세계대전 동안 독일인들을 거의 교살했던 제약들을 깨뜨리려 했으며, 독일인들을 위한 "생활권(living space)"을 획득하려 했고, 천 년 동안 그들의 미래를 확고히 하려 했다. 어떤 종류의 원인도 그것과는 관련이 없었다. 전쟁은 특정 목표들을 달성하기 위해 의도적으로 개시되는, 목적이 있는 행위였다. 공세적인 목표들을 가지기도 하지만, 다른 많은 경우에는 방어적인 목표들을 취하기도 한다.

　공표된 전쟁의 목표들은 진실한 것이 아닐 수 있다. 그것들이 진실하든 그렇지 않든 간에 그와 같은 결정들은 정치의 일부를 형성한다. 그것들이 한데 합쳐지면 정치 그 자체가 된다. 그렇다면 그것들만이 중요하고, "깊은" 혹은 "근본적인" 원인들—이것들은 모두 개인에게서 유래될 수도 있고 공동체 내부에 위치하는 것들로부터 유래될 수도 있으며, 공동체들 간의 관계가 취하는 성격에서도 유래될 수 있다—은 그리 중요하지 않다고 결론 내릴 수 있을까? 공표된 전쟁의 목표들을 포기하고, 증거가 허락되는 한 전쟁을 원하고 그것을 수행했던 이들의 결정에 초점을 맞추어야 하는 것일까? 두 가지의 중요한 이유로 그렇게 하는 것은 심각한 오류가 되고 만다. 달리 말하자면 원인은 중요하다. 첫째, 사람은 결코 섬이 아니다. 히틀러의 결정은 자신의 목표를 달성하려고 하는 그의 결의를 반영했다. 그러나 그의 생각과 그의 개성 전반은 그와 그의 동시대인들이 사물과 그들에게는 "객관적"인 현실을 형성하던 것을 바라보는 방식에 뿌리를 두고 있는 것이었다.

특히 중요한 것은 국제적인 삶이란 자원과 힘을 위한 홉스적이거나 다윈적인 끝이 없는 투쟁이라는, 히틀러와 더불어 다른 많은 이들이 당연시했던 생각이었다. 게다가 ─히틀러가 『나의 투쟁』뿐 아니라 그의 출판되지 않은 "두 번째 책"에서도 분명히 했듯이─ 그러한 투쟁은 무기의 무력에 의해서만 결판난다는 생각 또한 중요했다. 또 하나는 유대인, 공산주의자, 슬라브인 들은 독일의 불구대천의 적으로서 파괴되어야 하며, 그렇지 않으면 그들이 독일을 파괴할 것이라는 생각이었다. 그리고 또 하나는 그럴 수 있는 시간이 점점 더 소진되어가고 있다는 생각이었다. 독일은 포위에서 벗어나지 못하면 강대국의 치하에 놓여야 했다. 이러한 "사실"들 중 그 어느 것도 결정에 해당하지는 않았다. 그러나 그것들은 하나의 거대서사(a master narrative)를 형성했는데, 그것이 없이는 히틀러가 내린 어떤 결정도 상상조차 할 수 없고 그리하여 의미도 없어지고 만다. 간략히 말하자면, 원인들을 고려하지 않고는 발생한 일이나 발생할 수 있었던 일 모두를 이해하는 게 불가능해진다.

둘째, 그가 얼마나 강력하든지 간에 어떤 통치자나 지휘관도 자신이 원하는 시간만큼, 자신이 원하는 방식으로, 자신이 원하는 때에, 자신이 원하는 일을 할 수는 없다. 이집트의 파라오들, 자신의 할머니에게 자신은 "아무에게나 어떤 일도 행할 수" 있다고 말했던 로마 황제 칼리굴라(Caligula), 그리고 스탈린은 역대 가장 절대적인 전제군주들 중 일부였다. 스탈린은 역사상 가장 강력한 인물이었다. 훗날 공산당 총서기가 되는 니키타 흐루쇼프(Nikita Khrushchev, 1894~1971년)는 스탈린에 대해 말하길, 그가 "춤"하고 말하면 현명한 사람은 춤을 추었다고 말했다.[12] 그러나 그런 그조차도 자신의 인민들을 하루하루 감복시키며 끌고 갈 수는 없었다. 그것을 위해서는 상당한 시간과 노력이 필요했다. 그는 어느 누구 또는 어떤 무엇에도 구애받지 않고 순전히 자신의 의지만으로는 대규모 군대를 동원할 수도, 그 지휘관들을 열광하게 만들 수도, 그 병사들에게 동기를 부여할 수도, 그가 선택한 순간에 그가 선택한 적에 대해 그들을 투입할 수도 없었다.

그 모든 것을 하기 위해 이러저러한 통치자들은 ―그가 "절대적"이든 그보다 덜하든지를 막론하고― 그들의 결정이 당대의, 그리고 보다 일반적으로 적용되는 모든 ―또는 적어도 일부의― "근본적"인 힘들과 조화를 이룰 것임을 확실히 하는 것으로 시작해야 했다. 그렇게 하는 데 실패했기 때문에 그들은 1939년 핀란드를 침공했을 때 소련군이, 그리고 다음 해에 무솔리니가 제2차 세계대전에 참전했을 때 이탈리아군이 맞닥뜨렸던 운명에 처해질 수 있는 위험을 감수해야 했다. 그러한, 그리고 무수한 다른 사례들이 보여주듯이 사회적 동원이 가장 중요하다. 『병법』의 맨 서두 부분에서 손자가 전쟁을 준비할 때 가장 중요한 요소는 통치자와 그 백성들 간의 화합과 하늘의 호의라고 말했을 때, 아마도 그는 이를 염두에 두었던 것으로 보인다.[13]

무거운 물품을 실은 기차가 경사면을 오르는 모습을 상상해보자. 그것은 2개의 기관차에 의해 움직인다. 앞에 있는 기관차는 케이블을 잡아당긴다. 뒤에 있는 다른 기관차는 케이블을 늦춘다. 그렇다면 기차는 어떻게 움직일까? 실제로는 짐은 나뉘게 된다. 화물칸의 일부가 잡아당겨질 때마다 다른 화물칸들은 밀어붙인다. 중간에 있는 소수의 화물칸들은 잡아당겨지는 것들과 밀어붙이는 것들 사이를 번갈아 오간다. 기차를 움직이는 가장 비용-효율이 높은 방법은 2개의 기관차로 하여금 짐을 그 동력과 정확히 비례하도록 나누는 것이리라. 그러나 이는 극도로 어려운 일이다. 중간 화물칸들의 움직임이 보여주듯이 완벽한 조정은 거의 달성되기 어렵다. 철길이 길고 덜 편평할수록 문제는 더 커진다. 전방과 후방 간의 간극이 너무 큰 시점이 올 수 있다. 조정이 이루어지지 않으면 기차는 멈추어 서게 된다.

다른 조건이 동등하다면 상부로부터 내려오는 명령들이 "근본" 원인들―개인적인 것일 수도 있고 집단적인 것일 수도 있으며, 인식적인 것일 수도 있고 "실제적"인 것일 수도 있다―과 더 긴밀하게 부합될수록 성공의 전망도 커진다. 성공은 성공을 낳을 것이다. 그러나 플라톤의 국가처럼 완벽한 조화는 천국에서만 존재한다. 시간이 흐를수록 조화를 유지하는 것은 더 어려워진다. 부조화가 특정 지점을 넘어서면 그것은 장병들로 하여금 자신들의 무기를 버리게 하고, 군으로 하여금 분열되게 하며, 사람들로 하여금 지지를 거부하고 반란을 일으키게 할 것이다.

제2장

경제학과 전쟁

1. 힘과 목표

엄격히 말해 경제학♣은 전쟁의 일부가 아니다. 독립적인 학문으로서 간주되는 경제학은 18세기 말로 향하는 어느 시점에서야 등장했다. 그러나 모든 인간의 삶이 의존할 수밖에 없는 기초로 간주되는 경제학은 남성들이 짐승을 사냥하고 여성들이 열매를 따며, 인간들이 물물교환을 행하던 시절로 거슬러 올라간다. 손자는 한 지점에서 전쟁이 얼마나 엄청나게 고비용적인지에 주목한다. 클라우제비츠는 그 정도조차도 하지 않는다. 그럼에도 적절한 물질적 기초가 없으면 개인과 공동체는 존재할 수 없다. 전쟁을 준비하거나 그것을 수행하는 것은 말할 가치도 없다. 마르크스의 친구 엥겔스(1820~1895년)가 전적으로 옳았다. 인간의 삶에서 경제학의 중요성을 전쟁보다 더 잘 보여주는 것은 아무것도 없다.

♣ 'economics'는 '경제학' 또는 '경제'로 번역된다. 저자도 이 글에서 맥락에 따라 다른 의미로 쓰고 있다. 맥락에 따른 저자의 의도를 고려하여 번역에서도 표현을 달리했다. ─역주

가장 단순한 사회들에게는 전쟁으로 가는 것이 경제적인 문제를 전혀 일으키지 않았다. 전쟁의 지도자는 이웃 부족들을 습격하려는 자신의 결정을 선포하고 추종자들을 모을 것이다. 추종자들은 자신들의 무기를 들 것이다.─대부분의 무기는 그들이 스스로 제작한 것이었으며, 그 대부분은 사냥을 위해 사용되는 것과 유사했다. 습격대를 구성한 그들은 필요한 것들을 지참하고(지참하거나) 현지조달했다. 어느 누구도 급료를 요구하거나 수령하지는 않기 때문에 그 어느 것도 많은 비용이 들게 하지는 않는다. 원정이 장기화됨에 따라 사냥을 하거나 가축을 돌봄으로써 늙은 남성, 여성, 어린이 들을 먹여 살릴 수 있는 이를 아무도 남겨놓지 않는 경우에만 경제적인 문제가 발생할 수 있었다.

보다 발전된 사회에서는 상황이 달랐다. 통치자와 지휘관들은 장병들을 유지시킬 수 있는 방법을 찾아야 했다. 때로는 전쟁이 전쟁을 먹여 살릴 수 있었지만, 그것은 결코 일반적인 경우가 아니었다. 뒤에 남겨진 이들도 먹여 살려야 했다. 노동력을 구성하는 가장 활발한 요소들이 전투하러 나가는 바람에 남겨진 주민들의 생활수준은 급격하게 하락할 가능성이 컸다. 그러나 그들이 굶주리도록 방치될 수는 없었다. 게다가 보다 정교한 무기들─특히 철제 무기들, 그러나 반드시 그것만은 아닌─은 아무에 의해서나 만들어질 수 있는 게 아니었으며, 정교한 손재주를 필요로 했다. 그리고 장인에게는 급료가 지급되어야 했다.

일반적으로 사회가 보다 발전하고 자본화되며 분쟁이 장기화될수록 전쟁이 만들어내는 경제적인 요구도 더 커진다. 두 가지 요소들이 그 과정에 영향을 미친다. 첫째, 그와 같은 사회들은 많은 경우 유급 장병들을 사용했는데, 그들은 영구적으로 보유되거나 전쟁이 발발했을 때마다 고용되고 전쟁이 끝나면 고용 해제되는 이들이었다. 둘째, 기술이 발전함에 따라 장비가 더욱 비싸지는 경향을 보였다. 산업혁명과 대량 제조의 등장이 처음에는 이러한 추세를 중단시켰다. 사회가 쓸 수 있는 자원이 많아짐에 따라 많은 종류의 장비들의 비용이 하락하여 제1차, 제2차 세계대전의 대규모 군대들이 만들어질 수 있게 되었다. 그러나 1945년 이후에는 다시 가격이 높아졌다.

현대의 군대들은 기성품을 사는 것으로 늘 만족해하지는 않는다는 사실 또한 같은 방향에서 영향을 미친다. 그들은 자신들이 조달하는 물품들이 군사적 표준을 충족해야 한다고 주장한다. 그렇게 하는 것이 많은 경우 필요할 수 있다. 그렇든 그렇지 않든 간에 방한, 부전도, 무반사 종이 집게는 민간에서 사용하는 평범한 그것에 비해 훨씬 더 비싸다. 그와 같은 물품들이 미국 국방부 조달예산의 절반 이상을 차지한다. 이 모든 것이 왜 역사 내내 정부들이 다른 어떤 것보다도 군대에 훨씬 더 많은 비용을 지불했는지 설명해준다. 대부분의 현대 국가들에서는 군보다 복지에 더 많은 돈이 지출되고 있는 게 사실이다. 그러나 전쟁이 없는 경우에 한해 그럴 수 있을 뿐이다.

경제학이 전쟁의 필수 불가결한 기초를 형성한다면, 모든 전쟁이 "궁극적으로는" 경제적인 원인에 그 기원을 두기 마련이라는 마르크스와 엥겔스의 주장은 얼마나 옳은 것일까? 경제적 문제에 의해서만 야기된 전쟁은 거의 없다는 게 그 답이 될 것 같다. 그러나 경제적인 원인이 많은 —아마도 대부분의— 전쟁에서 역할을 수행하는 것도 역시 사실이다.

보다 발전된 사회들에 비해 부족사회들은 매우 가난한 경향을 보인다. 그러나 가난이 반드시 전쟁을 단념시키는 것은 아니다. 많은 경우 그 반대이다. 전쟁은 물에 대한 접근권, 사냥터, 목초지, 소, 그리고 문제가 되는 사회가 유목사회가 아니라 정착사회인 경우에는 농지와 같은 경제적 목표들 때문에 수행될 수 있다. 전부는 아니지만 일부는 여성과 어린이들을 자신들의 사회에 통합시키는 방식으로 인적 자본을 증가시키기 위해 전쟁을 사용했다. 특히 여성은 많은 경우 성적 파트너나 자식을 낳고 키우는 존재로서뿐 아니라 그들의 노동력을 위해서도 가치 있게 여겨졌다. 일은 쌍방향적으로 이루어졌다. 만약 한 진영이 경제적 자산과 자원들을 획득하기 위해 전쟁으로 치달으면 다른 진영은 그들이 이미 가진 것을 보존하기 위해 마찬가지로 전쟁으로 치달았다.

가난한 부족사회들은 보다 발전된 사회들에게 매력적인 표적을 제공해주지 못했다. 중국인들이 만리장성을 넘어 무엇을 추구했으며, 로마인들이 북부 국경을 넘어 무엇을 추구했든지 간에 그것이 부(富)는 아니었다. 카이사르는 게르만족에게 로마의 힘을 각인시키기 위해 자신이 반복적으로 넘었던 라인 강 너머에는 끝없는 숲 외에는 아무것도 없었다고 말한다. 서진하던 북아메리카의 백인들은 인디언 노동력이 만들어낸 어떤 물품이나 그들의 쌓인 보화가 아니라 땅을 원했다. 그 반대는 사실이 아니었다. 부족사회들은 농업에 기초하는 경제가 잉여물을 생산해내던, 이웃의 정착사회들을 늘 부러워했다. 그 이웃들은 수공예와 산업의 생산품들이 제조되고 저장되는 도시들 또한 가지고 있었다.

이러한 경제적인 불균형은 두 종류의 사회 간에 전쟁을 불러올 수 있었다. 부족사회들은 가난했지만, 군사적으로 말해 그들은 많은 경우 정착사회들에 맞서 꿋꿋이 견뎌냈다. 결과적으로 로마를 정복한 것은 야만족이었지 그 반대가 아니었다. 서기 1350년에 이르러서야 몽골은 유럽을 위협하기를 확실히 멈추었다. 러시아가 금장한국(the Golden Horde)◆으로부터 벗어나게 하는 데는 훨씬 더 많은 시간이 소요되었다. 호전적인 부족들은 심지어 전쟁에 실제적으로 임하지 않고도 그것으로부터 이득을 취했다. 그들은 "조공"을 염출함으로써 그리했는데, 그것은 갈취와 강탈을 완곡히 표현한 것에 지나지 않았다.

시골이든 도시이든지 간에 정착사회들도 서로 공세적이거나 방어적인 전쟁을 수행했다. 그들이 추구하는 가장 중요한 형태의 부는 이제 농업뿐 아니라 기타 목적으로도 사용되는 땅이었다. 땅은 직접적으로는 정착을 위해, 간접적으로는 정복을 당한 땅이 제공하는 노동력을 통해 활용될 수 있었다. 다음으로는 광산과 같은 자원들, 공산품들, 모아놓은 금과 은, 기타 귀중품들, 그리고 다시 한 번 인적 자본

◆ 킵차크한국(Kipchak)의 다른 이름으로서, '황금으로 장막을 만들었다'는 의미이다. 1241년 칭기즈칸의 손자 바투 칸이 흑해에서 헝가리에 이르는 지역에 세운 나라였다. ─역주

이 추구되었다. 부족사회들보다 훨씬 더 강력하게 조직화되고 치안이 유지되는 정착사회들은 비단 여성과 어린이들뿐 아니라 남성들도 노예로 만들 수 있었다. 지중해 전역으로부터 노예들이 유입되지 않았다면 로마의 흥기는 상상도 할 수 없었을 것이다. 전쟁으로부터 이득을 얻는 마지막, 그리고 궁극적으로 가장 중요한 방법은 과세를 통하는 것이었다. 로마의 정치인이자 웅변가인 마르쿠스 툴리우스 키케로(Marcus Tullius Cicero, 기원전 106~43년)는 그것이 패배에 따른 영구적인 징벌이라고 썼다.

키케로 시절부터 20세기 중반까지 변한 것은 거의 없었다. 로마는 지중해의 대부분을 약탈했다. 바이킹은 북서유럽을 약탈했다. 베네치아인들과 십자군은 콘스탄티노플을 약탈했다. 몽골인들은 중국을, 그리고 무굴제국은 인도를 정복했다. 이탈리아 도시국가들은 무역을 놓고 서로 싸웠다. 스페인과 포르투갈, 영국, 네덜란드, 그리고 나중에는 영국과 프랑스도 그렇게 했다. 1450년부터 1914년까지의 식민지를 위한 유럽인들의 대모험은 많은 부분 경제적으로 동기가 부여된 것이었다. 느지막이 1939~1941년에는 자칭 "못 가진" 추축국 국가들이 이웃국가들을 희생하여 "생활권"을 획득하는 일에 착수했다. 부에 대한 추구는 종종 성공적이었으며, 때로는 각별히 그렇기도 했다. 1450년만 해도 먼저는 포르투갈, 다음에는 스페인, 그다음에는 네덜란드공화국, 그다음으로는 영국, 그다음으로는 미국이 각별히 전쟁에 의해 부를 쌓았다. 거의 항상 대부분의 이윤은 상류계급 구성원들에게 돌아갔다. 그런 면에서 마르크스와 엥겔스에게는 정당한 점이 있었다.

1946년 국제연합헌장은 영토를 병합하기 위해 무력을 사용하는 것을 금지시킴으로써 그러한 방법을 통해 부를 획득할 수 있는 국가의 능력을 제한했다. 그러나 그것이 경제적 목표가 더 이상 중요하지 않았음을 의미하지는 않는다. 이라크에 대한 1991년과 2003년의 전역이 보여주었듯이 일부 전쟁은 적어도 부분적으로는 이익을 가져다줄 것이라는 희망 속에서 계속해서 수행되었다. (그런 사례들이 보여주듯이) 자유무역의 이름으로 그럴 수 있다면 훨씬 더 나았다. 내전에서 경제적 목표들의 역할도 마찬가지로 컸다. 앙골라, 체첸, 동티모르, 쿠르디스탄, 모잠비크, 나이지리아, 수단에서의 내전은 석유를 둘러싸고 이루어졌다. 버마, 시에라리온, 자이레에서의 내전은 보석과 다이아몬드를 둘러싸고 발생했다. 라이베리아, 그리고 다시 한 번 버마에서의 내전은 목재를 둘러싸고, 아프가니스탄, 콜롬비아, 레바논에서의 내전은 마약을 둘러싸고(헤즈볼라는 이란을 통해서가 아니라 마약을 통해 수입의 대부분을 마련하는 것으로 전해진다), 그리고 자이르에서의 내전은 그러한 물품들 중의 몇 가지를 복합적으로 둘러싸고 이루어졌다. 많은 민병대들이 그들이 "보호한다"고 주장하는 주민들로부터 염출해내는 자금은 언급할 필요도 없다. 이러한 전쟁들 중 어느 것에서도 경제적 동기가 유일하지는 않았다. 그러나 적어도 부분적으로라도 그러한 동기에 의해 추동되지 않은 내전은 거의 없다.

2. 전쟁과 경제적 발전

적을 희생시켜 이득을 취할 수 있다는 희망 말고도 전쟁이 경제발전에 기여할 수 있는 4가지 다른 방식이 있다. 첫째는 기술적 진보를 이끎으로써, 둘째는 규모의 경제를 창조함으로써, 셋째는 돈을 모으는 새롭고도 창의적인 방법을 권장함으로써, 넷째는 경제적 자극으로 기능함으로써 전쟁은 경제발전에 기여한다. 4가지 방법 모두가 연계되어 있지만, 여기서는 그것들을 그 순서대로 다루고자 한다.

민간기술과 군사기술은 많은 복잡한 방식으로 상호작용한다. 첫째, 두 가지 사이의 구분선은 많은 경우 모호하며 존재하지 않기도 한다. 흐루쇼프의 말을 빌리면, 군인은 자신의 바지에 달린 단추가 풀린 상태로는 싸울 수 없다. 이런 이유로 단추는 전략적 물품이 된다. 의복들, 대부분은 아닐지라도 많은 용품들, 갖은 종류의 차량들, 통신체계들, 그리고 무수한 다른 것들도 마찬가지이다. 둘째 ―그리고 부분적으로는 이런 이유 때문에― 모든 종류의 군사기술은 불가피하게 주변 사회의 민간기술에 그 뿌리를 둔다. 충분한 민간 기간구조가 없이도 군사기술을 개발하고 운용하는 데 성공한 국가는 거의 없다. 많은 경우 한 분야에서 쓰인 제조법은 다른 곳에서도 쓰인다. 14세기의 종(鐘) 제작자들이 대포를 제작하기 시작했던 것처럼.

다른 방향으로도 진행될 수 있다. 대포의 총열을 공동화(空洞化)하기 위해 만든 18세기의 내강(內腔)은 첫 증기기관을 위한 실린더들을 만드는 데 개조되어 쓰였다. 영국의 엔지니어 존 윌킨슨(John Wilkinson, 1728~1808년)이 두 가지 모두를 만들어냈다. 전함과 그와 비슷한 것들을 건조하는 데 쓰인 물자—19세기 중반에 산업적인 규모로 처음 만들어졌던 강철과 같은—와 기술들도 상당 정도 마찬가지였다. 방법들이나 기술적 장치들이나 할 것 없이 민간적인 사용으로부터 군사적인 사용으로 손쉽게 전환될 수 있었다.—비록 양자 간에 어떤 차이가 있을 수는 있지만.

전쟁의 연보는 새로운 장치—활, 검, 창, 방패, 갑주, 투석기, 공성기로부터 대포, 잠수함, 항공기, 최신 무인기, 로봇에 이르는—의 끊임없는 물결로 가득했다. 이미 언급했듯이 원래 전쟁에서 사용된 무기는 사냥을 위해 사용된 것과 같았다. 훗날 두 가지는 거의 전적으로 별개의 것이 되었다. 도구와 무기를 만드는 데 쓰이는 물자의 변화를 제외하면, 다음으로 가장 중요한 기술적 발전은 풍차와 수차와 같은, 비(非)자연적인 에너지원의 사용이었다. 그러나 그것들은 지리적 공간에 고착되어 있었으며, 들판에서는 사용할 수 없었다. 그 결과, 약 2천 년 동안 군사기술은 민간에 가용했던 최상의 것보다 뒤처지게 되었다.

1890년경에 추는 다른 방향으로 움직였다. 더 이상 혁신은 이전에 그랬던 것처럼 개인 발명가의 수중에서 다소간 우연하게 진행되지 않았다. 그 대신 그것은 계속적이고도 —많은 경우— 잘 조직된 과정으로 변화되었다. 정부의 투자에 자극을 받은 군사기술—다른 분야들은 그와 같은 수준의 투자를 받을 수 없었다—이 선두로 나서기 시작했다. 민간의 과학 연구에 뿌리를 두며 군에 의해 인수되어 주로 군사적 사용을 위해 개발된 장치들의 목록은 무한하다. 여기에는 항공기, 레이더, 많은 종류의 전자장비, 컴퓨터, 헬리콥터, 탄도미사일, 관성유도체계, 핵무기가 포함된다. 거의 한 세기 동안, 최신의 기술적 발전이 민간시장에 소개되기 몇 년 전에 군에 먼저 도달하는 일은 다반사였다. 예를 들어 제트엔진이 그랬던 것처럼.

군사-기술적 진보의 일부는 "파생효과(spin-off)"를 낳았다. 파생효과는 처음에는 군을 위해 개발되었지만 민간세계를 이롭게 하고 발전시킨 모든 종류의 새로운 장치와 기량을 의미했다. 그러나 그것 또한 이야기의 끝은 아니었다. 1980년경 마이크로칩의 발명은 다시 한 번 군사기술과 민간기술 간의 관계를 변화시켜 후자로 하여금 많은 면에서 전자를 추월하게 만들었다. 실제로 심지어 제3세계 국가에서 작전을 수행할 때에도 군대들은 때때로 비정규적인 상대가 자신들보다 더 발전된 휴대전화, 휴대용 컴퓨터 등을 사용하는 상황 속에 처해 있는 것을 발견하곤 했다.

그러나 기술은 문제의 한 측면에 지나지 않는다. 군대들은 언제나 그들을 지원하는 민간경제에 무거운 경제적 요구를 부과했다. 이 점에서는 육군과 해군이 별개로 다루어져야 한다. 어떤 특정의 사회에서 육군은 활용하는 인력의 맥락에서 가장 대규모적인 단일 조직을 형성하곤 했다. 그들은 다른 어떤 조직보다도 많은 식량, 의복, 그리고 많은 종류의 장비를 소비하고(소비하거나) 사용했다. 앞서 지적했듯이, 인력의 맥락에서는 늘 보다 작았지만 해군은 훨씬 더 자본집약적이었다. 고대의 전선(戰船)에서부터 오늘날의 항공모함에 이르기까지 그들이 사용하는 기계들은 가장 크고 복잡한 것이었다.

마찬가지로 중요한 점은, 민간의 수요와 비교해보았을 때 군의 수요는 보다 집약적인 경향을 보였다는 점이다. 이러한 사실은 산업가들로 하여금 규모의 경제를 활용할 수 있는 제조법을 채택하도록 고무했다. 프랑스 육군이 처음으로 군복을 채택했던 군대들 중 하나가 되었던 1660년경에 그랬던 것처럼, 대규모 생산은 총체적인 경비가 줄어들게 만든다. 대규모 수요의 또 다른 중요한 혜택은 그것이 호환할 수 있는 부품의 발전에 제공하는 자극이다. 표준화를 위한 가장 초기의 노력들 중 하나가 베네치아가 갤리선을 건조했던 15세기의 병기고로 거슬러 올라갈 수 있는 것은 우연이 아니다. 이 분야의 또 다른 선구자는 머스킷을 생산하도록 미국 정부와 계약을 맺었던, 조면기(繰綿機)의 발명자 엘리 휘트니(Eli Whitney, 1765~1825년)였다.

애덤 스미스(Adam Smith, 1723~1790년)의 말을 빌리자면, 국부(國富)보다 중요한 한 가지는 방위이다. 전쟁의 준비―그것의 수행은 말할 것도 없고―는 평시에는 결코 조성될 수 없었던 어마어마한 자금을 필요로 하곤 했다. 그러한 요구는 때때로 돈을 모으는 전적으로 새로운 방법을 이끌어냈다. 그 유명한 예가 1694년 잉글랜드 은행(Bank of England)의 설립이다. 그 은행의 원래 목적은 프랑스에 대항한 전쟁에 돈을 대는 데 도움을 주는 것이었다. 18세기 내내 그들은 그러한 일을 계속했으며, 모든 종류의 다른 기능 또한 해가기 시작했다. 영국의 경제가 세계에서 가장 발전되어 거의 두 세기 동안 그러한 지위를 유지하게 된 것은 부분적으로는 이 은행 때문이었다.

마지막으로, 전쟁은 개별적인 생산자뿐 아니라 전체 경제 또한 자극할 수 있다. 이러한 일이 진행되었던 방식에 대한 구체적인 설명은 영국의 경제학자 존 메이너드 케인스(John Maynard Keynes)의 유명한 책『고용, 이자, 화폐에 대한 일반이론(The General Theory of Employment, Interest and Money)』(1936년)에서야 비로소 발견되었다. 기본적으로 경기후퇴에 대한 그의 해법은 단순하다. 그것은 쓰고, 쓰고, 또 쓰는 것이다. 설령 그렇게 하는 게 재정적자를 야기한다 하더라도. 그들이 케인스의 이론을 인지하고 있었든지 그렇지 않았든지 간에, 히틀러와 미국 대통령 프랭클린 델러노 루스벨트(Franklin Delano Roosevelt)는 공히 방대한 재무장 프로그램을 시작했다. 두 국가 모두에서 그것은 효과를 발휘하여 마치 마술과도 같이 현대에 들어 최악의 대공황을 종식시켰다.

미국의 경우는 특히 극적이었다. 1930년대 내내 미국은 그 생산설비들을 온전히 사용하는 데 실패했으며 대규모 실업에 시달렸다. 1940년부터 시작된 재무장은 제2차 세계대전 내내 계속된 호황을 만들어냈다. 그것은 수백만 명을 노동현장으로 복귀시켰으며, 생활수준을 끌어올렸고, 역사를 통틀어 가장 대규모적인, 뒤이은 번영기를 위한 토대를 놓았다. 비록 대단히 작은 규모였지만 그와 유사한 일이 1967년 6월 전쟁 뒤에 이스라엘에서 발생했다. 국방비 지출이 2배가 되면서 이전 18개월간의 불황은 한 방에 실질적으로 끝나고 말았다.

경제와 전쟁의 정확한 관계가 무엇이든지 간에, 경제가 발전된 사회들로 하여금 전쟁을 수행할 수 있도록 하는 데 결정적인 역할을 한다는 점에는 의심의 여지가 있을 수 없다. 또한 많은 경우 전쟁과 그것을 위한 준비는 사회들이 그들의 경제적인 어려움을 극복하는 데 도움을 주었다. 이는 중요한 물음을 그대로 남겨둔다. 그것[상한]을 넘어서면 부(富)가 한 정체(政體)의 전쟁수행 능력을 증대시키기는커녕 오히려 그것을 손상시키기 시작하는 상한(上限)이 존재할까? 리쿠르고스(Lycurgus)와 플라톤을 비롯한 고대, 중세, 근대의 많은 입법자, 역사가, 철학자 들은 그렇게 생각했다. 그들이 생각한 방식은 이랬다. 가난한 사회의 남성들은 보다 부유한 이웃들에 대해 전쟁을 수행할 것이었다. 승리하면 그들은 부유해졌다. 과도한 부는 그들을 허약해지게 만들었다. 여성들의 지배를 받도록 스스로를 방치해버린 그들은 강한 전투력을 상실하고 말았다. 그리고 보다 가난하지만 더 정력이 넘치며 침략적인 이웃들에 의해 공격을 당한 그들은 수치스럽게 몰락하는 것으로 최후를 맞았다. 이러한 주기가 반복됨으로써 역사가 만들어져 가는 것이었다. 리쿠르고스의 해법은 스파르타인들로 하여금 금과 은의 사용을 금지시키는 것이었다. 플라톤은 그의 상상 속 국가가 가능한 한 교역을 피하기를 원했다.

부유한 사회들은 또한 어린이를 적게 보유하는 경향을 보인다. 그 크기에 비해 부유한 사회들은 보다 적은 수의 병역 가능한 남성을 보유한다. 남아 있는 남성들은 전쟁을 수행하는 데 유능할 가능성이 없다. 그와 같은 일부 사회들은 사상가들을 투사들과 분리시킴으로써 문제를 풀려고 시도한다. 알려진 그 결과는, 결정은 비겁자들에 의해 내려지고 싸움은 바보들에 의해 이루어지는 것이다. 오늘날의 "선진" 사회들의 경우가 실제 그렇듯이 그러한 사회들에서는 전쟁의 기쁨을 경험하거나 표현하는 것이 금지되어 있기 때문에 더욱 그렇다. 다른 사회들은 서기 4세기 중반의 『군사론(De Rebus Bellicis)』을 저술한 익명의 저자가 그랬듯이 기술을 신뢰했다. 지아오 유초옥(焦玉), 14세기 중반와 같은 중국 관료들도 이러한 방식으로 기술을 신뢰했던 것 같다. 헛되게 말이다. 『군사론』이 저술된 지 한 세기 뒤에 야만족들은 로마제국을 끝장내고 말았다. 중국은 야만족들을 최종적으로 격파하기는커녕 한 차례가 아니라 두 차례 그들에 의해 정복되고 말았다.

지금까지의 논쟁을 요약하자면, 단순한 부족사회보다 정교한 사회 치고 견고한 경제적 토대가 없이 전쟁을 수행할 수 있는 국가는 존재하지 않는다. 많은 경우 통치자들과 정체들은 경제적인 이득에 대한 희망으로 공세를 취했다. —그리고 드물지 않게 상당한 성공을 거두었다. 적절한 상황이 조성되면 전쟁과 그것을 위한 준비는 경제를 이롭게 할 수 있다. 그것은 기술발전을 밀어붙이고, 규모의 경제를 발전시키며, 자금이 조성되는 메커니즘을 개선하고, 수요를 전반적으로 자극함으로써 그렇게 한다. 그러나 거기에는 일부 한계가 존재하는 것으로 보인다. 많은 경우 부유한 사회들은 가난한 사회들에 비해 덜 호전적이다. 그들은 그들이 가진 모든 부가 아무런 도움이 되지 않는 지경까지 내몰릴 수도 있다. 늘 그래 왔듯이 아마도 앞으로도 늘 그럴 것이다.

3. 전쟁과 경제적 쇠퇴

만약 전쟁이 사회를 부유하게 할 수 있다면, 그것은 그것을 수행하는 이들을 가난하게 만들고 황폐하게 만들 수 있는 잠재성 또한 갖고 있다. 첫째, 전쟁은 생산적인 사용에서 비생산적인 사용으로 투자를 전용(轉用)한다. 칼을 두드려 보습으로 만드는 것이 아니라 보습이 칼로 만들어진다. 노동 가능한 연령의 많은 남성과, 그리고 요즘에는 일부 여성도 노동현장을 떠나 군에 합류하고 있다. 그곳에서 그들은 전쟁을 준비하고 그것을 치르면서 자신들의 시간을 소비한다.

둘째, 전쟁이 야기하는 경제적인 요구는 너무나 거대하여 그것은 종종 책임 있는 이들로 하여금 전쟁을 위한 비용을 댈 자금을 모으는 의심스러운 방법에 의존하게 만든다. 거기에는 자발적이거나 비자발적인 대출, 과세, 인플레이션 등이 포함된다. 이러한 방법들 모두가 경제적으로 이로운 것은 아니었다. 대출은 현재의 수익을 축내며, 언제나 상환되지는 않기 때문에 대출해준 이들을 파산시키기도 한다. 그것이 제노바가 그 최대의 채무자인 스페인의 펠리페 2세가 1557년, 1575년, 1598년에 지불을 중지함에 따라 금융의 중심지로서 가지고 있던 우위를 잃어버린 이유였다. 과세는 몰수와 구분할 수 없는 경우가 흔했다. 인플레이션은 파산만큼이나 큰 혼란을 가할 수 있었다. 때때로 그것은 교역과 거래를 중지시킴으로써 개인에게나 정체 전체에게나 할 것 없이 엄청난 손실을 야기했다.

이러한 문제들을 요약하면서 역사가 폴 케네디(Paul Kennedy, 1945년~현재)는 "제국주의적 과잉팽창(imperial overstretch)"에 대해 말했다. 합스부르크와 대영 제국을 주된 예로 들면서 그는 그들이 멀리 떨어진 식민지들을 보호하는 데 필요한 거대한 군 조직을 위한 자금을 더 이상 지불할 수 없게 되었기 때문에 파멸을 맞이했다고 주장했다. 목록은 쉽게 확장되어 오스만, 포르투갈, 베네치아, 네덜란드 제국들을 포함했다.—로마와 비잔티움 제국은 말할 것도 없고. 그러나 그렇게까지 멀리 거슬러 올라가야 할 이유가 있을까? 소련은 미국의 훨씬 더 대규모적인 경제를 따라잡으려고 시도하면서도 방위에 훨씬 더 높은 비율의 돈을 소비했다. 1980년경 소련 군산복합체의 이른바 "철의 식객(iron crunchers)"이 선봉에 선 소련의 군대는 역사상 가장 강력해졌다. 그러나 10년 뒤에는 그 거대한 구조 전체가 무너져서 소련을 폐허로 만들고 말았다. 케네디를 포함한 일부는 미국도 동일한 방향을 향하고 있다고 믿는다.

실제로 전쟁의 수요는 표준화와 규모의 경제를 창조하는 데 도움을 줄 수 있다. 그러나 그러한 수요는 매우 주기적이다. 보통 평화가 복원되자마자 긴축재정의 시기가 도래한다. 전시 생산에 관련된 회사들은 상당한 어려움에 직면할 가능성이 크다. 선택지는 정부 보조금으로 그것들을 유지시키든지, 아니면 그것들을 파산에 이르게 두는 것이다. 어느 길을 선택하든지 간에 결과는 낭비와 혼란이다.

절박감을 주입시키고 돈의 마개를 열어젖힘으로써 전쟁은 많은 경우 기술혁신을 이끌어낸다. 그러나 새로운 것이 항상 경제적으로 유용한 것은 아니다. 새로운 종류의 칼이나 머스킷은 그 발명자들에게 전쟁을 더 효과적으로 수행할 수 있도록 해줄 수 있다. 그러나 그것은 사회의 경제적 전쟁이 의존하는 종류의 기술을 촉진하는 데는 거의 아무런, 또는 전혀 도움이 되지 않는다. 많은 —아마도 대부분의— 다른 군사-기술적 혁신도 마찬가지이다. 탱크는 유용한 전투기계이며, 실제로 그랬다. 그렇기 때문에 약 1940년부터 1990년까지 지상력의 가장 단순한 지표는 육군이 보유하고 있는 탱크의 수였다. 그렇기 때문에 그것은 군사력의 상징이 되었다. 그러나 그것들의 경제적 유용성은 —온건하게 말한다 해도— 제한적이었다.

심지어 파생효과가 존재하는 곳에서도 그 경제적 근거는 많은 경우 의심스럽다. 제2차 세계대전이 결코 발생하지 않았다면 컴퓨터의 도입은 상당 정도 지연되었을까? 핵에너지는 어떨까? 인터넷은? 위성항법체계(Global Positioning System: GPS)는? 새로운 여객기를 개발하는 가장 훌륭하고 가장 경제적인 방법은 먼저 폭격기를 만들고 그다음에는 그것을 민간 용도로 개조하는 것일까? 군에 막대한 비용을 소비하는 것보다 민간기술에 거의 전적으로 집중하는 편이 경제를 이롭게 하는 것은 아닐까? 1945년경부터의 일본의 예로 판단해보자면 분명 그럴 수 있다.

다른 문제들도 넘친다. 군사-기술적 연구—특히 전시에—는 많은 경우 맹렬한 속도로 진전된다. 시간의 압력은 책임 있는 이들에게 동시다발적 접근법(shotgun approach)을 취하게 강제할 수 있다. 어떤 프로젝트가 결실을 맺을지 모르기 때문에 그들은 동시적으로 많은 것에 노력을 들인다. 제3제국의 12년* 동안 무려 1000개의 서로 다른 항공기가 개발되어 시제품이 만들어지기까지 했다. 이는 평균 4.5일마다 1대씩 개발된 셈이다. 다른 문제는 앞선 발전이 완결되기 전에 다음 단계에 착수함으로써 발전을 가속시키고자 하는 희망이다. 어떤 방법을 쓰더라도 비용을 상당히 증가시킬 수 있다.

마지막으로, 하지만 마찬가지로 중요한 점은, 전쟁은 사물을 파괴하고 사람들을 죽인다는 점이다. 들판은 텅 비게 되고, 삼림은 벌목되며, 공장은 폐허가 되고, 부동산은 허물어지며, 통신은 차단되거나 무시되고 만다. 많은 참가자와 구경꾼들이 배고픔, 질병, 적의 행동으로 죽는다. 다른 이들은 지원받아야 할 병약자가 된다. 전쟁은 지방 전체, 그리고 심지어 국가조차도 인간이라고는 한 사람도 보이지 않는 사막으로 바꿔놓을 수 있다. 30년전쟁(1618~1648년)은 중앙유럽의 인구 중 거의 3분의 1을 죽음으로 내몰았다. 역대 가장 대규모적이고 가장 치명적인 전쟁인 제2차 세계대전은 지구 상 인구의 약 2%를 죽였다. 군복을 입은 자나 그렇지 않은 자나 할 것 없이 불에 타고 갈기갈기 찢겼으며, 질식하고, 으깨지며, 산 채로 매장되고, 익사하기도 했다. 견뎌야 했던 잔학행위와, 절름발이가 되거나 절단된 신체, 짓밟힌 목숨의 맥락에서 고통은 극도로 심각해 계산할 수 없었다.

보통 패자들은 승자들보다 더 고통을 당한다. 그러나 후자라고 해서 늘 무사하지는 못한다. 제2차 세계대전에서 영국은 승리했지만, 그들의 경제는 폐허가 되고 말았다. 그들은 그때까지 가장 큰 세계를 이루었던 제국을 잃고 말았다. 점진적으로 그들은 1600년 이전의 모습, 즉 유럽의 해안에서 떨어진 곳에 존재하는 작고, 인구가 많으며, 중요성이 어중간한 섬으로 회귀하고 말았다. 가장 큰 영향을 받는 집단은 젊고 건장한 이들일 가능성이 크다. ─그들은 경제가 가장 필요로 하는 바로 그런 종류의 사람들이다. 적의 행위와 갖은 종류의 곤경은 여성, 노인, 어린이들 또한 죽음으로 내몰지만, 그런 일은 보통 보다 소규모로 이루어진다. 30년전쟁 동안의 포메라니아(Pomerania)와 1950~1953년간 서울의 운명이 보여주듯이, 가장

❖ 1933~1945년간 히틀러 치하의 독일을 지칭한다. ─역주

심각한 고통을 당하는 주체는 전투가 가장 집약적으로 치러지는 모습을 목도했던 지역이다. 특히 그들이 엎치락뒤치락하는 경우나 외부의 지원이 그들에게 도달하지 못하는 경우에는 더욱 그렇게 된다. 초토화 정책은 피해를 훨씬 더 증대시킬 수 있다.

때로는 승자와 패자를 나누어 이야기할 수 없을 정도로 손실이 비등한 경우가 있다. 회복은 비교적 신속하게 진행될 수 있다. 그러나 그것을 완결하는 데 훨씬 더 오랜 시간이 걸리는 경우도 있다. 일부 역사가들은 남부 이탈리아나 예루살렘 부근의 시골 지역은 공히 각각 제2차 포에니 전쟁(기원전 218~201년)과 유대인 대(大)봉기(67~73년)의 효과들로부터 완전히 회복되지는 못했다고 믿는다. 1258년에 몽골 지휘관 후갈루 칸(Hugalu Kahn)에 의해 유린된 뒤의 바그다드도 마찬가지였다. 21세기 초에 가장 파괴적인 전쟁은 많은 "개발도상" 국가들을 괴롭히는 내전들이다. (이에 대해서는 아래에서 더 다뤄지겠지만) 행여 전면적인 핵전쟁이 발발한다면 승자에게나 패자에게나 할 것 없이 주민의 상당수나 어떤 종류의 경제도 남겨지지 않을 가능성이 크다.

제3장

전쟁의 도전

1. 전쟁이 아닌 것

전쟁에 관해 주지되어야 할 가장 중요한 요점은 그것이 기하학적인 정사각형이나 원형이 아니라는 점이다. 역사가 있어서 변화를 경험했고 또 계속해서 그러할 모든 현상이 그렇듯이, 전쟁을 정의하는 것은 어렵거나 아마도 불가능하다. 시간, 공간, 전쟁을 수행하는 사회의 성격에 따라 전쟁은 서로 다른 형태를 취한다.

훨씬 더 골치 아픈 것은, 지난 수십 년 동안 전쟁이라는 용어와 그와 연관되어 있는 많은 용어들이 온갖 종류의 예기치 않은 방향으로 확장되었다는 점이다. 우리는 외교적 전쟁, 경제적 전쟁, 정치적 전쟁, 선전전, 암에 대한 전쟁, 후천성면역결핍증(AIDS)에 대한 전쟁, 가난에 대한 전쟁, 지구온난화에 대한 전쟁, 그리고 알파벳에 있는 많은 문자들만큼이나 다양한 다른 종류의 전쟁을 이야기하는 데 익숙해지게 되었다. 일부는 세대 간의 전쟁과 성(性) 간의 전쟁을 추가할 것이다. 40년하고도 반년 동안이나 세계를 2개의 서로 싸우는 반 토막들로 나눠놓았으며 세계를 매서운 종말로 이끌 것처럼 보였던 "냉전"은 말할 것도 없다. 전쟁과 연관된 많은 용어들 또한 마찬가지이다. 이탈리아의 독재자 베니토 무솔리니(Benito Mussolini, 1883~1945년)는 전쟁과 그것과 관련된 모든 것에 홀딱 마음을 빼앗겼다고 고백했다. (사실 그는 제1차 세계대전의 일부를 참호 속에서 싸우며 보냈다.) 헤겔처럼 그는 전쟁을 집단적 삶에 대한 최고의 표현으로 보았다. 니체처럼 그는 또한 그것을 개인적 삶에 대한 최고의 표현으로도 간주했다.

무솔리니는 그의 동료 시민들에게 전쟁에 임하며, 그것에 유능하고, 자신의 명령에 따라 그 속에서 스스로를 희생시킬 것을 촉구하는 일을 결코 멈추지 않았다. 공식적인 슬로건은 '믿고, 복종하며, 싸우라(Credere, ubbidire, combattere)'였다. 무솔리니에게는 불행하게도, 시민들은 그를 따르지 않았다. 이는 최고수준의 정책과 그것을 수행하면서 자신의 목숨을 바칠 것으로 가정되었던 밑바닥 사람들 간에 존재하는, 앞서 언급한 간극을 보여주는 완벽한 사례였다. 일 두체(Il Duce)*라는 별칭의 무솔리니는 용어의 의미를 확장시켜 "습지를 위한 전투", "곡물을 위한 전투", "어린이들을 위한 전투", "강철을 위한 전투"와 같은 많은 "전투"에서 "싸우고" "승리했다"고 주장했다.

이러한 확장도 시작에 지나지 않았다. 많은 언론이 무솔리니만큼이나 전쟁과 군사적인 용어들에 매혹되어 있다. 때문에 그들은 무솔리니의 연설이 그랬던 것처럼 자신들의 산물에서 그러한 용어들을 즐겨 사용한다. 우리는 상대 팀과 "전투"를 벌이는 축구 팀과, 정상을 "정복"하는 산악인들, "원정"을 하는 고고학자들, 그리고 그 외에도 상당히 많은 이들을 더 갖고 있다. "전략" 또한 확장되었다. "전략"이라는 용어는 '군대'를 의미하는 그리스어 스트라토스(stratos), '장군'을 의미하는 스트라테고스(strategos), '장군의 기술'을 의미하는 스트라테기아(strategia), '계략'을 의미하는 스트라테게마(strategema), 그리고 그 모든 것에 대해 기술하고 있는 서기

❖ '지도자'라는 의미이다. ─ 역주

6세기의 요강(要綱)인 스트라테기콘(*Strategicon*)에서 기원을 찾을 수 있다. 1453년에 비잔티움이 몰락한 뒤 중세 서양에서 결코 사용되지 않게 된 그 용어는 사라지고 말았다. 그것은 18세기의 마지막에야 재도입되어 약간 다른 형태로 쓰였다.

조미니, 클라우제비츠, 그리고 기타 인물들이 사용하면서 "전략"이라는 용어는 맞서 싸울 의지와 능력이 있는 지각 있는 상대에 대해 주요한 군사작전을 수행하는 기술을 지칭하게 되었다. 그것은 그러한 수행을 묘사함과 더불어 그것을 위한 규칙 또한 규정하려 시도했다. 전반적으로 보았을 때 1939년경까지는 그런 면에 변화가 없었다. 그러나 그것은 비군사적인 투쟁에도 적용되기 시작했다. 몇 가지만 언급하자면 정치전략, 혁신전략과 같이. 이제는 그 용어가 거의 모든 종류의 계획—그것이 어떤 국가목표를 위한 것이든, 석유를 탐사하기 위한 것이든, 아이에게 변기사용 훈련을 시키기 위한 것이든—을 묘사하는 것으로 사용되는 지경까지 이르렀다.

이러한 활동들의 일부—"정보전", "심리전", "무역전쟁"과 같은—는 전쟁을 동반하며, 상대의 사기를 손상시키고(손상시키거나) 상대의 경제에 해를 가하면서 전쟁에 기여하기도 한다. 그러나 그러한 활동들은 폭력의 실제적인 사용을 수반하지 않기 때문에 그것들을 "전쟁"이라 부르는 것은 잘못된 것이다. 예를 들어, 경제적 경쟁은 '죽기살기식(cut-throat)'일 수 있다. 그러나 '죽기살기식'은 비유일 뿐이지 현실은 아니다. 패자들은 파산할 수 있으며, 심지어 주릴 수도 있다. 그러나 폭력이 사용되고 경쟁이 범죄나 곧장 전쟁으로 변화되지 않는 한, 그들은 목구멍을 절단당하거나 재산을 파괴당하지 않으며, 공격을 당하지도 않는다. 그와는 대조적으로 보통 "싸움(fighting)"이라고 알려진, 물리적 폭력의 상호적인 사용은 전쟁의 정수이다. 클라우제비츠는 그의 가장 잘 알려진 은유 중 하나를 사용하면서 싸움과 전쟁의 관계는 현금 지급과 무역의 관계와 같다고 이야기한다.[1] 전쟁을 향해 나머지 모든 것이 쏠리는 경향을 보이며 그것에 이끌린다. 그것과 그것의 결과에 나머지 모든 것이 달려 있다. 그것의 결과로 나머지 모든 것이 발생한다.

다른 행동들은 전쟁에 필적하지 못하는데, 이는 그것들이 반격을 가할 수 있는 살아 있고 사고하는 상대를 개입시키지 않기 때문이다. 다른 행동들에는 무솔리니의 "전투들"이 포함되는데, 그것들의 목표는 강철, 어린이, 곡물의 생산을 증가시키고 로마 인근의 폰티노 습지(Pontine Marshes)를 간척하는 것이었다. 그러나 그것은 암에 대한 전쟁, 배고픔에 대한 전쟁과 같은 그와 유사한 많은 것들 또한 포함한다.

지각(知覺) 있는 상대의 부재가 반드시 목표를 달성하는 게 쉬워짐을 의미하지는 않는다. 사실, 발생하는 빈도의 면에서 판단해보면, 그리 강력하지 않은 이웃을 침공하는 일은 고질적인 경제·환경·건강·교육상 문제들을 해결하는 일보다 쉬울 수 있다. 때때로 통치자들은 그들이 자국의 문제들에 대처할 수 없거나 그러한 사실로부터 주의를 전환시킬 수 있으리라는 희망에서 전쟁으로 치달았다. 그 훌륭한 한 가지 사례는 프란츠 페르디난트(Franz Ferdinand) 대공의 암살에 군사적으로 강력하게 대응하지 않으면 제국이 해체될 수 있다는, 1914년 오스트리아-헝가리의 두려움이었다. 지각 있는 상대의 부재가 의미할 수 있는 것은 자연재해와 사고를 제외하면 단기적인 것이든 장기적인 것이든 할 것 없이 그러한 행동은 전적으로 통제가 가능하다는 점이다. 바로 그것이 극한적인 산악 등반과 같은, 위험한 행동들을 포함하는 행동들은 전쟁이 아닌 이유이다.

이것이 전쟁이 폭력이나 전략, 또는 그 두 가지의 결합을 포함하는 유일한 행동이라고 말하는 것은 아니다. 일부 게임들—특히 럭비, 미식축구, 그리고 그 아류의 것들—은 폭력적일 뿐 아니라 전략을 포함하기도 한다. 체스, 바둑, 그리고 많은 오늘날의 보드와 컴퓨터 게임과 같은 것들은 전략을 포함할 뿐 아니라 각별히 전쟁을 모델로 하며 가능한 한 그것을 모방하도록 설계된다. 그것이 왜 지휘관들이 전쟁을 모의하기 위해, 전쟁을 계획하기 위해, 전쟁을 준비하기 위해 그것들을 흔히 사용하곤 했는지를 설명해준다. 일부 부족사회들 사이에서는 특정 게임들이 전쟁과 매우 흡사해 그것들이 실상은 전쟁의 의례화된 형태가 아닌지를 묻게 했다. 단언컨대 전쟁 자체가 가장 폭력적이고 가장 거대한 게임에 다름 아니다.

그러나 전쟁과 게임은 한 가지의 중대한 측면에서 서로 다르다. 클라우제비츠의 가르침에 따르자면, 전쟁은 정책에 의해 지배되며, 그래야 한다. 사실 전쟁은 정책의 한 형태로서, 그것은 외교문서를 가지고 수행되는 것이 아니라 손에 칼을 들고 수행되는 것이다. 그것의 목표는 상대로 하여금 우리의 의지—공세적이거나 방어적인—에 굴복하게 하여 그를 총체적으로 우리의 처분하에 놓이게 만들든지, 아니면 부분적으로 유리한 협정이 가능하도록 하는 것이다. 게임은 정반대이다. 게임 속에서는 정치, 즉 정책이 만들어지는 과정이 무력화되고 무시된다. 적어도 일시적으로는, 그리고 적어도 그것이 실행되는 신중하게 제한된 공간에서는 그렇다. 경기장, 토너먼트장, 기동이 이루어지는 지역, 또는 체커보드, 지도, 또는 모래판에서 개별적인 전투원과 팀들은 서로 대적한다. 일단 그들이 그렇게 되면, 그리고 게임이 진행되면 그들은 정치의 영역을 벗어나며, 그래야 한다.

사실 일부 워게임들은 분명히 군사적인 요소들뿐 아니라 정치적인 요소들까지도 수용하도록 설계되었다. 다른 경우에는 게임들이 정책을 도와 그 목표를 달성하게 하는 데 사용될 수 있다. 독일 육군 참모총장 루트비히 폰 베크 대장(1935~1938년 재임)이 전쟁으로 치닫는 것은 자살적인 것이 될 것이라는 점을 히틀러에게 보여주고 싶어 했을 때, 그는 몇몇 이웃국가들과의 분쟁을 모의(模擬)하는 게임을 만들었다. 그러나 총통은 그것을 "유치한" 것으로 일축하고 말았다.[2] 그는 베크를 해임하고 자신의 구상을 몰아붙였으며, 결국 베크가 예견했던 것과 정확히 일치하는 최후를 맞았다. 전성기에 소련은 자신들의 우세를 보여주기 위해 모든 상대[바비 피셔(Bobby Fischer)❖를 제외한]를 무너뜨릴 수 있는 "체스머신(chess machine)"을 만들었던 것으로 전해진다. 그럼에도 그러한 게임들과 그것들과 같은 무수한 다른 게임들은 클라우제비츠 식 정책의 연속을 보여주지 않았을 뿐 아니라 특정인의

❖ 미국 체스의 대가(大家)로서 전미 선수권을 8연패했다. —역주

의지를 다른 이의 그것에 굴복시키는 것을 의미하지도 않았다.

게임들은 또한 그것들이 규칙을 갖고 있다는 점에서도 전쟁과 다르다. 실제로 각 게임을 나머지 모든 것과 구별시키는 것은 바로 규칙이다. 규칙의 우선적인 기능은 어떤 것은 승리로 간주되고 어떤 것은 그렇지 않은지를 정의함으로써 게임을 정치와 전쟁 모두로부터 차별화하는 것이다. 그것이 클라우제비츠가 이야기하듯 전쟁에서는 그 결과가 결코 최종적인 게 아닌 이유이다. 두 번째 기능은, 게임 실행자들이 사용할 수 있는 도구와 방법뿐 아니라 그들이 활용할 수 있는 폭력의 양과 종류 또한 제한하는 것이다. 제한이 없는 희소한 경우—로마의 유명한 검투사 게임과 몇 가지 다른 경우에서처럼—에도 여전히 관객의 안전을 보장할 수 있는 조치는 취해져야 한다. 그렇게 하는 것은, 전쟁과는 달리 게임은 신중하게 만들어진 특정 위치나 구조에서만 발생할 수 있음을 의미한다. 문제의 위치—특히 결투에 의한 결판이 이루어지는 그곳—는 신성한 것으로 간주될 수 있다. 중세 토너먼트의 역사와 축구와 미식축구의 역사에서 발견되는 일부 에피소드들이 증명하듯이, 규칙이 불충분하거나 그것을 강제할 수 없는 경우에는 게임이 전쟁으로 확대되거나 그것이 전쟁이 되어버릴 위험이 늘 존재한다.

폭력에 관해서 보자면, 갱 전쟁(gang warfare)도 있다. 멕시코와 기타 지역에서 갱들은 수백 명, 때로는 그보다 많은 대원을 보유할 수 있다. 그들은 영토, 자원, 여성 등을 놓고 서로 싸우면서 대원들의 총체적인 헌신을 요구하고 그것을 받아낼 수 있을 정도로 충분히 강력하게 조직화된다. 그들은 헬리콥터, 자체 제작한 잠수함, 장갑차를 포함한 모든 무기를 보유하고 사용한다. 많은 경우 그들은 그들의 수단과 목표가 허락하는 한 많은 피를 흘린다. 많은 경우 그들은 그들에 맞서 파견된 정부군과 싸우기를 꺼리지도 않는다. 그럼에도 중요한 차이는 존재한다. 전쟁은 사회 또는 어쨌든 사회의 대부분이 그 관습과(관습이나) 법적 체계를 통해 그것에 동의하고 그것에 참여하는 것이다. 전쟁이 승리로 끝나면 사회는 문제의 전역뿐 아니라 —매우 흔하게— 그와 같은 전쟁 또한 경축할 것이다. 그와는 대조적으로 갱 전쟁은 사회가 반대하고 법적 체계가 허락하는 모든 방법을 통해 억압하고자 하는 것들로 모든 것이 구성된다.

마지막으로, 전쟁은 개인 간의 대결이 아니다. 합법적이든 불법적이든, 심각하든 심각하지 않든, 폭력적이든 그렇지 않든, 그러한 대결은 결투(duels)라 불린다. 결투는 오래되었으며 흥미롭고, 관점에 따라 명예로울 수도 있고 불명예스러울 수도 있는 역사를 갖고 있다. 일부 결투는 매우 통제적이어서 심지어 의례적이기까지 ―일부는 덜 그랬지만― 했다. 전투원의 수로 보자면 일부는 전쟁 자체만큼이나 치명적이었다. 일부 결투―알려진 최상의 사례는 다윗과 골리앗의 결투이다―는 집결한 군대들의 면전에서 발생했다. 그러나 그런 결투들도, 다른 어떤 결투들도 전쟁은 아니었다. 그와는 대조적으로 ―마지막 사례가 보여주듯이― 어쨌든 이론적으로나마 일부 결투는 전쟁의 대체물이 될 뿐 아니라 그것을 종결시키기도 했다.

결투와 달리 전쟁은 집단적인 일이다. 첫째, 그것은 각 참가자에게 가해지는 위해가 그가 속해 있는 전체 집단에 대해 가해진 위해로 간주된다는 점에서 집단적이다. 모두를 위한 하나, 하나를 위한 모두인 셈이다. 둘째, 전쟁은 그것이 많은 사람들의 협력적인 노력을 포함시킨다는 점에서 집단적이다. 지휘관과 전사들이 많은 경우 자신의 진급을 위해 전쟁을 사용하는 것은 사실이다. 그러나 그들은 그들의 행동이 소속된 집단의 목표와 충돌되지 않는 한에서만 그렇게 할 수 있다. 기원전 4세기의 로마 콘술(집정관) 티투스 만리우스 토르카투스(Titus Manlius Torquatus)는 명령에 따르지 않고 진격한 아들을 처형해버렸다.[3] 셋째, 적 집단이나 정체(政體)를 이루는 구성원들이 표적이 된다. 그런 경우, 그들의 정확한 정체성은 부차적인 것이 된다.

마지막에 언급한 측면이 전쟁을 그처럼 비극적이게 만든다. 그것은 서로 만난 적이 없는 남성들―오늘날에는 소수의 여성까지도― 이 아마도 그들은 이해하거나 관여된 바가 없는 이유를 위해 서로를 죽이는 인간의 유일한 행동이다. 요약하자면, 결투도, 이 섹션에서 언급된 다른 어떤 행위도 ―그것들이 몇 가지 면에서 전쟁과 닮을 수는 있지만― 전쟁은 아니다. 그것들이 할 수 있는 것이라고는 전쟁에서 쓰이는 용어들을 빌려다가 기생적으로 사용하는 것이다.

2. 위계 상부에서의 전쟁

전쟁이 아닌 것에 대해 고찰했으므로 이제는 무엇이 전쟁인지에 대해 말할 수 있게 되었다. 첫째, 전쟁에서는 맞서 싸우는 적어도 하나의 상대 또는 적이 있어야 한다. 상호성은 전략을 함축한다. 이것이 상대를 무력화하는 일방적인 타격은 전쟁이 아닌 이유이다. 둘째, 전쟁의 주된 도구는 물리적 폭력이다. 이러한 점은 과도한 폭력을 피하기 위해 한 진영이 자비를 요구하고 다른 진영도 그것을 승인하는 경우에도 적용된다. 셋째, 전쟁은 게임에서와는 달리 규칙에 얽매이지 않는다. 넷째, 그것은 정치―여기서는 ① 공동체들 내에서 권력과 자원이 분배되는 비법률적인 과정, ② 자신들에 대한 권위 있는 심판자의 존재를 인정하지 않는 서로 다른 공동체들이 유사한 공동체들 사이에서, 그리고 그들에 맞서 자신들의 목표를 추구하는 과정으로 이해된다―에 의해 좌우되며 그래야 한다. 다섯째, 전쟁의 목적은 적을 우리의 의지에 굴복시키는 것이다. 여섯째, 전쟁과 그것이 사용하는 폭력은 합법적이거나 적어도 그것을 수행하는 사회 상당 부분의 동의를 향유한다. 마지막으로, 전쟁은 개인적인 일이 아니라 집단적인 일이다.

전쟁의 본질은 많은 도전을 낳는다. ―그것은 누군가가 직면할 수 있는 가장 거대하고도 가장 두려운 도전이다. 일부 도전은 군사적 요소들이 많은 다른 요소들과 상호작용하는 위계의 상부에서 가장 강력하게 느껴진다. 다른 일부는 맨 밑바닥 부근에 주로 집중된다. 여기서는 가능한 한 그런 순서에 따라 그런 도전들이 다뤄질 것이다.

첫 번째 문제는 전쟁과 정치 간의 연관성을 형성한다. 사실 거기에는 하나가 아니라 세 가지의 문제가 존재한다. 첫째, 클라우제비츠가 이야기하듯이, 정책이 전쟁을 통제해야 한다.[4] 정책의 과업은 전쟁을 준비할 뿐 아니라, 가능하다면 전쟁을 지도하고, 승리하는지 패배하는지에 따라 최대의 이득을 이끌어내거나 패배의 결과를 경감시키는 것이다. 그러나 그렇게 하는 것은 말하는 것보다 어렵다. 폭력의 상호적인 부과로 구성되는 전쟁의 본질 그 자체는 확전의 경향을 보인다. 한 진영이 타격을 가하면 다른 진영이 가능한 한 보다 강력한 타격으로 그에 대응한다. 한 진영이 병력을 증강시키면 다른 진영도 같은 종류로 대응한다. 두려움, 분노, 증오, 불타는 복수심, 그리고 그와 유사한 감정들이 머리를 든다. 그것들은 서로에게 자양분을 공급하며 폭발적인 결합체를 만들어내고, 통제가 거의 불가능해지게 만든다. 초기에 어떤 제약이 존재했든지 간에, 포로를 죽이지 않거나 서로의 민간인을 폭격하지 않는 것과 같은 제약들은 이내 내동댕이쳐지고 만다.

확전은 정책이 책임을 맡기는커녕 사라지고 마는 지경까지 이를 수 있다. 해방된 전쟁은 정책이 되고 만다. 그 가장 극단적인 예는 양측이 문자 그대로 죽을 때까지 서로 싸웠던 1941~1945년 독일-소련 간 투쟁이다. 패자에게는 미래가 없을 것임을 알고 있던 그들은 전력을 다해 싸웠으며, 법 또는 제약을 무시한 채 사실상 모든 수단을 사용하며 모두를 희생시켰다. 그와 같은 상황 아래서 정책이 결정할 수 있는 것이라고는 무엇이 남아 있었을까? 클라우제비츠는 그와 같은 전쟁을 "절대적" 전쟁이라 불렀다.[5] 그가 꿈꿀 수 있었던 것보다 절대적인 전쟁에 더 가까워진 우리는 오늘날 "총력적" 전쟁에 대해 이야기하기를 선호한다.

둘째, 정책은 ―비록 그것이 전쟁을 지도해야 함에도 불구하고― 전쟁이 부적절하거나 불가능한 일을 행하도록 요구해서는 안 된다. 이는 ―클라우제비츠가 이야기하듯― 전쟁은 고유의 '문법'을 가지고 있기 때문이다. 문법의 규칙은 물리적 능력, 장병과 장비의 한계, 그리고 전략의 원리로도 구성된다. 그것들을 무시하는 통치자는 전반적인 하모니를 명목으로 드럼과 트럼펫들이 바이올린처럼 소리를 내기를 원하는 것과 같다. 1941년에 히틀러는 레닌그라드―히틀러는 "볼셰비즘의 요람"이라 불렀다-에 너무 집착하여 전략의 첫 번째 규칙, 즉 노력의 집중을 위반하고 말았다.[6] 그는 모스크바와 우크라이나로 진군해가는 동시에 레닌그라드 또한 장악하려 했지만 3개 전선 어느 곳에서도 자신의 목표를 달성하는 데 실패하고 말았다.

선거에 직면한 통치자는 군사지휘관들로 하여금 그 군대가 아직 준비가 되어 있지 않은 공세를 개시하게 만들거나 그들로 하여금 가치 없는 땅을 사수하도록 강제할 수 있다. 그것이 다른 조건이 동일하다면 문제가 대중적 압력에 덜 민감한 다른 체제들보다는 민주정에서 더 심각해질 수 있는 이유이다. 그러나 그것은 결코 민주정에만 국한되지는 않는다. 1870~1871년의 프랑스-프로이센 전쟁 동안에 오토 폰 비스마르크(Otto von Bismarck) 총리와 총참모장 헬무트 폰 몰트케(Helmuth von Moltke)는 군사작전에 간섭할 수 있고 심지어 그것에 대해 보고를 받을 수도 있는 총리의 권리를 둘러싸고 반복적으로 충돌을 빚었다. 결국 비스마르크는 다소간의 통제를 유지하는 데 성공했다. 제1차 세계대전기의 그의 후임자 테오발트 폰 베트만홀베크(Theobald von Bethmann-Hollweg)의 경우에는 그렇지 못했는데, 그는 힌덴부르크와 그의 차장 에리히 루덴도르프(Erich Ludendorff) 장군에 의해 배제되고 말았다.

셋째, 정부와 군 지휘부 간의 구분선은 정확히 어떻게 그어져야 할까? 분명 전자가 후자의 움직임을 상당히 구체적으로 지시하는 것은 합당하지 않다. 하나의 소총연대 또는 잠수함 전단, 또는 항공기 대대가 어떻게 작전을 수행해야 하는지는 정치적인 문제가 아니라 군사적인 문제이다. 마찬가지로 분명한 것은 군 지휘관들이 요구하거나 행사할 수 있는 독립성에는 한계가 있다는 점이다. 잘 알려져 있듯이 이는 한국전쟁 동안에 더글러스 맥아더(Douglas MacArthur) 대장이 자신은 손해를 보며 발견한 바였다.

일을 훨씬 더 복잡하게 만드는 것은, 구분선은 유연하며 또 그래야 한다는 점이다. 전쟁을 수행하는 공동체의 성격과 수행되고 있는 전쟁의 종류에 따라 구분선은 다르게 형성될 것이다. 대체로 전쟁의 초기와 말기에 가까울수록 정책의 역할은 더 커지고 순전히 군사적인 고려의 역할은 더 작아진다. 외국의 영토를 침공하는 첫 적 병사와 그곳을 떠나는 마지막 병사는 상당한 정치적 영향을 미친다. 적대행위가 지속되는 동안 그들의 뒤를 따르게 되는 수천 명은 훨씬 덜한 영향을 미친다.

문제를 해결하는 일은 적합한 제도적 준비뿐 아니라 적절한 마음가짐 또한 요구한다. 1550년경까지 통상적인 방법은 통치자의 지위와 총사령관의 그것을 단일한 인물에게 통합시키는 것이었다. 나중에도 프리드리히 대왕과 나폴레옹은 마찬가지로 그렇게 했다. 나폴레옹은 때때로 수백 마일 떨어진 적 영토에서 원정을 수행하며 몇 개월 동안 파리를 떠나 있었다. 심지어 1939~1945년에도 히틀러는 자신의 다양한 야전사령부에서 상당한 시간을 보냈다. 그가 상황보고를 받고, 회의를 열며, 지휘계통을 통해 군단에까지 이르는 부대들에게 명령을 하달한 곳은 바로 그곳이었다. 나폴레옹이 "전쟁의 신(神)"이라는 점에 마음에 의심을 품지 않았던 클라우제비츠 자신도 그러한 해법을 선호했다. 그러나 그것은 현대 국가들이 흔히 채택하는 해법은 아니다.[7]

어찌 되었든 간에 상부에 있는 이들은 책임감을 가지고 문제에 대처하려고 시도하는 자신을 발견하게 된다. 다른 어떤 인간의 행위보다 전쟁은 고위 관료와 지휘관들의 신경을 무너뜨리는 경향이 있다. 그들에게는 문제들이 우박처럼 계속 떨어져 내린다. 어떤 문제들은 크고 어떤 것들은 작다. 대부분의 것은 시급한 것이며, 많은 것들이 예기치 않은 것이다. 모든 것들이 특별한 순서가 없이 들이닥치며, 많은 경우 삶과 죽음을 포함하는 결심을 요구한다. 지휘하는 입장에 있지 않으면 국민과 국가의 운명이 달려 있는 거대한 전투 중 하나를 수행하는 게 무엇을 의미하는지 이해할 수 있는 사람은 거의 없다. 자신이 오후 한나절 만에 대영제국을 패배로 몰아넣을 수도 있음을 아는 가운데 대함대(Grand Fleet)를 1916년 유틀란트 해전(Battle of Jutland)으로 이끌었던 존 젤리코(John Jellicoe) 제독은 어떤 기분이었을까?

이러한 모든 것은 그 어깨에 세계를 떠받치기에 —그리고 그것을 보여주기에— 충분할 정도로 강한 아틀라스*를 요구한다. 그러나 아틀라스들에 대한 주문은 힌덴부르크들에 대한 그것보다 덜하다. 학습과 경험은 최고 지휘부에게 필요한 자질들을 발전시키고 연마시킬 수 있지만 그것들을 만들어낼 수는 없다. 어떤 이는 독일군이 그 전성기에 '기꺼이 책임을 다하고자 하는 자세(*verantwortungsfreudigkeit*)'라 불렀던 자질을 갖고 태어나지만 다른 이는 그렇지 못하다. 혹자는 강한 신경을 가지고 있지만 혹자는 그렇지 못하다. 모든 이들이 나폴레옹이 그랬던 것처럼 전투가 시작되기 전에 단잠에 빠질 수는 없다. 어떤 이야기—사실일 수도 있고 그렇지 않을 수도 있다—에 따르면, 힌덴부르크는 타넨베르크 전투가 시작되기 전과 후뿐 아니라 그 전투가 진행되는 동안에도 잠을 잤다. 그와 유사한 이야기가 1942년 알라메인(Alamein)에서 버나드 몽고메리(Bernard Montgomery) 대장에 대해서도 전해진다.[8] 일부는 너무 많은 학술적 연구가 사람으로 하여금 필요한 자질을 갖추도록 하는 데 도움을 주기보다는 실상은 그렇게 하는 것을 더 어렵게 —때로는 불가능하게— 만든다고 주장하기도 했다.

관료제가 지배하고 폭력이 금지되는 평시와 승리만이 중시되는 실제적인 전역 간에는 엄청나게 큰 간극이 존재한다. 그것이 한 장교가 평시에 세운 기록이 그가 실제적인 전역에서 거둘 업적에 대한 신뢰성 있는 지표를 항상 제공해주지는 못하는 이유이다. 전쟁이 발발할 때마다 그때까지는 주목받지 못했던 일부 장교들이 급작스럽게 타고난 재능을 발휘하며 부각되고 고속으로 진급해간다. 그들은 주도권을 장악하고, 전사한 지휘관의 자리를 차지하면서 스스로를 고속승진 시켜간다. 그 좋은 예는 기껏해야 25세에 최고사령관직에 오른 스키피오 아프리카누스(Scipio Africanus, 기원전 236~183년)이다. 또 다른 예는 나폴레옹의 장군인, 앞에서 언급한

❖ 그리스 신화 속의 신으로서 이아페토스의 아들이다. 메노이티오스, 프로메테우스, 에피메테우스와 형제간이다. 제우스로부터 평생 동안 지구의 서쪽 끝에서 손과 머리로 하늘을 떠받치고 있으라는 형벌을 받았다. —역주

마세나로서, 간음자이자 도둑이었던 그의 진정한 재능은 전쟁이 발발했을 때야 분명히 드러났다.

그러나 그 반대의 경우 또한 사실이다. 어느 누구도 원하지 않을 대상은 독일 총참모장 소(小) 몰트케(Helmuth von Moltke, Jr.)와 같은 인물이다. 예민한 성격을 가지고 있던 그는 오래전부터 자신과 자신의 최고사령관인 황제 빌헬름 2세(Kaiser Wilhelm II)에 대해 의심을 품었다. 1914년 7월에 그는 질병까지 앓고 있었다. 제1차 세계대전이 발발한 지 두 달 뒤에 그는 사임해야 했다. 1940년 4월에 노르웨이 총참모장 크리스티안 라크(Kristian Laake) 대장은 자국에 대한 독일의 침공을 알게 되었을 때 신경쇠약에 시달렸다. 1967년 아랍-이스라엘 전쟁에서 이스라엘 육군을 지휘했던 이츠하크 라빈(Yitzhak Rabin) 대장과 1973년에 국방장관을 역임했던 모셰 다얀(Moshe Dayan) 퇴역대장은 공히 전투가 시작되기 전이나 그것이 진행되는 동안에 쇠약증에 시달렸던 것으로 ─아마도 잘못─ 알려졌다.

그와 같은 많은 에피소드들은 예측하거나 예방하기 매우 어렵다. ─아마 불가능할 수도 있다. 그 대신 할 수 있는 일이라고는 장래 지휘관이 될 자들을 최대한 신중하게 선발하는 것뿐이다. 다음으로는 그들을 한 단계씩 진급시키며, 그들의 발전을 관찰하고 시험하며 그들에게 점점 더 많은 책임을 부여해야 한다. 그러는 동안에 피터의 법칙(Peter Principle)◆◆─이 법칙은 많은 지휘관들로 하여금 자신의 능력이 보장해주는 것보다 한 단계 더 높은 자리에 오르게 만드는 것으로 이야기된다─은 적용되지 않기를 기도해야 한다.

다음으로는 불확실성이다. 불확실성은 삶의 매우 상당한 부분을 차지한다. 그것은 어떤 인간도 그로부터 도피했다거나 그럴 수 없는 조건이며, 만약 기계로 변모되는 것을 피하고자 한다면 피하려 하지 말아야 할 조건이다. 민간의 삶에서처

◆◆ 조직에서 어떤 직책의 적임자를 선택할 때, 그 직책에서 요구되는 직무수행 능력보다 지원자가 현재까지 보여온 업무성과에 기초해 평가하는 경향이 높다는 경영학적 원칙이다. ─역주

럼 부분적으로 그것은 우연성, 즉 우리가 알지도 못하고 통제할 수도 없는 요소들의 영향 때문에 발생한다. 그러나 전쟁은 두 진영 모두에 의해 수행되는 것으로서 각각은 상대를 배신하고 허를 찌르려고 최선을 다한다는 사실이 불확실성의 역할을 측량할 수 없을 정도까지 증대시킨다. 관련자들로 하여금 상황을 분간할 수 없게 만들곤 하는 혼란과 스트레스는 말할 나위조차 없다. 많은 결정은 지식보다 직관에 기초한다. 결정이 내려지는 동안에도 정보는 계속 쏟아지기 때문에 더욱 그렇다. 결정이 이루어져도 사태는 예상했던 것처럼 발전되지 않기 때문에 추가적인 결정을 필요로 한다. 그러나 결과가 확실하다면 전쟁의 필요성은 없었을 것이다. 그렇게 본다면 전쟁은 그 결과가 불확실한 분쟁을 해결하는 하나의 방법, 즉 폭력적인 방법에 다름 아니다.

불확실성에 대처하기 위해 지휘관들이 사용할 수 있는 방법의 일부는 정보에 대해 다루는 부분에서 언급된다. 많은 사람과 군대는 불확실성으로 차질을 빚게 된다. 그 위험성을 감안해보면 이는 당연하다. 불확실성을 피하기 위해 어떤 일을 한다는 것이 오히려 그들을 마비시킬 수 있다. 그러나 모든 이들이 그렇게 느끼지는 않는다. 적절히 조직되고 훈련되며 고무되면 일부 사람들은 불확실성을 잘 다뤄내고 그것을 한껏 잘 즐기게 된다. 그들의 진취성과 임기응변 능력을 발휘할 기회로 활용되면서 그것은 그들로 하여금 훨씬 더 잘 행할 수 있게 해준다. 심지어 일부는 통신을 차단함으로써 의도적으로 불확실성을 만들어내기도 한다. 1943~1944년에 패튼 장군은 이른바 바위수프(rock soup) 방법✢을 썼다.[9] 부랑자가 밤을 지낼 집을 찾고서는 주인에게 바위수프를 만들어줄 것을 약속했다. 그는 먼저 물

✢ 패튼은 공세적인 작전을 상급 지휘관이 승인하지 않았을 때 공격에 필요한 자원을 획득하기 위해 이 방법을 썼다. 소규모 부대들을 겉으로는 정찰 임무를 부여해 전진시켰다가 적 저항이 있는 경우 그들을 증원해 전면적인 공격을 취하도록 하는 방법이었다. 특히 시칠리아 전투 동안에 이 방법을 사용했다. ─역주

을 끓이고 그 속에 바위를 넣었다. ―즉, 교전했다. 그다음에 그는 채소―즉, 증원군 ―가 약간 더해지면 맛이 훨씬 더 나아질 것이라고 말했다.

마지막으로는 마찰(friction)이다. 불확실성처럼 마찰은 삶의 불가분한 일부로서 제거가 불가능하다. 불확실성처럼 마찰은 측량할 수 없을 정도로 막대하게 전쟁에 영향을 미친다. 전력의 규모 자체, 사람들에게 가해지는 엄청난 압력에 의해 발생하는 인간적 오류, 그리고 불확실성 자체 모두가 그러한 사실의 이유가 된다. 클라우제비츠가 말하듯이, 전쟁을 수행하는 것은 물속에서 걷기를 시도하는 것과 같다.[10] 모든 움직임은 땅 위에서 그러는 것보다 훨씬 더 큰 노력과 훨씬 더 많은 시간을 필요로 한다.

신중한 기획은 상황을 단순하게 유지하고 유연성과 중복성을 끌어들임으로써 마찰을 최소화하는 데 모종의 역할을 할 수 있다. 지휘관들이 자신의 모든 의지력을 동원하여 휘하 전력들로 하여금 마찰을 무시하고 증기롤러가 길을 가로막고 있는 장애물들을 뭉개버리듯이 계속 진격하게 해야 하는 순간 또한 존재한다. 그렇게 하는 것은 다른 어떤 때보다 추격을 하는 동안 가장 중요하다. 역사는, 결정적인 순간에 탈진한 장병들에게 압박을 가할 수 없었던 지휘관들이 마땅히 그들에게 돌아가야 할 승리를 획득하는 데 실패한 경우를 잘 알고 있다. 그러나 그렇게 하는 것은 장병들을 탈진시킨다. 극단적인 경우에 그것은 재앙을 가져올 수 있다.

3. 위계 하부에서의 전쟁

상부에 있는 이들과 하부에 있는 이들 간의 한 가지 차이는 후자는 정책/정치에 의해 훨씬 덜 영향을 받는다는 점이다. 특정 종류의 비대칭 전쟁의 경우―이에 대해서는 뒤에서 다뤄질 것이다―를 제외하고 그것이 사병들에게 미치는 영향은 거의 존재하지 않는다. 군대가 더 크고 더 관료적으로 조직화되어 있을수록 이와 같이 될 가능성도 더 커진다. 많은 현대 국가들에서 계급을 망라하고 군인들은 정치에 참여하는 게 금지되어 있다. 때로는 정치에 대해 말하는 것이 그들의 사기에 해를 끼칠 수도 있다. 아프가니스탄에 발이 묶여 있던 소련 군인들은 그들이 "국제주의적" 임무를 수행하고 있는 것이라는 정치지도원들의 확언에 어떻게 대응했을까?

책임이 주는 부담은 주관적이다. 일부는 다른 이들보다 그것을 훨씬 더 예민하게 느낄 수 있다. 그럼에도 다른 조건이 동등하다면 군위계의 밑으로 갈수록 그것의 무게는 감소하는 경향을 보인다. 하나의 나라를 이끄는 것과 하나의 분대를 이끄는 것은 별개의 일이다. 기율이 도움을 준다. 그것이 행하는 과업들 중 마찬가지로 중요한 것은 부하들의 어깨로부터 책임의 무게를 벗겨 대신에 상급자들의 어깨로 그것을 이전시키는 것이다. 그와는 대조적으로, 불확실성과 마찰은 전쟁이 수행되는 모든 수준에서 그 효과가 느껴지게 만든다.

지휘계통의 더 아래로 내려갈수록 독일인들이 전쟁의 '고역(Strapazen)'이라 불렀던 것이 행하는 역할은 더 커진다.[11] '고역'은 영어에는 그에 필적하는 용어가 없다는 사실 때문에 유용해졌다. 시기에 따라 다르고 군종에 따라 다르지만, 이 용어는 가장 격심한 육체적 노력에 대한 생각과 불편을 결합시킨다. 그런 것들에 집중적인 지루함을 감내해야 하는 기간이 더해진다. 피로는 너무 극심해 더 이상 수면과 그것의 부재 간을 구별할 수 없다. 배고픔, 갈증, 더위, 추위, 비, 중압감, 위험, 고통, 공포뿐 아니라 사별(死別), 상실, 때로는 죄책감 또한 더해진다. 그 모든 것들이 한데로 뭉쳐 많은 경우 서로 구별되지 않을 지경에까지 이른다. 모든 것들이 서로를 강화시키는 불행한 경향을 갖는다. 줄곧 이야기되듯 그것은 결코 내리는 게 아니라 퍼부어진다.

1415년 아쟁쿠르(Agincourt)에서 영국의 장궁수들이 프랑스의 기사들을 격파했다는 점은 누구나 아는 바이다. 그러나 양 진영의 장병들 모두가 12일 동안 200마일을 행군하여 배고픔, 추위, 비, 피로로 죽다시피 한 상태로 전장에 도착했음을 아는 이들은 얼마나 될까? 그리고 전장 자체가 진흙의 바다였다는 점을 아는 이들은? 아니면 1941년의 독일국방군을 예로 들어보자. 대부분의 장병은 부크 강(River Bug)에서 모스크바까지 도보로 600마일(직선 방향으로)을 걸었다. 배낭을 맨 채 그들은 더위, 먼지, 강, 진흙, 서리, 눈을 뚫고 묵묵히 걸었다. 모두는 결연하게 맞서는 적에 직면해 연거푸 격렬한 교전을 치르면서 그래야 했다. 크렘린(Kremlin)이 거의 내다보이는 지점에 도달했을 때 그들이 탈진해 있었음은 의심의 여지가 거의 없다. 인간의 행위가 이루어지는 다른 분야에서 격심한 활동과 결핍이 이처럼 크게 이루어지는 곳은 없다. 19세기 말까지 전투에서 죽은 이들보다 더 많은 장병들이 그것들[격심한 활동과 결핍]로 죽었다.

기간과 군대의 규모(다른 요소들도 있지만)에 따라 다르지만 일부 지휘관들은 모든 것을 장병들과 공유했다. 다른 지휘관들은, 자신들의 평안에 민감했기 때문에, 아니면 통제는 뒤에서 더 잘 행사될 수 있다고 생각했기 때문에, 후방에 머무르는 것을 선호했다. 제1차 세계대전보다 상부와 하부 간의 대조가 두드러졌던 적은 결코 없었다. 고위 지휘관들은 전선으로부터 몇 마일 떨어져 있는 편안한 전원가옥에 안락하게 자리 잡았다. 그들은 자신들을 보살피는 당번병을 두고 있으며, 가용한 최상의 음식으로 식사를 했다. 1915년부터 1918년까지 프랑스에서 영국원정군(British Expeditionary Force)을 지휘했던 더글러스 헤이그(Douglas Haig) 원수처럼 일부는 하루에 세 번씩이나 속옷을 갈아입었다. 교통을 위해 그들은 기사가 운전하는 자동차를 사용했다. 연습의 목적으로 그들은 말을 탔다. 그들은 보송보송한 침대에서 잠을 청했으며 때로는 아내나 정부들이 그들을 방문하기도 했다. 장병들—특히 최전선의 그들—은 진흙탕이 된 구멍 안에서 썩어가고 있었다. 그들은 걸어 다니는 진흙 덩어리의 몰골을 하고 그렇게 냄새를 풍길 정도였다. 많은 경우 그들은 간헐적으로만 먹었으며, 먹어도 질이 나쁜 음식을 먹었다. 그들은 무거운 배낭을 짊어진 채 도보로 대부분의 전술적인 기동을 수행했으며, 관측되는 것을 피하기 위해 많은 경우 야간에 그렇게 했다.

결국 전쟁이란 피, 땀, 눈물의 영역이라는 점에는 의심의 여지가 없다. 어떻게 하면 장병들을 비단 몇 시간이 아니라 필요하면 몇 주, 몇 달, 몇 년이나 계속해서 전쟁을 감당하게 만들 수 있을까? 어떻게 장병들로 하여금 그들을 정조준하여 조각내 버릴 태세를 갖춘 포구(砲口)를 향해 —아마도 반복적으로— 진군하게 만들 수 있을까? 어떻게 장병들로 하여금 현대 전장의 특징인 화약, 소변, 대변, 타거나 썩어 들어가는 신체에 의한 진동과 악취는 말할 것도 없고 괴성과 지긋지긋한 소음 —볼테르는 전장의 소음이 지옥에서 수천의 악마들이 내는 소음보다 크다고 말했다— 그리고 혼돈 속으로 계속 걸어 들어가게 만들 수 있을까? 헐떡거리며 심장이 분당 200회 이상으로 뛰고, 게다가 장병들이 더 이상 자신들이 무엇을 하고 있는지 알고 있지 못하고 있을 때도, 작전 후에 아드레날린 수준이 떨어지며 거의 움직일 수 없을 정도로 피로해져도, 상황이 절망적인 것처럼 보이고 구제책이 눈에 보이지 않을 때에도, 좌우에서 전우들이 죽음을 당하고 있을 때에도, 어떻게 육체적으로도 정신적으로도 그들이 무너지지 않도록 하는 것일까?

이와 같은, 그리고 그와 유사한 물음들에는 한 가지 해답, 즉 훈련이 존재한다. 훈련이 얼마나 중요한지를 고려해보면 손자도 클라우제비츠도 그것에 대해서는 이렇다 할 이야기를 하지 않음이 놀라운 일이다. 훈련은 학습이나 교육과 중첩되지만, 양자는 동일한 것이 아니다. 훈련이 우선되고 교육이 다음이 되어야 한다. 훈련은 연습을 더 강조하지만, 교육은 이론과 그것이 기초하는 역사를 강조한다. 전자는 체육관, 들판, 작업장(기술훈련 시), 그리고 오늘날에는 점점 더 시뮬레이터와 가상현실 속에서 이루어진다. 주로 구두(口頭) 또는 성문화된 말에 의존하는 후자는 교실, 서재, 도서관에서 이루어질 가능성이 크다.

기술과 다른 것들이 변화하면 훈련도 그 보조를 맞추어야 할 것이다. 구체적인 사항들에 덜 구속되며 보다 느리게 발전할 수 있는 교육은 그렇지 않다. 훈련은 부대, 무기, 장비를 필요로 하는데, 그 모든 것들은 고비용적이다. 이러한 이유 때문에, 그러나 또한 그 결과가 장병이나 장비의 수보다 덜 가시적이기 때문에, 많은 경우 훈련에 대해서는 인색한 경향이 있다. 그에 비해 학습과 교육은 저렴하다. 일부는 그래서 때때로 그것들이 과도하게 이루어진다고 주장하기도 한다. 교육은 이론이 만들어질 수 있게 해주어야 한다. 연습과 더불어 이론은 훈련을 지도함으로써 순환고리를 완결지어야 한다.

훈련은 가능한 한 전쟁과 흡사해야 한다. 유대 역사가 조세푸스 플라비우스(Josephus Flavius, 서기 37~100년경)는 로마군에 대해 "그들의 연습은 피 없는 전쟁이요, 그들의 전쟁은 피 흘리는 연습이다"라고 말했다.[12] 훈련은 장병들로 하여금 전장의 끔찍함, 특히 전장의 이례적인 잔혹성에 대해 준비하도록 해야 한다. 훈련되어 있지 않은 장병들을 싸움에 밀어 넣는 것은 그들을 죽이는 것과 거의 다름없다. 그럼에도 제한은 존재하며 그럴 수밖에 없다. 일본군이 중국인 포로와 민간인들을 상대로 총검술 연습을 한 것은 어떻게 봐야 할까? 아리스토텔레스에 따르면 스파르타의 훈련과정(agoge)은 사람보다는 야수들에게 더 적합한 것이었다. 잘린 머리, 잘린 사지(四肢), 잘리고 타버린 신체, 내장이 돌출된 부상자들의 모습은 모의(模擬)될 수 없다. (의대생들로 하여금 특별히 마취된 돼지들을 대상으로 응급처치를 연습하게 하거나 시뮬레이터에서 행해지는 경우를 제외하고.) 이는 행운일 수 있다. 전쟁이 너무 끔찍해서 앞으로 어떤 일이 벌어질지를 알았다면 많은 훈련병들은 최대한 빨리 줄행랑쳤을 것이다.

할 수 있는 최상의 방법은 점진주의를 사용하는 것이다. 이는 한 축구감독이 자신의 팀으로 하여금 강력한 팀과 싸우기 전에 약체와 경기를 하도록 하는 것과 같다. 어떤 신병이든지 경험해야 하는 첫 수준의 훈련은 기율, 즉 명령을 준수하는 법의 학습을 포함한다. 두 번째 훈련—이는 첫 번째 것과 동시적으로 수행되곤 한다—은 육체적인 것이다. 체력단련—이는 일정 기간 지속적으로 수행된다—은 힘과 정력을 상당 정도 증가시킬 수 있다. 어느 정도까지 그것은 또한 그것을 경험하는 이들에게 불편과 고통을 감내하는 법을 가르치는 데 도움을 줄 수 있다. 많은 경우 훈련병들은 체력단련이 스스로에게 미칠 수 있는 효과에 놀랄 것이다. 다음으로 그들은 무기와 기타 장비의 사용에 대해 배워야 한다. 특히 복잡한 기술을 갖춘 현대의 군대들에게 있어 이는 가장 어렵고 시간소비적인 부분일 수 있다. 자신의 도구를 통달하는 데 실패한 병사는 심각한 불리함을 안게 된다.

　개인훈련 뒤에는 부대훈련, 즉 하나의 팀을 이루는 일부로서 기계와 거의 마찬가지로 다른 이들과 함께 일하는 법을 배우는 일이 이어진다. 마지막으로, 능숙해지면 개인과 부대는 공히 일방적인 연습으로부터 쌍방적인 연습으로 진행되어야 한다. 그들은 모든 종류의 워게임을 수행하고 기동을 수행해야 한다. 그렇게 하면서 그들은 언제나 그들을 방해하고 배신하며 그들과 싸워 그들을 격파해버리는 상대에 직면할 것이다. 상대에 직면하면서 그들은 그들을 다루고, 그들의 의표를 찌르며, 그들을 극복하는 방법을 배우게 될 것이다.

　이 지점에서 연습을 이끄는 이들은 마찰과 불확실성이 끼어들고 그 존재감을 드러내게 해야 한다. 신(神)처럼 그것들은 갑자기 보급대가 도달하지 못하게 하거나 통신이 두절되게 만들 수 있다. 그것들은 예기치 않은 방향으로부터 새로운 적이 등장하게 하거나 연습이 한창인 가운데 임무를 변경시켜버릴 수 있다. 그 목표는 새롭고도 예기치 않은 상황을 만들어내어 훈련병들로 하여금 자주성을 발전시켜 독립적으로 행동하도록 강제하는 것이다. 각 연습은 가용한 기술적 수단들이 허락하는 한 최대한 세심하고 완벽하게 기록되어야 한다. 각 연습에는 무엇이 잘되었고 무엇이 잘못 되었는지—이를 보통 "학습된 교훈"이라 말한다—에 대한 비평 또한 뒤따라야 한다.

　이 모든 것이 기대되는 바처럼 다 이루어진다면 그 결과는 숙달되는 상황에 이르는 것이다. 그러나 숙달되는 게 전부는 아니다. 잘 훈련된 부대는 전우애—이를 훨씬 더 개인적인 우정과 혼동하지 말아야 한다—를 발전시켜야 한다. 그러한 부대는 자신감, 자긍심, 단결심, 상호신뢰 또한 갖추고 있어야 한다. 전우의 눈에 치욕을 당할 두려움으로 인해 훈련병들이 서로를 지원하고자 자신의 목숨을 바칠 위험을 감수하며 서로의 기대를 저버리는 일을 피하려 할 정도로. 이 모든 것을 달성하기 위해 훈련은 혹독해야 하며, 때로는 육체적인 탈진의 지경까지 이루어져야 한다.

위험의 조짐은 문제가 되지 않는다. 플라톤이 썼던 것처럼 위험이 전혀 없는 훈련은 유치한 게임으로 전락하고 말 것이다.[13] 마지막으로, 연습의 부재는 우선은 신체적인 적합성, 다음으로는 기량이 악화되게 만들 것이다. 훈련은 반복되어야 하며, 그것이 만들어내는 능숙함은 주기적으로 시험되어야 한다.

그렇다 하더라도 전투의 스트레스는 극심하여 단순한 것만이 작동되게 만든다. 스트레스에 대응하기 위해 몇몇 종류의 훈련은 장병들이 생각하느라 시간을 소비하는 일 없이 거의 로봇처럼 행동할 정도까지 수행되어야 한다. 어떤 거리낌이 있든지 간에 그들은 그것들을 극복해내야 한다. 그들은 주저함이나 죄책감 없이 사람을 죽일 준비가 되어 있어야 하며, 필요하다면 다시 또 그런 행동을 반복할 수 있어야 한다. 훈련은 특정 사람을 죽이는 (이례적이지 않은) 기쁨—혹자는 이를 "살인의 황홀감"이라 불렀다—을 활용할 수 있으며, 때때로 그렇게 했다. 그러나 사회와 그 자신에게 위험이 되는 괴물을 만들어내는 일을 피하기 위해서는 그들을 무차별적인 살인기계로 변모시키지 않도록 조심해야 한다.

이는 제2차 세계대전과, 특히 그것이 한창일 때 히틀러와 그의 심복들이 저질렀던 홀로코스트가 끔찍한 경고를 제공해주는 부분이다. 아우슈비츠 강제수용소장 루돌프 회스(Rudolf Hoess)는 회고록에서 자신과 다른 친위대원들이 받았던 냉혹한 훈련에 대해 썼다.[14] 그것은 매우 효과적이어서 그들은 어떤 목적을 위해서도, 혹은 아무런 목적이 없이도 누구에게든지 어떤 일이나 할 준비가 되어 있었다. 일부는 훨씬 더 적극적이었다. 그것이 승리의 대가라면, 아마도 우리는 하나님이 자비를 베푸시어 우리에게 패배를 허락하시도록 기도해야 할 것이다.

제4장

전력 건설

1. 조직

훈련과 더불어 전쟁에서 성공을 이끄는 가장 중요한 요소는 조직일 것이다. 조직은 단순히 무리에 지나지 않는 것을 인적(人的)인 부품들로 이루어지며 공동의 목표를 향해 조율된 행동을 취할 수 있는 효과적인 기계로 변모시킨다. 조직은 사람들이 따라야 하는 절차 또한 확립한다. 그래서 환경이나 적 내부가 아니라 전력 자체의 내부에서 발생하는 종류의 불확실성과 마찰을 최소화할 수 있는 가능성이 생긴다. 나폴레옹은 맘루크(Mamluk)◆ 기병들이 워낙 잘 훈련되어 있어서 각 기병이 프랑스 병사 몇 명씩을 맡을 수 있었다고 썼다. 그러나 프랑스 부대는 그 규모가 10배나 큰 맘루크 부대를 물리칠 수 있었다. 1799년 4월의 타보르 산 전투(Bat-

---

◆ 맘루크 왕조는 18세기와 19세기 초에 이라크를 통치했다. 오스만제국에서 맘루크인들은 이슬람으로 개종한 노예들로서, 특수학교에서 훈련을 한 뒤 군과 행정 분야에서 쓰였다. 특유의 용맹함으로 이집트 원정에 나선 나폴레옹을 감탄시켜 소수가 황제 근위대 소속 기병대에 편입되었다. —역주

tle of Mount Tabor)에서 이와 같은 일이 실제로 발생했다.[1]

군대의 조직은 획일적이지 않으며 그럴 수도 없다. 각국의 지리뿐 아니라 각국의 상이한 정책, 경제, 적, 목표 등에 따라 군대들은 서로 다른 형태를 취해야 할 것이다. 군대들이 임하고 있는 적대행위의 종류 −즉, 정규전, 분란전 등− 또한 중요하다. 그들은 상이한 군종, 상이한 병과, 상이한 편성, 상이한 지휘체계 등을 발전시킬 것이다. 일부는 나머지 사회와 분리된 상태로 남기 위해 최선을 다할 것이다. 다른 일부는 나머지 사회와 거의 분리할 수 없을 만큼 그것의 상당한 일부가 될 것이다.

가장 초기의 "군대"들은 부족의 모든 성인 남성들로 이루어진 무리에 지나지 않았다. 분명한 분업체계를 갖춘 공식적인 조직은 거의 존재하지 않았다. 보다 발전된 사회들은 보다 정교한 방법을 사용했다. 시간과 장소에 따라 다르지만, 남성들의 일부는 본토박이이자(본토박이거나) 시민이었고 다른 일부는 이방인들이었다. 중세에 그랬던 것처럼 많은 군대들은 주군에게 자신의 봉건적 의무를 다하는 봉신들로 구성되었다. 다른 군대들은 일시적으로 고용되어 그 일이 종료되면 고용해제되는 용병들을 두고 있었다. 일부는 단기간 복무하는 징집병들로 구성되었는데, 그들은 예비군으로 보충되었다. 21세기 초 현대 군대의 대부분을 포함하는 다른 일부는 장기 복무하는 직업적인 자원병들로 구성되었다.

이러한 각 유형은 자신들의 충원 방법은 옹호하지만 나머지 모든 방법에 대해서는 비난하는 옹호자들을 갖고 있다. 사실, 충원을 위해 사용되는 방법과 군사적 실적 간의 연관성은 언제나 꽤 빈약했다. 일을 더욱 까다롭게 만드는 점은, 많은 경우 서로 다른 방법으로 충원된 남성들이 같은 군대 내에 함께 복무했으며, 때때로 아직도 그렇게 하고 있다는 점이다. 일반적으로 그 출신과 충원 방법에 있어 장병들이 동질적일수록 실적도 더 좋다.

군사조직에게 가해지는 첫 번째 요구는 그 내부에서 권한과 책임의 계선이 적절히 분배되도록 하는 것이다. 지휘는 한 사람이 하며, 지휘관에 대해서 뿐 아니라 동료에 대해서도 자신이 점하는 위치를 아는 나머지가 그를 따른다. 나쁜 장군 1 명이 훌륭한 장군 2명보다 낫다. 아마도 그보다 훨씬 더 나쁜 상황은, 전쟁에서 승리한 하나의 군대가 훌륭한 것으로 가정되는 기라성 같은 장군들을 보유한 채 이들을 처분하지는 못하는 상황이다. 이와 같은 일이 1919~1940년의 프랑스군과 1967~1973년의 이스라엘군에 발생했다. 두 경우 모두 이전 전쟁에서 잘했던 장군들이 나중 전쟁이 발발했을 때는 그와 같지 못했다.

다음으로는 중앙집권화와 분권화, 늘씬함과 건장함, 경직성과 유연성 간에 훌륭한 균형이 조성되어야 한다. 과도하게 중앙집권화된 군은 자주권을 질식시키고 기회를 놓치고 말 것이다. 그들은 또한 비상상황에 신속하게 대응하지도 못할 수 있다. 너무 분권화된 군은 전혀 기능하지 못할 수 있다. 늘씬한 군대는 충격을 버텨내기에 충분할 정도로 건장하지 못할 수 있다. 너무 건장한 군대는 사용하기에 크고 무거울 수 있다. 경직성은 혁신을 좌절시키지 않아야 하며, 유연성은 초점의 상실을 야기하지 않아야 한다. 서로 다른 상황은, 상이한 시간에 상이한 적에 맞서 갖추어야 할 상이한 조합의 자질을 요구할 수 있다는 점이 일을 훨씬 더 복잡하게 만든다.

다른 조건들이 동등하다면 군대가 더 크고 더 발전되어 있을수록 지휘하기가 훨씬 어렵다. 이 문제에 대한 분명한 해법은 참모이다.[2] 전통적으로 지휘관들은 그러한 목적을 위해 자신들의 친척과 비서들을 사용했다. 첫 번째 "최고사령부(Capital Staffs)"는 1760년대에 프리드리히 대왕과 프랑스 육군원수 빅토르-프랑수아 드 브로이(Victor-Francois de Broglie)와 같은 지휘관들에 의해 창설되었다. 장차 그 구성원이 되는 이들은 나중에야 공식적인 교육을 받고 전문화되었다. 처음에 그들은 매우 소수였다. 느지막이 제2차 세계대전에도 미국의 1개 사단 참모부는 장교와 병사들을 합해 약 170명에 지나지 않았다. 2010년에는 그 규모가 3배나 커져 끝이 보이지 않을 정도였다. 현대의 많은 군대들은 그 무게로 인해 신음하고 있다. 현대 기술의 도움을 받는 전문가들이 지휘관을 뛰어넘고 지휘통일의 원칙을 약화시키며 서로 소통하기를 좋아하기 때문에 더욱 그렇다. 그리고 참모부의 크기가 더 커지고 수적으로 많아질수록 그들은 서로를 방해하는 경향이 있기 때문에 더욱 그렇다.

군대들은 대규모 조직화하는 경향이 있다.―규모가 더 클수록 더 나은 경우가 매우 흔하다. 이스라엘인들을 이집트로부터 가나안(Canaan) 땅으로 이끌 때 모세는 줄곧 통제의 폭이 한 사람의 능력으로 감당하기에는 너무 커져버릴 수 있음을 발견했다. 시험의 결과들은 훌륭한 지휘관은 7개 부대를 다룰 수 있음을 보여준다. 그러나 전투의 스트레스는 이러한 수치를 3~4개로 감소하게 만들 것이다. 나머지 부대는 그들이 할 수 있는 한 대처해야 할 것이다.

분명한 해법은 총사령관과 장병들의 무리 사이에 중간적인 지휘구조를 삽입하는 것이다. 그럼에도, 불행하게도 위계는 특유의 문제들을 만들어낸다. 위계가 정교해질수록 그것은 더 어려워지고 더 많은 시간을 소비하며, 하향적으로나 상향적으로나 할 것 없이 정보의 전파는 덜 확실해진다. 그것들은 또한 상부에 있는 이들이 하부에 있는 이들과 연결되고 그들을 이해하기 훨씬 더 어려워지게 만든다.

이러한 문제를 다루기 위해 그 규모를 막론하고 군대의 지휘관들은 "유도망원경(a directed telescope)"[*]을 확립하는 게 좋다. 그것은 그들로 하여금 다양한 단계들을 뛰어넘어 그들이 가장 관심 있어 하는 시간과 장소에서 진행되고 있던 일에 집중할 수 있게 해주는 모종의 메커니즘―인적·기술적 또는 두 가지 모두―을 의미한다. 그러나 "유도망원경"이 사후(事後) 비판이나 중상(中傷)을 위해 사용되는 일은 없어야 한다. 그것이 대부분의 정보가 흐르는 통로가 될 수밖에 없는 통상적인 지휘채널을 교란시키고 마는 일은 더더욱 없어야 한다. 그것들이 그런 방식으로 사용되면 그것들은 득(得)이 아니라 해(害)가 될 것이다.

---

[*] 전장의 정보를 즉시 알려줄 수 있는 사람들로서 친구, 동맹자, 스파이 등으로 이루어진 비공식 네트워크를 의미한다. 이들은 명령계통이 정체되는 것을 막아준다.―역주

가장 단순한 군대는 모두가 동일한 무기와 장비—그것은 곤봉일 수도 있고 투창일 수도 있고 활일 수도 있다—를 소지하고 있는 전사들로 이루어진다. 소규모이며 동질적인 그런 군대는 상대적으로 쉽게 결집하고 전개되며 지휘할 수 있다. 수가 증가하고 기술이 발전하면서 전문화가 그런 그림에 끼어들 것이다. 이는 각 종류별로 얼마나 많은 장병이 유지되어야 하는지, 그리고 그들을 어떻게 조직하면 각각을 개별적으로나 그 모두를 결합해서나 할 것 없이 최대의 효과를 얻을 수 있을지에 대한 질문을 제기한다. 역사적으로 말하자면, 대부분의 군대는 각 병과—경기병과 중기병, 검병(劍兵), 창병, 궁병(弓兵) 등—를 위해 별도의 부대를 두었다. 많은 경우 전문병들—그들의 지휘관을 포함하여—은 다른 사람, 다른 국가로부터 충원되었다.

전문병들을 분리시키는 이러한 법칙에 대한 소수 예외 중 하나는 로마군단이었다. 각각 약 6000명으로 구성된 군단들은 중보병, 약간의 경보병, 기병, 그리고 공성무기(투석기)를 운용하는 포병들로 구성되었다. 그들은 상설적인 본부 또한 두었다. 이러한 사실들은 그들의 비범한 효과성을 설명해준다. 그럼에도 느지막이 18세기 중반에 저명한 지휘관 삭스 원수(Marshal de Saxe, 1696~1750년)✦는 그의 당시대인들이 로마의 예를 따르기를 주저하고 있음을 불평했다.[3] 사단과 군단과 같은 제병협동 부대들은 1790년경부터서야 일반화되기 시작했다.

그 이후로는 부대가 클수록 그것이 서로 다른 많은 병과들의 결합으로 구성될 가능성도 크다. 다른 군종들과의 조율을 책임지는 다양한 전문가들을 둘 가능성 또한 매우 크다. 이러한 발전과 나란하게 제2차 세계대전부터 시작하여 제병협동을 여단, 심지어는 대대의 수준까지 하락시키는 경향이 존재했다. 다시 또 그것이 갖은 종류의 참모부와 본부들이 확산되는 하나의 이유가 된다.

군대들로 하여금 늘 골몰하게 만든 중요한 질문은 어떤 과업을 전사/병사들에

✦ 독일 태생으로 신성로마제국의 군대에서 장교로 복무했으나 훗날 프랑스의 대원수가 된 모리스 드 삭스(Maurice de Saxe)를 의미한다. —역주

게 부여할 것인지, 그리고 어떤 과업은 다른 이들에 의해 안전하게 수행될 수 있는지(대체로 희생이 훨씬 덜한 과업과 같은)에 관한 것이다. 부족(部族) 습격대들은 때때로 짐꾼으로 기능하는 여성들을 동반했다. 나중의 군대들은 노예, 여성, 그리고 많은 경우 어린이까지도 포함하여 구성되는 종군자들(camp followers)을 두고 있었다. 그들은 여물 마련, 보급, 요리, 세탁, 바느질, 간호, 섹스와 같은 다양한 서비스를 제공했다. 이따금 그들의 수가 장병들의 수를 상회하기도 했다. 많은 경우 그들은 모종의 준군사적인 기율 아래 놓였다. 그리고 언제나 그들은 그들이 따라다니는 군대의 움직임을 거추장스럽게 만들었다.

1830년 이후 철도의 등장은 점점 더 그러한 사람들의 대부분을 집에 머물게 강제했다. 그들이 제공했던 서비스들은 군이 넘겨받았으며, 제복을 입은 이들에 의해 수행되었다. 그 결과는 각 군 내에서 지원을 위한 "꼬리"가 싸우기 위한 "이빨"을 희생시키면서 엄청나게 증대되는 현상을 경험하는 것이었다. 후자는 1860년 군대의 경우 90%에서 한 세기 뒤에는 약 25%로 하락했다. 1990년경부터 바퀴는 다른 방향으로 돌아가기 시작했는데, 내부적으로 제공되곤 했던 많은 서비스들이 민영화되었다. 그러나 복잡성의 증가는 꼬리가 길어지는 추세가 이러한 발전에 의해 거의 영향을 받지 않았음을 의미했다.

요약하자면, 모든 상황에 적합한 단일한 모델의 조직은 존재하지도 않으며, 그럴 수도 없다. 그러나 우리는 오늘날의 전투전력을 2개의 기본적인 종류와 그 사이에 존재하는 많은 중간적 종류들로 구분할 수 있다. 한 극단에는 가장 "발전된" 국가들의 정규군이 존재한다. 그들은 총사령관, 참모, 서로 다른 편성, 거대한 "꼬리"들, 군복, 민간세계와의 분명한 분리 등이 완비된 모습을 보여준다. 다른 극단에는 흔히 게릴라 또는 테러리스트로 알려진 비정규전력이 존재한다. 일부 측면에서 그들은 오래전 부족민들과 흡사한데, 앞서 언급한 것들을 그들은 거의 또는 전혀 갖고 있지 못하다. 양 전력 모두에게 공통적인 점은, 사적인 청부업자들로 하여금 그들에게 서비스를 제공하게 하고 심지어는 그들을 위해 일부 전투까지도 수행하도록 하는 경향이다. 역사를 되돌아보면 1500년경부터 1945년까지 우위에 섰던 이들은 일반적으로 전자의 군대들이었다. 미래에 이것이 계속될 것인지는 지켜보아야 하는 일로 남아 있다.

2. 리더십

조직이 군사적 기계의 몸통에 해당한다면 리더십은 그것에 생명을 불어넣는 영혼이다. 리더십이 없으면 다른 방식으로 얼마나 훌륭하든지 간에 모든 조직은 총체적으로 쓸모없어질 것이다. 이는 평시보다 오히려 전시에 훨씬 더 그렇다. 위계의 상부에서 보면, 전쟁은 일부 사람들로 하여금 다른 이들을 죽음으로 내몰 수 있게 할 뿐 아니라 그들로 하여금 그렇게 할 것을 요구하기도 한다. 위계의 하부에서 보면, 죽음으로 내몰린 이들은 순종하도록 요구받는다. 이것이 전쟁을 고유하게 만드는 것이다. 다른 어떤 인적행위도 그와 같은 종류의 일을 포함하지 않는다.

리더십은 민주적인 용어이다. 그것이 영어로 처음 사용된 사례는 고작 1821년으로 거슬러 올라간다. 그러나 그것이 리더십의 근간이 시간에 구속된다는 것을 의미하지는 않는다. 태곳적부터 사용되어온 리더십은 4가지의 도구, 즉, 훈계, 모범, 보상, 기율(처벌 포함)로 구성된다. 각 지휘관은 4가지의 도구 사이를 오감으로써 자신만의 스타일을 발전시켜가야 한다. 그렇게 함에 있어 지휘관은 상황뿐 아니라 최대의 능력을 발휘하도록 하기 위해 각 부하와 각 부대의 성격 또한 고려해야 한다. 리더십은 오르간을 연주하는 것과 다소 흡사하다. 그것의 버튼, 키보드, 페달이 인간으로 구성되어 있을 뿐이다.

4가지 중에서 훈계는 따로 설명이 필요 없을 정도로 단순하다. 수사적·문학적 기량의 도움을 받으면 그것은 적어도 한동안은 매우 효과적일 수 있다. 그렇지 않다면 시대를 막론하고 지휘관들이 자신의 장병들에게 열변을 토하거나 일일명령을 하달하려고 애쓰지는 않았을 것이다. 투키디데스와 리비우스(Livy)의 저작에서 그것들이 기록하고 있다고 자임하는 연설들이 빠져 있다면 어떻게 될까? 그와 같은 기량이 없다면 그것은 우물 안에다 소리치는 것과 같아 쓸모없고 어리석은 일이 되고 만다.

모범도 설명하기 쉽다. 기원전 329년 게드로시아 사막(Gedrosian desert)을 통해 인도에서 바빌론으로 회군 중이던 마케도니아 군대는 목마름으로 쓰러지고 말았다. 그러나 지휘관인 알렉산드로스 대왕은 한 컵의 물을 제공받았을 때 이를 거부하고 그 내용물을 지면에 부어버리고 말았다. 이 이야기, 그리고 그와 유사한 많은 이야기들은 부연을 필요로 하지 않는다. 알렉산드로스 또한 일상적으로 직접 전투에 참가함으로써 모범을 보였다. 한번은 그가 자신의 병력 맨 앞에 있는 요새의 성벽을 기어올랐다가 심각한 문제에 봉착하여 구조되어야 했다. 사자심왕(獅子心王) 리처드(Richard the Lionheart)도 마찬가지였다. 고대 그리스에서부터 봉건 일본에 이르는 다른 많은 지휘관들도 그랬다. 서양의 경우, 전투에서 죽음을 당한 마지막 군주들 중 1명은 스웨덴의 구스타프 아돌프로, 그는 1632년 뤼첸(Luetzen)전투에서 사망했다.

나중에는 대부분 군대의 규모와 복잡성이 증가하면서 그러한 해법은 비현실적인 것이 되고 말았다. 아이젠하워는 자신의 회고록에서 장병들이 자신의 방문을 좋아했다고 말한다. 그들은 그의 방문을 위험이 저 멀리 떨어져 있음을 보여주는 확실한 신호로 —올바르게— 바라보았다. 그럼에도 오늘날까지 작전 중 사망한 장교—특히 초급장교—의 상대적인 수는 군대의 전투력을 측정하는 훌륭한 척도로 남아 있다. 전투에 참가하지 않음으로써 죽음을 당하지 않는 장교들은 모범도 보여줄 수 없다.

세 번째 요소는 보상이다. 나폴레옹이 했다고 추정되는 말에도 있듯이, 병사들을 이끄는 것은 훈장이다. 나폴레옹 자신이 사용한 보상도 동의 아래 병사들의 귀를 잡아당기는 것에서부터 표창장, 메달, 진급, 금전적 보상과 같은 것에 이르기까지 다양했으며, 장병들은 그것들에 열광했다. 『국가』에서 플라톤은 전쟁에서 우수함을 보였던 이들에게 우선 "사랑하고 사랑받을" 권리를 줄 것을 제안했다.[4] 집단적인 보상 —군기(軍旗), 문장기(紋章旗), 전역수치(campaign streamers)✤ 등— 또한 존재한다. 그 모든 것은 적어도 로마시대부터 알려진 것이었다. 모든 것은 단결력과 자긍심을 고취하기 위한 것이었으며, 상당한 성공을 거두곤 했다.

종류를 막론하고 보상은 그것이 공정하게 분배되었을 때에만 유효해진다. 행동이 더 영웅적이고 그것을 수행한 이들이 떠맡은 책임이 클수록 그에게 부과되어야할 보상도 커진다. 그렇지 않고 그것이 시기와 유감을 야기하면 이롭기는커녕 오히려 해롭다. 가능한 한 관료주의는 회피되어야 하며 감사와 너그러움의 정신이 유지되어야 한다. 마지막으로 신속성이 지극히 중요하다. 적절히 신속하게 행동을 뒤따르지 못하는 보상은 낭비된 보상에 지나지 않는다.

네 번째 요소는 기율이다. 나폴레옹은 기율을 용맹에 앞서는, 군인의 첫째가는 자질로 간주했다. 민간의 기율보다도 더 군사적 기율은 비단 개인뿐 아니라 작든 크든 간에 부대 전체에도 적용된다. 이는 과도하지만 않다면 부대가 개인의 일탈에 책임을 지게 만드는 것이 단결력을 형성하는 좋은 방법이기 때문이다. 기율이 할 수 있는 일은 사실이 아닐 수도 있고 사실일 수도 있는 다음 이야기를 통해 확인할 수 있다. 어느 날 주요한 연습을 관찰하던 프리드리히 대왕은 자신의 수행원들에게 연습에서 가장 경이로운 게 무엇이냐고 물었다. 그들은 다양한 움직임이 보여주는, 시계와 같은 정확성이라고 답했다. 그러자 대왕은 틀렸다고 하며, 수만 명의 중무장한 병사들 중 다수가 자신들의 의지에 반하여 복무하고 있음에도 그 사이에 당신과 내가 완벽히 안전하게 여기에 서 있을 수 있다는 사실이 가장 경이로운 것이라고 말했다.

✤ 특정 군종이나 부대가 참가한 전역이나 달성한 업적을 공인하는 의미에서 군기에 함께 다는 기다란 띠를 의미한다. —역주

기율은 두 가지 종류, 즉 공식적인 것과 비공식적인 것으로 구분된다. 공식적인 것은 정규전력에게서, 비공식적인 것은 비정규—이것이 반드시 그들이 덜 강력하다는 의미는 아니다—전력에게서 발견된다. 여기서는 전자에 대해 다루고 후자는 비정규전력과 그들이 수행하는 전쟁의 종류에 대한 장(章)에서 다룰 것이다. 공식적인 기율은 성문화된 군사법에 기초하며, 그것에만 기초할 수 있다. 종종 그렇듯이 병사들이 스스로 글을 읽을 수 없으면 그들의 지휘관이 공식 기율을 병사들에게 설명해주어야 한다. 민법과는 달리 군법은 한 국가의 주권영토 내뿐 아니라 전력이 존재하는 곳이라면 어디서나 적용된다. 그것의 목적은 평시에나 전시에나 할 것 없이 장병들의 행동을 통제하여 그들로 하여금 자신들에게 요구된 일을 행하도록 하는 데 있다. 사회의 대부분의 법들에 비해 군법은 그것에 적용받는 이들에게 더 많은 책무를 부과하는 경향이 있으며, 그와 동시에 그들에게 권리는 덜 부여한다. 그것은 또한 민법은 보통 다루지 않고 남겨두는 복장, 행동거지와 같은 세부 사항까지도 다룰 수 있다.

그러한 틀이 마련되어 있고 또 이해되어 있기 때문에 장병들은 그것[그러한 틀]을 대변하는 이들을 따르는 법을 배워야 한다. 모범은 종종 순간적으로 제공되며, 보상은 상대적으로 신속하게 분배될 수 있다. 그러나 기율은 주입하기에 시간을 필요로 한다.—아마도 다양한 군사적·기술적 기량을 가르치는 것보다는 특히 더 걸릴 것이다. 기율은 효율성을 개선할 뿐 아니라 수천 년 전에 숙달훈련이 발명되었던 목적인 복종의 습관을 주입하는 데도 기여했다. 중국, 고대 중동, 그리스, 로마의 군대 들 모두는 숙달훈련의 중요성을 인정하고 자신의 장병들로 하여금 그것을 행하고 연습하도록 주의했다.

중세의 군대들은 숙달훈련을 무시했던 것으로 보인다.—그러나 이 문제는 논란의 여지가 있다. 1550년경에 창과 머스킷으로 무장한 보병들이 점점 더 많이 쓰이면서 숙달훈련은 재등장하게 되었다. 숙달훈련은 기율적 목적과 전술적 목적 모두에 쓰였다. 그것의 역할은 점점 더 커져 18세기 동안에 절정에 달했다. 당시를 살았던 한 사람은 "200명 또는 250명으로 열을 이룬 한 대대가 넓은 전선에 걸쳐 전진하는 것은 꽤 볼 만하다… 병사들의 다리와 그들의 품격 있는 각반, 그리고 꽉 끼는 반바지가 베 짜는 사람의 베틀에 있는 날실들처럼 앞뒤로 움직인다. 그러는 동안에 해는 광이 나는 머스킷과 희게 만든 가죽제품들 뒤에서 눈부시게 빛을 발한다. 몇 분 안에 움직이는 벽이 당신에게 들이닥친다"라고 썼다.[5]

더 이상 전장에서는 적절하지 않게 되었지만 숙달훈련은 그 중요성을 보존하고 있다. 그것은 장병들에게 그들이 즉각적으로(거의 자동적으로), 그리고 가장 세부적으로 행할 수 있을 때까지 동일한 과업을 반복적으로 수행하도록 가르친다. 과업의 성격은 부차적으로 중요하다. 일제히 고함을 지르며(또는 그렇지 않으면서) 거드럭거리면서 오가는 것처럼, 그것은 그 자체로는 쓸모없을 수도 있다. 목표는 장병들로 하여금 생각 없이 명령을 준수하도록 만드는 것이기 때문에 무용(無用)한 숙달훈련은 (과도하게 사용되지 않는 경우) 실제로 이점을 갖고 있다. 장병들을 한데 융합시키고 그들로 하여금 강력하게 느끼도록 만듦으로써 그것은 즐거운 일이 될 수도 있다. 1914년 전의 독일 노래는 다음과 같다.[6]

> 더운 여름날에 병사들이 숙달훈련을 받고 있을 때
> 산들바람이 땀과 가죽의 냄새를 싣고 오네
> 나는 다른 모든 이들만큼이나 신선한 공기를 좋아하지만
> 이것은 훨씬 더 좋다네.
>
> 얼마나 즐거운 일인가
> 마치 군대의 영혼이 움직이는 것을 보는 듯하구나
> 그저 민간인이라면 이를 알 바가 결코 없으리.

이러한, 그리고 기타의 방법으로 주입된 최고의 기율은 요구되지도 않고 느껴

지지도 않는 것, 즉 자기기율이다. 가장 효과적이라는 점을 제외하고도 그러한 기율은 시행하는 데 훨씬 적은 자원을 필요로 한다. 리더십을 구성하는 다른 요소들과 더불어 그것의 과업은 셰익스피어의 『헨리 5세(Henry V)』와 그 뒤에는 넬슨 경이 그토록 찬사를 아끼지 않았던 "형제단(band of brothers)"을 만드는 것이다. 사실, 넬슨의 함대가 보여주었듯이, 전쟁은 폭력배, 모험가, 아드레날린 중독자의 몫(아마도 상당한)을 끌어들이는 경향이 있다. 그러한 이유만으로 보자면 기율은 처벌이나 처벌의 위협으로부터 완전히 분리될 수는 없다.

군사적 처벌의 역사는 전쟁 자체의 역사만큼이나 오래된 것으로 보아야 한다. 중국에서 손자의 시절에 승인 없이 퇴각한 지휘관들은 즉석에서 참수되었다. 자신들의 지휘관을 포기한 병사들도 마찬가지였다. 로마군은 "10분의 1형(decimation)"✦을 시행했다. 부대가 비겁한 행위나 폭동으로 죄를 범했을 때는 제비뽑기가 행해졌다. 10명 중 1명으로 선택된 병사는 동료들에게 죽을 때까지 몽둥이세례를 받았다. 다른 군대에서는 장병들을 체포했다. 그들은 그런 장병들에게 빵과 물만 주고 채찍질했으며, 호된 공격을 받게 하고, 나머지 병사들에게 자극을 가하기 위해(*pour encourager les autres*) 끔찍한 방법으로 그들을 처형했다. 오늘날 대부분의 군대는 그렇게까지는 하지 않는다. 그러나 군사적 처벌은, 법률이 그와 비교되는 민간의 범죄에게 명령하는 것에 비해 가혹한 실로 오래된 경향을 유지하고 있다.

보상과 같이 처벌도 공정하고 신속해야 한다. 적시적인 처벌은 9명을 구한다.✦✦ 그들을 건사하며 전반적으로 기율을 강제하는 것은 군사법원과 헌병의 일이다. 전쟁의 특히 극심한 압박에 대응하기 위해 두 조직에게는 그에 상응하는 민간조직

✦ 폭동이나 탈영의 죄를 범한 부대나 무리를 처벌하기 위해 로마군에서 사용된 방법이다. 처벌의 대상이 되는 코호트(cohort, 약 480명)를 10명씩 구성된 집단으로 나누고, 각 집단에서 제비뽑기를 하여 뽑힌 병사 1명을 나머지 9명이 돌나나 몽둥이로 처형했다. ─역주
✦✦ 로마군의 "10분의 1형"을 빗대어 한 말이다. ─역주

이 행사할 수 있는 것보다 훨씬 더 큰 힘이 주어지곤 한다. 그것이 위급할 때 통치자들이 때로는 자신들의 신민이나 시민들에게 군법을 부과하는 이유이다. 군사법원에서 사용되는 절차 또한 개인의 권리는 덜 강조하며 속도를 더 강조하는 경향이 있다. 그러한 절차는 보다 단순하며 덜 정교하다. 어떤 면에서 보면 그것은 조악하다.

훈계, 모범, 보상, 기율, 처벌은 모두 군대를 관리하는 데 필수적이지만, 그 모든 것은 과도하게 행해질 수 있다. 과도한 훈계는 역효과를 낳을 수 있다. 병사들에게 모범이 되려고 너무 애를 쓰는 지휘관은 조롱과 경멸의 대상으로 전락하는 끝을 맞을 것이다. 자신의 책무를 다할 수 있는 그의 능력도 시련에 봉착할 것이다. 너무 많은 보상은 가치절하를 낳을 것이며, 이는 베트남에서 미군에게 발생했던 일로 이야기된다. 기율은 좋은 것이기는 하다. 그러나 그것이 자주권을 질식시키고 그것에 노출되는 이들로 하여금 필요할 때 신속하게, 결정적으로, 독립적으로 행동하지 못하도록 할 위험성이 존재한다. 독일의 용어인 '절대복종(*Kadavergehorsam*, 시체와도 같은 복종)'이 악명을 떨치게 된 데는 충분한 이유가 있는 것이다.

잘못 사용되면 처벌 또한 역효과를 낳을 수 있다. 가혹한 처벌은 희생자와 그의 동료들로 하여금 자신들의 무기를 던져버리고 탈영하게 만들 수 있다. 장병들은 봉기하여 폭동을 일으키고 등을 돌려 자신의 지휘관들을 죽일 수 있다. 그러한 일은 심지어 기율이 잘 선 로마군단에서도 발생했다. 우리는 처벌을 적용할 때와 눈을 감아야 할 때를 알아야 한다. 어떤 이야기 속에서 프리드리히 대왕은 한 탈영병을 마주하고는 그에게 왜 달아났는지를 물었다. 탈영병은 임박한 전투가 두려웠다고 답했다. 왕은 "자, 오늘 또 다른 전투를 해보자고! 만약 내가 지면 우리는 내일 함께 탈영하는 거야"라고 말했다. 그러고는 그를 그의 연대로 돌려보냈다.[7]

전쟁에서 기밀성보다 중요한 것은 없다. 리더십은 이러한 규칙에 예외이다. 리더십은 공개적으로 행해져야만 효과적일 수 있다. 리더는 배우가 되어야 한다. 패튼 장군이 한 부하에게 이야기했듯이, 장교는 항상 퍼레이드를 하는 것과 같다. 중

압감이 얼마나 크든지 간에 그는 늘 자신감을 고취할 수 있도록 적절하게 단장하고 의복을 갖추고 있어야 한다. 그는 혼란스러워하거나 불평하거나 머뭇거리거나 자기가 복무하는 군의 업무보다 자신의 개인사를 앞세워서는 안 된다. 그는 장병에 대한 관심을 보여주어야 하지만, 자신이 기능할 수 없을 지경까지 그렇게 해서는 안 된다. 그렇지 않으면 연약함을 느끼게 된 장병들이 그를 경멸하고 이용해먹을 것이다.

마지막으로, 시의적절한 말이나 몸짓이 경이로운 일을 해낼 수 있다. 알렉산드로스 대왕의 경우는 이미 언급한 바와 같다. 다른 예는 프로이센의 총참모장인 대(大) 몰트케에 의해 제공된다. 프로이센의 운명이 극히 불안정한 상태에 있었던 1866년 쾨니히그레츠(Koeniggraetz) 전투의 어려운 순간에 그는 시거 상자에서 가장 좋은 시거 하나를 조심스럽게 선택해 꺼냈다. 그럼으로써 그는 —그의 회고록에서 등장하는— 왕과 비스마르크를 포함한 구경꾼들로 하여금 상황이 그들이 생각했던 것만큼 나쁘지 않으며 모든 것이 잘 되어가고 있다고 확신하게 만들었다. 상황이 더 심각해질수록 이러한 종류의 쇼맨십은 더욱 중요해진다. —그것이 단순한 쇼맨십에 지나지 않는 게 아니라면, 혹은 어쨌든 그런 것으로 인식되지 않는다면.

3. 전투력

이상의 요소들 중 일부는 다른 것들에 비해 중요하다. 역사적으로 보았을 때 군대의 구성(그것이 토착민들로 구성되었든, 이방인들로 구성되었든, 비정규전력들로 구성되었든, 용병들로 구성되었든, 징집병 또는 예비군들로 구성되었든, 직업군인들로 구성되었든지 간에)은 그것의 군사적 효과성에 거의 영향을 주지 못했던 것 같다. 마키아벨리는 시민병을 찬양했지만, 그의 고향 피렌체가 규합한 시민병들은 시험대에 올랐을 때 싸우기를 거절했다. 스위스 용병들이 엄청난 명성을 얻었다. 같은 이유에서 그에 못지않게 강력한 1550~1780년의 스페인, 스웨덴, 프로이센 군대들도 유럽의 모든 나라에서 장병들을 충원했다. 프랑스와 스페인의 외인부대, 영국의 구르카 (Gurkha)✧연대, 그리고 점차적으로 미국의 군대들도 이방인들로 구성되었다.

그와는 대조적으로 조직, 훈련, 리더십은 절대적으로 필수적이다. 그것들을 보유한 군대는 클라우제비츠가 무덕(Kriegerische Tugend, 武德)이라 불렀으며 오늘날에는 전투력으로 알려진 것을 발전시켜야 한다. 전투력은 남성들을 소년들과 구분한다. 초기의 열정—이것은 전투력에 의해 대체된다—과는 달리, 전투력은 완고하고 한결같으며 꾸준한 부류의 것으로, 두려움이나 희망과 같은 감정은 결여되어 있다. 완벽하게 들어맞는 군복, 윤이 나는 무기, 깔끔한 경례, 의식, 퍼레이드, 즉 전쟁문화로 알려진 방대한 양의 물질과 활동이 장병과 부대들이 상징하는 모든 것과 그들의 존재를 전형적으로 보여준다. 그것들은 관찰자들에게 사기란 어떤 것인지에 대한 실마리 또한 제공해줄 수 있다. 그러나 전시의 실적을 예견하기 위해 평시의 인상을 사용하기는 매우 어려우며, 많은 경우 불가능하다. 그러한 인상은 호도할 가능성이 매우 크다. 이는 늘 장병들을 사열하고 그들의 눈을 주의 깊게 살핌으로써 사기를 측정하려 했던 무솔리니가 발견했던 바였다.

전투는 영웅들로부터 겁쟁이들, 겁쟁이들로부터 영웅들을 분리해낸다. 종종 그것은 외부인들뿐 아니라 참여자들도 놀라게 만든다. 서로 대결에 임하게 된 그들은 "새로운 상황에 익숙해질(find their legs)" 수도 있고 그렇지 않을 수도 있다. 한결같고 신뢰할 수 있는 전투력을 만들어낼 수 있는 가능성이 가장 큰 한 가지는 경험, 특히 겪었거나 극복한 곤경—전투보다 더한 곤경이 어디에 있겠는가?—에 대한 공통의 경험이다. 그렇다 하더라도 축구 팀처럼 군대들도 지휘관들이나 장병들이 무쇠의 무게를 짊어지고 있는 것처럼 느껴질 때는 일이 잘 풀리지 않는 날을 마주

✧ 현재의 네팔왕국(구르카 왕조)을 세운 부족으로서 영국 육군, 인도군 등에서 활약했다. ─역주

할 수 있다. 모든 것이 점점 더 잘못되어가는 것처럼 보이며 실적은 합리적으로 기대할 수 있는 것보다 훨씬 낮아진다. 특히 장기간에 걸친 전역이나 전쟁에서 그러한 날은 반드시 발생한다.

격렬한 전투와 불충분한 휴식 또한 많은 이들로 하여금 꽤 경미한 것에서부터 매우 심각한 것에까지 이르는 심리적 스트레스의 징후를 보이게 만들 수 있다. 겉으로 건강해 보이는 일부 병사들이 패기가 없어지며 살고 죽는 것에 대해 더 이상 관심을 기울이지 않게 된다. 다른 이들은 악몽으로 소리를 지르고, 태아처럼 웅크리며, 통제할 수 없을 정도로 떨고, 앞을 못 보게 되며, 사지를 사용할 수 없게 되고, 침대를 적시게 되며, 무력해진다. 그들은 죽은 전우의 유령을 보고 듣는다. 영향을 받는 이들의 수는 부상을 당한 이들의 수를 상회할 수 있다. 부대가 잘 지휘되고 않고 응집력이 덜해질수록 문제가 더 심각해진다. 매우 장기간에 걸친 전역에서 전쟁의 고역(苦役, *Strapazen*)으로부터 면제되는 장병이나 군은 없다. 알렉산드로스의 병사들은 마케도니아로부터 북부 인도에 이르기까지 싸우며 나아가는 데 10년을 소비했다. 그러나 그들조차도 그 끝은 알렉산드로스의 훈계를 거부하고 그에게 자신들을 고국으로 돌려 보내줄 것을 요구하는 것이었다.

그럼에도 한계가 도를 넘지 않는 한, 잘 조직되고, 잘 훈련되며, 잘 지휘되고, 응집력 있는 군대는 ―특히 그들을 소중히 여길 줄 아는 사회의 지원을 받을 때― 평시에 상상할 수 있는 것을 훨씬 뛰어넘는 인내와 영웅적 행동을 기적적으로 보여줄 수 있다. 긴 거리는 단축되어버린 것처럼 보인다. 통상적인 상황에서는 거의 충분치 않게 여겨지는 시간에 임무가 달성된다. 1806년에 베를린을 향한 프랑스군의 신속한 진군을 알게 된 프로이센의 한 대공(大公)은 "하지만 그들이 날지는 못하잖아요. 그렇지 않나요?(*Pourtant ils ne peuvent pas voler?*)"라고 외쳤던 것으로 전해진다.[8]

1967년 아랍-이스라엘 전쟁은 또 다른 훌륭한 예를 제공해준다. 이집트의 첫 독재자 가말 압델 나세르(Gamal Abdul Nasser)는 자신의 전력을 이스라엘의 국경에 집중시키고 티란 해협(Straits of Tiran)을 봉쇄했다. 그에 따라 동원이 이루어진 3주

동안에 이스라엘의 지휘관과 장병들—그 대부분은 예비군들이었다—은 몸이 달아올랐다. 수천 명이 한데 함성을 치며 몰려들었으며, 그들은 나세르에게 자신들이 도착할 때까지 가만히 앉아 기다리고 있을 것을 요구했다. 일부 함성은 의심의 여지없이 적과 이스라엘의 주민들 모두에게 강한 인상을 주는 동시에 장병들의 두려움을 감추고 극복하는 데도 도움을 주기 위해 꾸며진 것이었다. 그러나 언제 신호가 주어질지 분명해지자 강경파가 분위기를 주도했다. 이스라엘인들은 돌격하면서 마치 내일은 없는 것처럼 싸웠다. 거리에서 춤을 추며 "유대인들에게 죽음을!"이라고 외치던 아랍 군중을 지켜본 많은 이들은 자신들이 승리하지 않으면 그들과, 그들이 소중하게 여기는 모든 것에게 내일은 없다고 확신하게 되었다. 그것이 — 손자의 말을 빌리자면— 하늘 자체가 그들을 돕는 것처럼 보였던 이유이다. 그들은 반복적으로 자신들의 목표를 상회하여 달성하면서 끝까지 모멘텀을 살려갔다.

마지막 경고가 여기에 있다. 억눌린 전투력으로는 실제로 전쟁을 야기할 수 없다. 전쟁이 유발되기 위해서는 목적과 결심이 필요하다. 그러나 그것은 분명 그러한 방향으로 집중적인 압력을 발생시킬 수 있다. 1967년 전쟁 직전에 이스라엘의 장군들은 나세르의 침략적인 움직임이 야기했던 교착상태를 타개할 수 있기를 열망했다. 심지어 총참모차장 에제르 바이츠만(Ezer Weizmann)은 레비 에슈콜(Levi Eshkol) 총리의 집무실로 달려가 자신의 견장들을 떼어 책상에 내던지며 전쟁을 결정하는 데 하루하루의 지연이 추가적인 사상을 낳을 것이라고 소리쳤다. 그와 같은 군대가 적에게뿐 아니라 자신들의 진영에도 위험을 가하는 극단적인 경우 또한 존재했다.

그럼에도 전쟁에서는 언제나 고귀한 준마의 고삐를 죄는 것이 머뭇거리는 소의 옆구리를 찌르는 것보다 낫다. 셰익스피어의 『헨리 5세』에서는 다음처럼 말한다.[9]

평화로울 때는 조심스러움과 겸손함만큼 남성다운 것이 없다
그러나 전쟁의 강한 바람소리가 우리의 귀에 불어오면

호랑이의 행동을 모방하라

힘줄을 단단하게 하고 용기를 내어

격한 분노로 순전한 본성은 감추며

눈은 끔찍한 광경에 고정하고

그것을 황동포마냥 눈구멍으로 튀어나오게 하며

눈썹은 마치 어지럽혀진 자리에서 돌출되어 있어

난폭하고 거친 바닷물에 씻겨 나가며 마모된 바위와 같이

눈 위를 드리우게 하라

이제 이를 악물고 코를 벌름거리며

숨을 깊게 들이쉬고 모든 기백을 최대한

발휘하라.

제5장

전쟁의 수행

1. 기술과 전쟁

반복하자면, 손자도 클라우제비츠도 기술과 전쟁의 관계에 대해서는 큰 관심을 기울이지 않았다. 그러나 역설적이게도 그들이 영원히 변화하며 그 미래를 예견하는 것은 거의 불가능한 기술에 대해 상세하게 설명하는 데 실패한 것이야말로 그들의 저작이 시간의 시험을 견뎌낼 수 있었던 주요한 원인일 수 있다.

한 정의에 따르면 인간은 기술을 창조하는 동물이다. 그것이 얼마나 원시적이든지 간에 무기와 장비가 없이 치러진 전쟁은 전혀 없었을 것이다. 역으로, 가장 원시적인 무기와 장비도 가장 현대적이고 정교한 무기들이 그렇게 하듯이 그것들이 사용되는 전쟁의 형상을 만들어가는 데 기여했다. 돌격소총❖이 오늘날 보병의

❖ 과거의 강력한 소총탄과 권총탄의 중간 정도 위력을 가지는 탄을 사용하는 자동소총으로서 소총탄을 사용하는 총보다는 자동사격이 용이하며, 권총탄을 사용하는 기관단총보다는 강력한 화력을 제공할 수 있다. —역주

행동을 좌우하는 데 중요한 역할을 하는 것만큼이나 검(劍)은 로마군단이 싸우는 방식을 형성하는 데 중요했다. 그것이 이론가들이 기술에 대해 무시하는 것이 심각한 결점이 되는 이유이다. 오케스트라가 만들어내는 음악을 진정으로 이해하기 위해 우리는 사용되는 악기와 그것이 할 수 있는 것과 할 수 없는 것, 그리고 그 악기가 다른 나머지 모두와 어떻게 어우러지는지에 대한 꽤 상당한 이해가 있어야 한다.

유명한 1936년 독일의 규정은 전쟁을 "과학적인 토대에 기초하는 자유로운 창조적 활동"으로 정의했다.[1] 전쟁을 자유로운 창조적 활동이 되게 만드는 것은 그것을 수행하는 이들이 인간이라는 사실이다. 인간은 결심을 하며 자신들이 적합하다고 판단한 것에 따라 행동하는 데 있어 상당한 자유를 누린다. 물질적인 것들, 다시 말해 기술은 그와 다르다. 일부 현대 무기체계—특히 공중전에서 사용되는 것들—는 인간의 간섭이 없이도 특정 종류의 결정을 내릴 수 있다. 그러나 그 결정은 사전에 프로그램화된 것이어야 한다. "자유"에 대해서는 의문의 여지가 전혀 없다.

그럼에도 전쟁이 과학적인 토대에 기초한다면, 그것은 주로 전쟁이 수행되는 도구이자 환경이 되는 물질적 기초 때문일 것이다. 활은 이러이러한 사거리와 관통력을 가지고 있지만 그 이상은 아니다. 전폭기는 그러저러하게 많은 톤수의 폭탄을 이러저러한 거리로 투하할 수 있다. 교량은 이러이러한 무게를 지탱할 수 있다. 시간, 거리, 필요한 보급물자의 양과 같은 것들은 수학적으로 계산될 수 있으며 그래야 한다. 종종 그것들을 잘 계산해내는 이가 승리한다.

도구와 기계는 그것을 발명하거나 운용하는 사람들보다 덜 유연하고 덜 다재다능한 경향이 있다. 인간이 할 수 있는 것처럼 한 가지 활동과 한 가지 환경으로부터 다른 활동과 다른 환경으로 전환하는 것은 고사하고 서로 다른 많은 환경에서 서로 다른 많은 일을 할 수 있는 기술이란 없다. 찰리 채플린(Charlie Chaplin)의 1940년 영화 『위대한 독재자』에서 벤치노 나팔로니(Benzino Napaloni, 베니토 무솔리니를 희화한 것이다)는 날아다니는 잠수함이 아직까지도 건조되지 않은 것에 대해 크게 불평했다. 그러한, 그리고 다른 결점들을 벌충하기 위해서는 단일한 도구나 기계가 아니라 서로 다른 많은 그것들을 가지고 있어야 한다. 이는 다양한 목적, 상황, 발전, 상대가 존재하기 때문이다. 기술이 그런 게 아니라 '적합한' 기술이 그렇다. 그러나 이러한 요구 또한 문제가 없는 것은 아니다. 기술이 다양할수록 그것들의 사용은 더 복잡해진다.

인간과는 달리 무기와 장비는 충동, 감정, 목표, 도덕, 사기를 가지지 않는다. 그것들은 리더십, 모범, 보상, 또는 기율을 필요로 하지 않는다. 그것들을 처벌하는 것은 바보 같은 짓이다. 작동이 되는 한 그것들은 일을 한다. 그것들은 명령을 거부하지 않고, 자신들이 학습한 바를 망각하지 않으며, 실수를 저지르지도 않는다. 그들의 주의는 결코 흔들리지 않으며, 그것들은 점점 더 피로해지지도 않는다.

무엇보다도 무기와 장비는 인간이 할 수 있는 것보다 많은 기능을 훨씬 더 잘 수행할 수 있다. 그렇지 않다면 그것들은 결코 개발되지 않았을 것이다. 그것들은 보다 큰 힘(공세적이기도 하고 방어적이기도 한), 보다 빠른 속도, 보다 긴 도달거리, 보다 높은 정확성 등을 가지고 있다. 간략히 말하자면, 그것들은 전력승수(force multipliers) 인자로 기능한다. 그것들이 가져다주는 이점들은 적합한 장비가 없는 이들은 싸우기는커녕 살 수도 없는 환경—즉, 해상, 해저, 공중, 우주—에서 특히 중요하다. 기술이 없으면 그것들 중에 가장 새로운 환경인 사이버공간은 존재하지도 않을 것이다.

그럼에도 하드웨어 그 자체는 생명 없는 물질이다. 잘 훈련된 인간 운용자가 없으면 그것은 작동하지 않을 것이며, 그 최대 잠재력에 달하기는 훨씬 더 어렵다. 보다 낮은 수준에서 그것은 각 무기나 무기체계를 개별적으로 지칭한다. 보다 높은 수준에서 그것은 최상의 조합을 만들어낼 수 있도록 그것들을 통합하고 조율하는 문제이다. 교리와 조직 또한 개조되어야 한다. 그러한 모든 요소들에 온당한 주의를 기울이지 않은 채 전개된 기술은 그것이 얼마나 훌륭하든지 간에 거의 무가치할 것이다. 1870~1871년에 프랑스군은 새로이 개발된 미트라외제(*mitrailleuse,*

기관총)를 너무 기밀시하여 장병들은 그것의 사용법을 결코 배울 수 없었다. 때때로 기술은 역효과를 낳을 수 있다. 기술의 성과가 갖는 가치보다 그것을 지원하고 보호하는 데 더 많은 전력을 필요로 할 수 있는 것이다.

제대로 모든 수준에서 통달되고 적절한 교리적·조직적 틀에 맞게 사용되면 기술은 그 소유자의 능력을 엄청나게 증강해줄 것이다. 그러한 상황은 때때로 '기술적 우세'라고 불린다. 최소한, 보다 나은 무기, 보다 나은 수송, 보나 나은 통신과 정보수집 장치의 형태를 취하는 기술적 우세는 그 소유자들로 하여금 상대보다 더 멀리 도달하고, 더 강하게 타격하며, 스스로를 더 잘 보호하고, 더 신속하게 작전을 수행할 수 있게 해줄 것이다. 심지어 일부 형태의 기술은 그것을 보유하고 있는 이들로 하여금 그 상대가 전혀 보복할 수 없는 공중이나 우주와 같은 환경에서도 작전을 수행할 수 있게 해준다.

적대행위의 발생과 함께 적절히 전개된 기술적 우세가 승리에 기여할 수 있는 또 다른 방법은 기술적 기습을 만들어내는 것을 통해서이다. 그 좋은 예는 1973년 10월의 아랍-이스라엘 전쟁이다. 수에즈 운하를 횡단하면서 이집트군은 이스라엘의 반격을 중단시키기 위해 집중 배치된 대전차 유도미사일들을 사용했다. 그러는 과정에 그들은 이스라엘의 1개 기갑여단 전체를 파괴했다. 기습이 정보 실패를 보여주는 것인지 적절한 정보를 전파하거나 받아들이는 데 실패한 데 따른 것인지는 중요하지 않다. 9년 뒤에 레바논에서 이스라엘군은 적들에 대해 형세를 역전시켰다. 그들은 새로운 조기경보통제체계를 사용해 시리아 전투기를 약 100대 격추한 반면 1대의 손실을 당했을 뿐이었다.

크건 작건 간에 기술적 우세는 단기전에서 가장 유용하다. 의미상, 전쟁이 장기화되는 경우는 그와 같은 우세—만약 존재한다면—가 신속한 결관을 가져오는 데 실패했을 때이다. 그러한 실패의 가장 가능성 있는 원인은 기술이 잘못된 환경 아래서, 잘못된 목적을 위해, 잘못된 적에 대해, 잘못된 방식으로 쓰였다는 점이다. 탱크, 포, 전폭기와 같이 부정확한 중무기가 그들에게 표적을 제공해주지 않는 테러리스트나 게릴라들에 대해 쓰일 때가 바로 그런 경우이다. 앞서 언급한, 레바논에서 이스라엘의 전역—이는 초기의 성공 뒤에 무려 18년이나 지속된 전역이었다—이 바로 이러한 문제에 대한 훌륭한 예이다.

전쟁이 길어질수록 불리한 처지에 있는 자신을 발견하는 이들은 자신이 더 이상 그렇지 않은 처지에 있을 때까지 더 열심히 학습하고 적응해갈 가능성이 크다. 통상적으로 가장 손쉬운 대응 방법은 전술적 대응 조치를 발전시키는 것이다. 1973년 이스라엘군은 대전차 미사일에 의해 초기에 패배를 당한 지 며칠 만에 공세를 재개할 수 있는 새로운 방법을 고안해냈다. 또 다른 대응 방법은 비슷한 무기들—아마도 노획한 무기들을 포함하여—을 확보하는 것이다. 기원전 218년에 트레비아(Trebia)에서 로마군을 격파한 후 한니발이 한 첫 번째 일은 자신의 장병들로 하여금 자신들의 것보다 우수했던 노획된 로마의 무기들을 쓰게 하는 것이었다.

얼추 비등한 2개 세력이 군사적·기술적 경쟁에 임하게 되었을 때 결과는 거의 확실하게 그네효과(swing effect)이다. 서로 관찰하고 모방한 끝에 이번에는 한 진영이, 다른 때에는 다른 진영이 앞설 것이다. 무기, 갑주, 공성무기, 요새의 발전은 이러한 점에 대한 훌륭한 예를 제공해준다. 제1차 세계대전 동안에 프랑스군, 영국군, 독일군은 모두 평균 1년에 한 차례씩 새로운 세대의 전투기를 생산해냈지만 결정적인 기술적 이점은 확보하지 못했다. 그 결과, 질보다는 양이 더 중요해지게 되었다. 결국 그 전쟁은 소모로 승부가 가려졌다.

이러한 그네효과는 이제 수천 년을 이어오고 있다. 평화는 재정적 제약을 가하고 관료적인 장애물을 놓음으로써 그것을 둔화시킬 수 있다. 전쟁은 위급의식을 만들어내고 재정적 배출구를 열어놓음으로써 그것을 가속시킬 수 있다. 가속화된 변화의 시기는 때때로 "군사혁신"으로 불린다. 그러나 우세를 추구하는 게 문제가 없는 것은 아니다. 첫째, 미래에 초점을 두는 것은 현재가 무시되게 만든다. 그 반대 또한 발생할 수 있다. 급변기에는 새로운 무기가 전장에 도달할 시점이 되면 그것들은 이미 구식이 되어 있을 수 있다. 둘째, 변화는 혼란을 야기하고 대비태세를 유지하기 힘들게 만든다. 셋째, 많은 무기는 그 앞선 무기들에 비해 훨씬 더 강력할 뿐 아니라 훨씬 더 비싸기도 한 고유의 경향을 가지고 있다. 그 결과는 숫자를 줄이도록 하는 압력이다. 보다 적은 수는 품목당 개발비용을 증가시키는 악순환을 가져온다.

과정이 진행되면서 무기가 너무 비싸고 적어 그것을 잃어버려도 될 만한 여유가 되지 못하는 순간이 올 수 있다. ―그런 경우가 이미 여러 차례 왔다. 손실되면 안 되는 무기는 사용할 수도 없다. 가공할 만한 헬레니즘 시대의 전선(戰船), 말에 올라타기 위해 크레인이 필요했을 만큼 중무장을 했었던 것으로 이야기되는 중세 말의 중무장 기사들, 잠수함과 항공력에 절망적으로 취약했던 20세기의 전투함들, 이 모든 것이 그러한 점에 대한 훌륭한 사례를 제공해준다. 바다를 통제하기 위해 설계되었던 전투함들은 실제로는 그 시간의 대부분을 항구에서 지내야 했으며, 그곳에서 그것들은 상당한 비용을 들여 보호되어야 했다. 1990년대에 대부분의 폭격기는 전투함이 걸었던 길을 걸었다. 지금까지 건조되었던 것들 중 가장 크고 가장 고비용적인 전투기계인 항공모함은 또 다른 예가 될 수 있다. 이러한, 그리고 그와 유사한 무기들이 계속해서 병기고에 존재하는 것은 종종 진보가 아니라 보수주의―때로는 부패―를 보여주는 신호가 된다.

21세기 초에 확인되듯이, 많은 새로운 기술들이 막 실용화되기 시작하고 있다. 그중 가장 잘 알려진 것은 로봇이다. 그것이 반드시 로봇이 가장 중요하다거나 그것이 머지않아 전장에서 인간을 대체할 것이기 때문은 아니다. 오히려 어느 날 우리를 사로잡아 통제할 수 있는 것은 프랑켄슈타인 유형의 괴물들과 관련된 희망과 두려움이다. 다른 기술로는 탄도탄 요격미사일, 비살상무기, 레이저 무기, 스텔스 무기, 우주무기, 사이버 무기[말웨어(malware)로도 알려져 있다]가 있다. 모든 것을 통제하며 점점 더 정교하고 복잡해지고 있는 불가결한 센서, 데이터 링크, 컴퓨터도 그에 추가된다.

새로운 기술들 중 일부는 장병들에 의해 야전에서 사용된다. 다른 일부는 수천 마일 떨어진 곳에서 위험으로부터 멀리 떨어져 있으며 그들이 군인인지 살인자인지에 대한 물음을 제기시키는 인원에 의해 통제된다. 크든지 작든지 그것들은 대지, 바다, 공중, 우주에서 계속적으로 증가하는 서로 다른 임무들을 수행하고 있다. 그러한 임무들은 감시와 정찰에서부터 다양한 복합체들을 보호하는 것까지, 도로변 폭탄들을 무력화하는 것에서부터 테러리스트들을 "제거하거나(wasting)" "축출하는(taking out)" 것에 이르기까지 다양하다. 그것들은 이미 조직, 훈련, 교리, 작전수행에 많은 변화를 야기했으며, 많은 다른 추가적인 변화 또한 유발할 것임에 의심의 여지가 없다.

이러한, 그리고 현재 발전 중인 기타의 기술들이 전쟁술로 하여금 새로운 출발을 하게 만들 것인가? 이에 답하기는 시기상조이다. 그러나 전례가 있다. 1900년경의 무선, 철조망, 기관총, 속사반동포, 내연기관에 의해 동력을 얻는 자동차, 트랙터, 탱크, 드레드노트 급 전함(dreadnoughts), 잠수함, 어뢰, 체펠린과 공기보다 무거운 기계의 형태로 된 항공력의 발전이 그것이다. 이것들은, 주요한 혁신에 직면하여 군이 ―결코 군만 그런 것은 아니다― 전형적으로 보여주는 첫 반응은 그것을 장난감 같은 것으로 간주하여 거부해버리는 것이라는 점을 시사한다. 많은 경우 문제가 되는 지휘관들은 왜 문제가 되는 기술이 결코 차이를 만들어내지 못할 것인지를 설명하기 위해 각별한 노력을 기울인다.

다음에는 그들이 그런 기술에 관심을 갖게 되어 그것을 기존 전력에 덧붙이려 한다. ―각 군단이나 군에 소수의 탱크나 정찰항공기를 배속시키는 것처럼. 새로운 기술은 그 가치를 스스로 입증해내고 개척자들은 흥분하게 된다. 그들은 "세계를 지배하고 말 거야!"라고 소리친다. "모든 게 완전히 변하고 말았어! 앞선 모든 역사는 무의미해지고 말았어!" 특효약은 존재하지 않음이 점차적으로 분명해진다. 새로운 기술의 온전한 잠재력에 대해 깨닫기 위해서는 그것이 광범위하게 시험되고, 그것을 가지고 훈련되며, 그 강점은 극대화하고 약점은 최소화할 수 있도록 다른 모든 것들과 통합되어야 한다. 그런 경우에도 그것들에 대응하는 방법은 언제나 존재한다. 마지막으로, 양측 모두가 기술을 획득하고 사용하게 되면서 그들은 늘 그랬던 것처럼 상당 부분이 여전히 그대로라는 점과 기본적인 원칙은 여전히 적용됨을 깨닫게 된다.

2. 참모업무와 병참

군대를 군종, 병과, 진형(陣形), 부대 등으로 나누는 것과 그것을 움직이는 것은 별개이다. 리더십과 기율은 군대의 영혼이다. 참모업무, 즉 행정의 군사적인 버전은 구체적인 사항들을 마련하고 그것들을 실행한다. 참모업무를 그릇되게 만드는 군은 그 규모를 막론하고 혼돈에 빠진 무리로 전락하고 말 것이며, 심지어 존재하지 못할 수도 있다. 그에 대해 언급하면서 손자는 "계산"에 대해 몇 개의 단락을 남겼다.❖ 클라우제비츠는 그조차도 하지 않는다. 다른 대부분의 저자도 그에 비해 낫지 않았다. 참모업무에 대해 쓴 각각의 책에도 불구하고 서고(書庫)들은 정보, 전략, 작전 등을 다루는 수많은 책들로 인해 신음하고 있다. 그 저자들도 그다지 인기 있어 보이지는 않는다.

가장 작으며 가장 단순한 부족군대의 지휘관들은 참모업무가 필요한 일들을 자신들의 머리에서 수행했다. 『일리아스』는 그에 대해 다루지 않는다. 그것만으로도 —텍스트가 어느 한 부분에서 시사하는 것처럼— 아카이아군(Achaeans)❖❖이 25만 명(다른 해석에 따르면 5만 명)을 상회했을 가능성은 없음을 입증해준다. 보다 크고, 보

❖ 예를 들면, 다산승(多算勝) 소산불승(少算不勝), 즉 '계산이 많으면 승리하고 계산이 적으면 승리하지 못한다' 등이다. '산(算)'은 '승산(勝算)'으로도 해석된다. ─역주
❖❖ 아카이아인들이라는 표현은 호메로스의 『일리아스』에서 미케네 문명 시대의 그리스인들을 통칭하는 의미로 쓰였다. ─역주

다 정교하며 질서정연한 군대는 점토, 목재, 돌, 청동, 파피루스, 피지, 그리고 기타 물질에 대해 더 많이 다룬다. 규칙, 지형도, 군율이 작성되어야 했다. 조직적 구조, 권한과 책임의 범위, 절차 등도 마찬가지였다. 군에 합류하는 이들은 검사, 등록, 분류, 숙영되고 급료도 지불되어야 했다. 전속, 임명, 상훈, 진급, 전역에 대한 기록도 유지되어야 했다. 체포되거나 재판 중인 장병, 부상병, 질병에 감염된 장병, 포로 등에 대해서도 마찬가지였다. 무기, 장비, 그리고 모든 종류의 보급물자들은 조달, 저장, 등록, 지급되어야 했다. 그것들을 집행하기 위한 계획과 명령은 기록되었다. 명령들은 배포되었으며, 그 수령은 공인되는 절차를 거쳤다. 보고서들이 제출되었으며, 갖은 종류의 연락이 이루어졌고, 일지(日誌)—그리스어로는 단명자료(*ephemera*)로 알려졌다—가 유지되었다.

많은 문서들이 축약되고, 기록되며, 목록화되고, 색인으로 처리되어야 했으며, 이는 참모업무가 훨씬 더 많아지게 만들었다. 시간을 줄이고 오해를 방지하기 위해 흔히 약어가 쓰였다. 가능한 한 많은 자료가 표준화되어야 했는데, 그러한 과업은 인쇄의 발명으로 보다 용이해졌다. 군사문서고의 가치는 늘 인정되어왔다. 주둔지에서 그것은 비밀로 관리되었다. 캠프에서 그것은 지휘관 막사에 가까운 중앙에 위치했다. 행군 중에 그것을 운반하는 마차들은 종대의 중간에 위치했으며 집중적으로 경비되었다. 전투 동안에 그것은 후방에 남겨졌다. 일부 군대들—특히 로마와 프로이센의 군대들—은 그들의 문서작업으로 유명했다. 실종된 독일국방군 병사들을 관리하는 책임을 지는 베를린의 기관만 해도 다양한 종류의 문서를 약 4억 종이나 보유하고 있었다. 그 분야를 컴퓨터가 지배하게 됨에 따라 현대의 그것은 얼마나 클지 상상할 수 있을 것이다.

군사작전의 일부로서 세부 사항들을 살피는 것—많은 경우에 이는 참모업무의 또 다른 이름에 지나지 않다—이 절대적으로 필수이다. 그러한 업무는 편의상 두 가지 부류로 나눌 수 있을 것이다. 첫째, 관련된 문제가 어떤 것인지를 발견해낼 필요가 있다. 둘째, 그러한 문제에 대한 해법을 찾아야 한다. 분명 두 가지 모두를 행하지 않는 참모업무는 아무런 가치도 가질 수 없다. 그러나 그것이 작전이 시작된 순간에 참모업무는 종결에 달해야 한다는 것을 의미하지는 않는다. 첫째, 시계장치처럼 진행되는 군사작전은 그 규모를 막론하고 거의 없기 때문에 작전개시일(D-Day)과 작전개시 시각(H-Hour) 이후에도 문제들은 어김없이 스스로를 드러내기 마련이다. 둘째, 일단 작전이 끝나면 비판적인 시선을 가지고 그것을 되돌아볼 필요가 있다. 옳았던 것은 무엇인가? 그릇되었던 것은 무엇인가? 왜 그런가? 그것은 우리를 어떤 처지로 몰아넣었나? 다음에는 어떠할까?

병참에 대해 말하면서 손자는 몇 가지의 일반론에 만족하고 있다. 그 주제에 대한 클라우제비츠의 사색은 몇 가지의 훌륭한 통찰력을 포함하고 있지만 나폴레옹기에 너무 초점을 두고 있고 구시대적이어서 거의 쓸모없다. 두 저자 모두 더할 나위 없이 옳지 않았다. 줄곧 이야기되어온 것처럼 ─비(非)문법적이지만 올바르게─ "병참은, 충분히 갖고 있지 않으면 전쟁에서 승리할 수 없는 것"이다. 이는 낮은 수준에서만큼이나 높은 수준에서도 사실이다. 클라우제비츠가 복무했던 프로이센 육군이 이러한 진리를 보여준다. 프로이센은 강대국 중에서 가장 작고 약한 모습으로 출발했다. 그 결과, 작전에 대한 선호로 말미암아 병참을 무시하는 선천적인 경향이 프로이센 육군에 영향을 미쳤다. 두 차례의 세계대전에서 그것은 패배에 주요하게 기여했다.

병참은 가능성의 기술이다. 한 군대의 최대 규모와 그것이 작전을 수행할 수 있는지, 그것이 어떤 계절에 작전을 수행할 수 있는지, 어디서 작전을 수행할 수 있는지, 그 기지로부터 얼마나 먼 곳까지 다다를 수 있는지, 얼마나 오랫동안 작전을 수행할 수 있는지, 얼마나 빨리 이동할 수 있는지 등을 궁극적으로 결정짓는 것은 병참이다. 한 장교가 말했듯이, 그것은 마술이나 용맹스러운 희망적 사고가 아니라 "바로 병참"이다. 그러나 지나치지 않도록 유의해야 한다. 결국 병참은 작전의 시녀가 될 수밖에 없다.─그 반대가 아니다. 마지막 병사의 셔츠에 마지막 단추가 달리기를 기다리는 군대는 결코 작전을 시작할 수 없을 것이다. 기회를 포착해 위험을 감수하면서도 지휘관이 군수장교의 조언을 거의 무시하고 진격하도록 해야 하는 상황도 있다.

처음부터 병참은 전쟁에 동반되었다. 가장 초기의 "군대"는 수십 명의 전사들로 구성된 습격대들로 이루어져 있었다. 물을 제외하면 그들의 가장 주요한 요구 사항은 하루에 1인당 3파운드 정도의 식량이었다. 그 수치는 아직도 그리 많이 변하지 않았다. 전사들은 자신들이 통과하는 지역에서 자급하는가 하면 획득한 전리품도 사용할 수 있었다. 때때로 부족 전체가 그렇게 했다. 예를 들어 중세 초의 대규모 이주 동안, 또는 1644년에 만주족이 중국을 점령했을 때가 그랬다. 군이 더 크고 그 작전양식이 더 중앙집권적일수록 그것이 보급을 조달하기는 더 어려워진다. 하나의 지구(地區)나 지방이 더 이상 충분한 보급물자를 공급할 수 없어 군으로 하여금 이동하거나 굶어죽도록 강제하는 경우가 쉽게 발생할 수 있다.

현지조달도 —특히 시간이 흐르면서— 다른 어려움들을 만들어낸다. 식량과 기타 보급물자들을 공급하는 이들을 보상하는 것은 비용이 많이 든다. 그러나 급료가 지불되지 않으면 그것에 영향을 받는 이들은 분명 자신들이 할 수 있는 것을 감추고 최대한 저항할 것이다.[2] 주민들을 적의 수중으로 내모는 것에 다름 아닌 그와 같은 정책은 역효과를 낳을 수 있다. 약탈은 병참작전이 취할 수 있는 가장 시간소비적이고 가장 덜 효율적인 형태이다. 많은 —아마도 대부분의— 보급물자들이 파괴되거나 낭비되고 말 것이다. 1941~1943년 동부에서 독일의 관리는 매우 비효율적이어서 심지어 작은 덴마크가 점령된 소련의 땅들보다 많은 식량을 독일에게 제공해주었다.

그것조차도 시작에 지나지 않았다. 장병들로 하여금 원하는 곳이면 어느 곳에나 가서 원하는 것을 취할 수 있게 해주는 지휘관은 그들에 대한 통제력을 상실해버릴 가능성이 크다. 그 결과는 형편없는 기율, 탈영, 그리고 와해가 될 것이다. 징발에 의존했던 나폴레옹의 '위대한 군대(Grande Armée)'는 그처럼 악화되지는 않았다. 그러나 그들은 그들을 늘 따라다녔던, 자신의 부대를 이탈한 일정한 수의 약탈자들로 악명 높았다. 그러한 병사들은 전투서열로부터 사라졌을 뿐 아니라 지역주민들과는 기대되었던 것보다 나쁜 관계를 맺었다. 현지조달이 불가피하다면 최상의 방법은 엄격한 지휘하에 있는 특별 분대들로 하여금 보급물자들을 확보하게 만드는 것이다. 급료가 지불될 수 없는 경우에는 수령증을 발급함으로써 급료를 약속할 수 있다.

그러한 어려움들을 처리하는 표준적인 방법은 보급창고(magazines)나 기지에 의존하는 것이다. 습격대조차도 때로는 그것들을 사용하며, 그들이 취하려고 하는 경로를 따라 보급물자들을 미리 위치시킨다. 18세기 군대들은 보급창고들이 없었다면 가능했을 시기보다 이른 계절에 작전을 시작함으로써 적을 "깜짝 놀라게 하기 위해" 그것들을 만들었다. 다른 조건들이 동등하다면 군대의 규모가 클수록 더 보급창고에 의존했다. 그러나 보급창고도 나름의 문제를 갖고 있다. 일부 산물들은 시간이 흐르면서 상하고 말 것이다. 보급창고들과 야전의 전력들을 연결하기 위해서는 모종의 교통체계가 필요하며, 이는 후자의 작전적 자유를 제약한다. 교통 또한 분명 매우 고비용적이다. 손자가 언급했듯이, 거리가 늘어날수록 비용도 더 커진다.[3]

가장 단순한 교통체계는 남성의 등에 (때로는 여성의 그것에도) 의존했다. 일부 종류의 지형에서는 그러한 상황이 계속해서 이어지고 있다. 다음으로는 동물이 쓰인다. 동물들은 보급물자를 나르거나 수레에 그것을 싣고 끌었다. 그러나 동물은 인간보다 훨씬 더 많이 먹는다. 기지로부터 그 동물을 먹이는 것은 통상적으로 꽤 짧은 거리에 걸쳐, 짧은 기간에만 가능했다. 식량보다 훨씬 더 어려운 것은 여물을 지역에서 마련해야 하는 것이었다. 이는 다시 한 번 군대의 규모뿐 아니라 그들이 작전을 수행할 수 있는 시간과 공간 또한 제한했다. 느지막이 18세기 중반에도 군의 최적 규모는 4만~5만 명으로 생각되었다.[4]

빵을 차치하고도 군대는 많은 종류의 장비를 필요로 한다. 그러한 장비 중 일부 또한 인근 지역에서 마련될 수 있다. 그러나 덜 발전된 국가일수록, 그리고 장비가 더 전문화될수록 그것이 발견될 수 있는 가능성은 줄어든다. 산악, 툰드라(tundra), 삼림, 습지와 같은 서로 다른 종류의 지형 또한 그 자체로 인해, 또는 그곳에는 주민들이 희소하게 거주하는 경향이 있기 때문에 차이를 만들어낼 수 있다. 1798년에 나폴레옹이 이집트로부터 팔레스타인으로 향하는 길에서 시나이 반도를 횡단할 때 그랬듯이 오늘날도 사막은 그중 가장 험난한 지형임을 보여준다. 그곳에는 아무것도 없으며, 심지어 물도 없다. 미국이 아프가니스탄에서 전쟁을 수행하는 동안에 물은 다른 어떤 종류의 보급물자보다 큰 위치를 차지하고 더 중시되었다.

제1차 세계대전까지는 식량과 여물이 군사 보급물자의 대부분을 차지했으며, 그것이 다른 모든 것을 상회했다. 현대의 기술적인 전쟁이 상황을 바꿔놓았다. 그것은 탄약, 연료, 윤활유, 그리고 현대 전장에서 가동되는 수많은 기계의 예비부품이 차지하는 양을 엄청나게 증가시켰다. 일부 계산에 따르면 야전에서 병사 1명을 유지시키기 위해 필요한 1일 보급물자의 무게가 30배나 증가했다. 무기와 연장과 같은 일부 종류의 장비는 수명이 오래가며, 적의 행동이나 사고에 의해 손실되는 경우에만 대체될 필요가 있다. 다른 것들은 소비되거나 소모되며 끊임없이 보충될 필요가 있다. 이 모든 것은 신중한 기획과 엄격한 통행기율(traffic discipline)만이 해결할 수 있는 문제들을 만들어낸다. 1990~1991년 걸프전에서 고속도로는 미군의 좌익(左翼)으로 보급물자들을 나르는 차량들로 너무 혼잡하여 헬리콥터로만 그곳을 건널 수 있었다.

보급물자의 양이 증가하는 것보다 더 현저했던 현상은 그것을 구성하는 품목의 종류가 증가한 것이었다. 그것은 식량으로부터 탄약까지, 연료로부터 모든 종류의 통신장비, 예비부품, 의료물자 등에 이르기까지 다양했다. 1991년 걸프 만에서는 미군만 해도 작전을 지속하고 임무를 수행하기 위해 500만 개에 이르는 서로 다른 항목을 목록에서 끌어내 사용했다. 많은 항목이 서로 다른 수명을 가지고 있었다. 그것들은 서로 다른 조건 아래서 저장되고 서로 다른 방식으로 관리되어야 했으며, 서로 다른 형태의 수송으로 서로 다른 부대—그중 일부는 매우 빠른 속도로 이동하고 있었다 - 에 분배되어야 했다. 전쟁이 진행되면서 많은 부대들이 전구의 전역에 걸쳐 흩어졌다. 그와 같은 다양성은 역으로 최신 컴퓨터와 데이터 링크만이 다룰 수 있는 엄청난 행정적 문제들을 동반한다.

이상의 문제는 독자로 하여금 전시의 군사행정과 병참이 평시의 그것들과 대개 유사한 것으로 생각하게 만들 수 있다. 많은 전문적인 일들에 관해서는 그러한 시각이 옳다. 사이버전쟁의 등장 이전에 상대의 행정에 지장을 주는 일은 거의 불가능했기 때문에 더욱 그렇다. 병참에 관해서는 상황이 다르다. 기상과, 자연재해와 같은 미리 예견할 수 없는 사건들을 제외한다면 평시의 병참은 차질이 발생하는 것에 대한 두려움 없이 진행할 수 있다. 항상 적을 염두에 두어야 하는 군사체계는 그렇지 못하다. 이는 효율성과 수익성으로부터 방어와 생존성으로 강조점이 이동하게 만든다.

군사병참에 대한 이러한 문제들은 극적이다. 공격에 맞서 징발대, 창고, 병참선, 호송대가 잘 위치되고 분산되며, 위장되고(위장되거나), 보호되어야 한다. 그 체계는 하나의 임무, 하나의 목표에서 다음의 것으로 급작스럽게 전환하는 부대들을 따를 수 있도록 충분히 유연하게 만들어져야 한다. 유연성은 다시 상당한 정도의 이완을 필요로 한다. 사업가들이 선호하는 "적시(just on time)" 체계는 무용해질 수 있으며, 맥락에 따라서는 위험해질 수도 있고, 그 마지막 결과는 수많은 합병증, 제약, 추가비용이 될 수도 있다.

게다가 군대의 병참수요는 늘 그 적들에게 기회를 제공해주었다. 징발은 부득이 분산을 가져왔다. 그것은 징발을 책임지는 분견대들—그리고 때로는 군대 전체까지도—로 하여금 기습을 당할 수 있게 만들었다. 1689~1697년 팔츠(Palatinate), 1704년 바이에른, 그리고 1707년, 1812년, 1941~1942년의 러시아에서 그랬듯이, 적의 진격로에 있는 구역들은 철저히 약탈당할 수 있었다. 전선에 너무 가까이 위치한 기지들은 점령되거나 파괴될 수 있었다. 기차들도 마찬가지였다. 특히 미국 남북전쟁은 양측 모두가 전선 후방의 깊숙한 곳에 습격을 가해 수송대를 가로막고 철로를 절단하는 방법을 썼던 것으로 유명하다. 1914년 이후에는 그와 같은 습격이 공중공격으로 대체되었다. 1944년 노르망디와 같은 해의 벌지전투(Battle of the Bulge) 동안에 그랬듯이, 그것은 때때로 파괴적인 효과를 가져왔다.

다른 모든 것이 동등하다면, 병참을 위한 "꼬리"가 길수록 그것은 더 취약해진다. 현대 군대의 병참을 위한 수요는 너무나 막대하여 그것이 새로운 취약성을 만들어냄으로써 새로운 형태의 "비대칭" 전쟁을 수행하는 새로운 종류의 전력들을 고무시킬 수도 있다. 그러한 형태의 전쟁에 대해서는 아래에서 더 다룰 것이다.

3. 전쟁에서 정보

전쟁에서 모든 것은 어둑하다. 그러한 어둑함은 양측 모두가 자신의 움직임은 감추면서 적은 오도(誤導)하고 기만하기 위해 최선을 다한다는 사실에 의해 훨씬 더 심해진다. 세 가지만이 그러한 어둑함—클라우제비츠는 이를 불확실성이라 부른다—을 꿰뚫고 작으나마 그것을 흩어버릴 수 있다. 그것은 정보, 정보, 또 정보이다. 끝이 없을 정도로 다양한 형태를 취하는 정보활동은 두 번째로 오래된 직종으로 이야기된다. 그것이 없으면 군대는 귀머거리와 장님이 될 것이다. 그것이 왜 2014년에 미국이 해외정보에만 530억 달러가량을 소비하고 있었는지를 설명해준다.[5] 그 금액은 지구 상 194개 국가가 자신들의 방위 목적으로 사용한 모든 비용을 결합한 것의 약 95% 이상에 해당한다.

정보의 목적은 두 가지이다. 우리는 표적들을 선정하고 그것들에 우선순위를 부여하며 그것들에 어떻게 도달할 것인가를 결정하는 것과 같이, 우리 자신의 계획을 준비하기 위해 그것을 필요로 한다. 그러나 우리는 적의 움직임을 파악하고 선수를 치기 위해서도 그것을 필요로 한다. 어떤 방식으로도 정보를 대체할 수 있는 것은 없다. 손자가 지적하듯이, 종교적인 예언도, 점(占)도, 역사적 유추도 우리에게 적의 위치를 알려주지는 못한다.[6] 그가 어떤 상황에 있는지, 그가 특정 시기에 얼마나 강력한지, 그리고 우리가 어떻게 그를 가장 잘 타격하고 죽일 수 있는지에 대해서도 알려주진 못한다. 무엇보다도 그것들은 미래가 가져올 것이나 적의 의도가 어떠한지, 그가 다음에는 어떻게 할 것인지, 그가 언제, 어디서, 어떻게 우리를 치려고 하는지에 대해 예견할 수 없다. 그러한 문제들에 대한 정보를 수집하는 한 가지 방법은 상대방을 관찰하고 그의 대책회의에 잠입하는 것이다.

적의 장차 계획에 대한 정보가 절대적으로 필수적이라고 말하는 것이 그것이 우리가 필요로 하는 유일한 것이며 다른 것은 쓸모없다는 것을 의미하지는 않는다. 계획들—적의 그것들을 포함하여—은 결코 진공상태에서 만들어지지 않으며, 그렇게 될 수도 없다. 싫든 좋든 그것들은 적의 생각, 신념, 능력, 일반적 상황에 기초하며 그것들을 반영한다. 그러한 상황, 그러한 능력, 그러한 신념, 그러한 생각에 대한 좋은 이해가 없으면 적의 의도에 대해 우리가 얻을 수 있는 정보의 상당 부분은 이해할 수 없는 게 되고 말 것이다.

이 모든 것은 정보수집을 엄청나게 크고 복잡한 퍼즐을 맞추는 것과 흡사하게 만든다. 몇 개의 조각은 색깔이 화려하고 눈에 띄지만, 다른 많은 것들은 생기가 없고 관심을 끌지 못한다. 일부는 너무 일반적이어서 특정 물음에 답하는 데 거의 쓸모없다. 그와는 대조적으로 다른 것들은 거의 무의미할 정도로 너무 특정적이다. 각 조각이 제자리에 정확하게 맞춰짐으로써 그 모든 것이 다 맞춰져야 다소간에 완벽한 그림이 만들어질 수 있다. 그랬을 경우에도 그것은 그리 오래 유효하지는 않을 게 거의 확실하다.

정보수집에 사용되었던 가장 초기의 도구는 인간으로 구성되었다. 정찰대가 배치될 수 있었다. 순찰대를 파견하거나 간첩을 잠입시키거나 메신저를 가로챌 수 있었고, 행인과 포로들을 심문할 수도 있었다. 그러한 방법들은 구약시대 또는 그 이전까지 거슬러 올라간다. 보다 발전된 문명들은 기록을 추가시켰다. 기록된 메시지는 구두 메시지보다 어떤 면에서는 더 쉽게 가로채일 수 있었다. 그것은 다시 가장 초기의 암호가 발전하도록 이끌었다. 그 이후로 암호 제작자와 암호 해독자 간의 경쟁이 중단 없이 계속되었다.

19세기 중반경에 최초의 전자통신이 소개되었다. 그것은 정보가 가장 빠른 군대가 이동할 수 있는 것보다도 상상할 수 없을 정도로 더 빠르게 전파될 수 있게 해주었다. 최초의 전자 메시지는 유선으로 전파되었다. 그렇게 하자마자 유선은 도청되기 시작했다. 모든 방향으로 퍼지는 무선 메시지를 가로채는 것은 훨씬 더 쉬웠다. 무선은 방향 탐색과 교통 분석—가능한 한 누가 누구와 통신하며, 얼마나 자주 하는지 등을 찾아내는 것을 의미한다—을 위해서도 쓰였다. 제1차 세계대전 동안, 가장 발전된 교전국들 모두는 그러한 방법들 모두뿐 아니라 그 정반대의 방법인 무선 침묵 또한 당연히 사용했다. 여전히 그들은 그리하고 있다.

전신(電信)과 함께 사진 촬영도 등장했다. 그것은 지휘관들을 정찰병의 예술적인 재능—이전에는 그들에게 그림 그리는 법이 교육되었다—에 대한 의존으로부터 해방시켜주었다. 사진은 그림을 그리는 것보다 훨씬 더 만들기 쉬웠기 때문에 그것은 또한 지휘관들로 하여금 전보다 훨씬 더 시각적인 정보를 획득하고 사용할 수 있게 해주었다. 1900년 이후에는 사진 촬영의 역할이 항공기의 사용으로 훨씬 더 증대되었다. 항공기는 정보가 수집될 수 있는 지역과 정보가 수집될 수 있는 속도를 엄청나게 증가시켰다. 머지않아 조종사의 육안과 함께 항공 촬영이 중요한 정보의 원천이 되었다. 바다에서도 마찬가지였다. 제1차 세계대전 동안 잠수함을 탐색하는 장비인 수중음파탐지기(sonar)가 도입되었다. 나중에 그것은 전 세계적인 네트워크를 형성하는 데까지 발전했다.

제2차 세계대전은 레이더의 도입을 목도했다. 그 후 다른 많은 체계들 또한 추가되었다. 위성과 드론과 같은 일부는, 비록 그것들의 정확한 성능은 많은 경우 비밀시되고 있지만 잘 알려져 있다. 다른 것들은 여전히 비밀로 감춰져 있다. 그 모든 것은 그들이 수집하는 모든 정보를 전자신호로 변환시킬 수 있다. 그것들은 다시 그것들이 필요한 어느 지점에든지 즉각적으로 전파될 수 있다. 그러한 거대한 체계 전체는 컴퓨터와 데이터 링크로 이루어진 상상할 수 없을 정도로 복잡한 통상적인 네트워크로 연결된다. 그러고는 그러한 링크와 컴퓨터 자체가 정보수집에 참여하게 된다. 이러한 활동은 정보전으로 알려져 있다.

정보의 모든 단편이 동등하게 탄생한 것은 아니었다. 그것의 가치를 지배하는 첫 번째 요소는 완전성이다. 관련 있는 일부 요소만을 포함하고 있는 불완전한 정보는 호도되거나 심지어 위험해지기 쉬우며, 그 수령자로 하여금 잘못된 행동을 하거나 아무런 행동도 취하지 않게 만들 수 있다. 실제로 우리가 획득하는 정보는 평시에조차도 결코 "완전"하지 않으며, 전쟁으로 알려진 불투명한 일에서는 말할 나위도 없다. 거의 항상 그렇듯이 퍼즐의 일부 조각이 누락되어버린 경우에는 익숙한 추측에 의존해야 한다.

둘째는 적시성이다. 전쟁은 역동적인 활동이다. 하루, 한 시간이 큰 차이를 만들어낼 수 있다. 매우 빠른 속도로 이루어지는 공중전에서는 1초의 방심도 큰 차이를 만들어낼 수 있다. 이 문제는 2개의 부분으로 나뉠 수 있다. 첫째, 정보는 그것이 수집되는 시점에 최신의 것이어야 할 절대적인 필요성이 있다. 둘째, 전파, 평가, 배포는 가능한 한 신속하게 진행되어야 한다. 현대의 기술적 수단들—그중 많은 것은 빛의 속도로 정보를 전파하며 이른바 "실시간"으로 그것을 받아 행동에 옮길 수 있게 해준다—은 많은 경우 그러한 문제를 줄이는 데 성공했다. 그러나 그것들이 문제를 해결하지 못했음은 분명하다.

셋째는 정확성이다. 많은 경우 평시에 정확한 정보의 획득은 매우 어렵다. 전시에는 얼마나 더하겠는가! 현대 정밀유도무기의 등장은 그러한 문제를 완화시켜주기는커녕 그 문제를 훨씬 더 어렵게 만들어놓았다. 제2차 세계대전 폭격기들은 어디에 어떤 독일 또는 일본의 도시가 위치하고 있는지만 알고 있으면 되었다. 21세기 폭격기들은 본부, 교량, 전력발전소, 그리고 대(對)반군작전 시에는 개별 인물과 같은 훨씬 더 작은 표적의 위치에 대해서도 알고 있어야 했다.

넷째는 신뢰성이다. 정보의 어떤 원천은 다른 것들에 비해 더 신뢰성이 있을 수 있다. 그러나 완벽하게 신뢰성 있는 것이란 아마도 없을 것이다. 일부 원천은 특정의 목적과 특정의 시점에는 신뢰성이 있을 수 있지만 다른 목적과 다른 시점에는 그렇지 않을 수 있다. 이러한 문제를 다루는 유일한 길은 가능한 한 많은 서로 다른 원천을 사용하고, 각 원천이 개별적으로 갖고 있는 능력과 한계를 이해하며, 그것들이 가져다주는 각 정보의 단편이 가진 진실성을 고찰하고 그것들끼리 비교해보는 것이다. 그 모든 것은 그것들을 "의미 있게" 만들고, 우리가 관심을 가지고 있는 문제에 답할 수 있게 하기 위한 것이다.─그러한 문제의 본질을 우리가 알고 있다고 추정한다면! 그러한 과정은 흔히 '해석'으로 알려져 있다.

21세기 초에 해석이 직면하고 있는 가장 큰 장애물은 데이터의 엄청난 과잉일 수 있다. 1990~1991년 걸프전에서 미국의 위성들은 너무 많은 정보를 수집해 지상군이 그것에 압도되게 만들었다. 이런 문제들이 다양한 형태의 데이터 발굴(data mining),* 즉 그 안에서 패턴을 발견할 수 있으리라는 희망에서 빠른 컴퓨터를 사용해 방대한 양의 정보를 살펴보는 것이 등장한 이유를 설명해준다. 그러나 그러한 기술은 우회당하거나 기만당할 수 있다. 특히 특정 문제들에 답하기 위한 과정의 대부분은 인간에 의해서만 수행될 수 있다. 이는 그것으로 하여금 시간소비적이며 매우 주관적이게 만든다. 성격특성, 선입관, 편견, 사랑과 증오와 같은 모든 것이 그것에 끼어들고 영향을 미친다. [로마 역사가 타키투스(Tacitus, 서기 약 56~117년 이후)의 유명한 언급처럼] 분노와 편애가 없이 정보를 해석할 수 있는 사람은 아직 탄생하지 않았다.[7] 이러한 요소들을 가려내고 건전한 그림을 조합해내는 것은 결코 충분히 해결되어본 적이 없는 엄청난 문제를 제기한다. 그리고 전쟁이 인간에 의해 수행되는 한 그러한 문제는 미래에 해결될 것으로 보이지도 않는다.

그러한 4개의 문제는 서로 연결되어 있다. 불완전한 정보는 그 자체가 신뢰성이

---

* 방대한 자료를 바탕으로 새로운 정보를 찾아내는 것을 의미한다. ─역주

없다. 신뢰성 있고 정확하며 완전한 정보를 획득하는 것은 오랜 시간이 걸릴 수 있다. 병참의 경우가 그렇듯이, 퍼즐의 모든 조각이 맞춰질 때까지 기다리는 것은 영원히 기다리는 것을 의미할 수 있다. 적시성은 일부는 사용되는 기술적 수단에, 그리고 나머지 일부는 조직과 같은 다른 요소들에 의존할 것이다. 정보를 획득하고 그것을 해석하며 그것에 입각해 다른 이들보다 빨리 행동할 수 있는 진영은 매우 중요한 —결정적일 가능성도 꽤 높은— 이점을 획득하게 될 것이다.

 게다가 정보는 양면적인 일이다. 각 진영은 다른 이에 대한 올바른 그림을 그리려고 하는 동시에 상대에게는 정보를 거부하며(거부하거나) 그에게 자신에 대한 잘못된 정보를 제공하려고 한다. 그렇기 때문에 정보의 가장 중요한 도구는 기밀성과 기만이다. 두 가지 모두는 각 작전과 각 시도의 조율을 여느 때보다 어렵게 만들 것이다. 뉴욕 쌍둥이빌딩(Twin Towers)에 대한 2001년 9월의 공격에 앞서 발생했던 일로 이야기되는 것처럼, 그것들은 오른손이 왼손이 하는 일을 알지 못하는 상황 또한 조성할 수도 있다.** 이러한 문제들은 처리되고 해결되어야 한다.

 그 결과는 역동적인 과정이다. 이러쿵저러쿵 생각하는 나는 그로 하여금, 그가 생각하고 있다고 내가 생각하고 있다고, 그렇게 그가 생각하고 있다고, 그렇게 내가 생각하고 있다고 그가 생각하게 만들어야 한다. 이 모든 것은 그의 의도, 능력, 선입관을 염두에 두면서 이루어져야 한다. 이론적으로 보면 그 결과는 끊임없는 일련의 거울이미지(mirror-images)가 될 것이다. 강력한 체스 선수는 게임이 시작되는 시점에 10회의 수를 앞서 바라볼 수 있지만, 실제로는 지휘관이 2회 이상의 수를 예견할 수 있는 경우도 —있다면— 거의 없다. 많은 경우 간발의 차로 상대를 선제하는 것도 업적이 된다. 상대의 의도를 추측하려고 애쓰면서 과도하게 거울

***

** 9/11 테러가 실행되기 전에 미국의 중앙정보국(CIA)은 임박한 테러에 대해 상당한 정보를 갖고 있었던 것으로 밝혀졌다. 그러나 그러한 정보는 연방수사국(FBI)을 비롯한 다른 정보기관과 공유되지 못했다. —역주

을 갖고 일하는 것은 적의 마음뿐 아니라 우리 자신의 마음에서도 진리와 허위 간의 구분을 지워버리고 말 수 있다. 그 결과는 혼란과 무기력이다. 그것이 왜 게임 이론가들의 방정식이 실용적인 생각을 가진 군인들에는 거의 호소력을 발휘하지 못하지를 설명해준다.

비밀 엄수, 엄포, 양동작전, 기만이 기습을 달성하기 위해 사용된다. 승리를 이끄는 모든 수단들 중에 기습은 가장 중요하다. 한 번의 타격이 가장 효과적인 보다 낮은 수준에서는 특히 그렇다. 이론적으로 우수한 정보—적의 의도와 능력을 파악하고 그의 마음을 꿰뚫는 것과 같은 일을 의미한다—는 기습을 방지할 수 있어야 한다. 그러나 실제 경험들은 그렇게 하는 게 극히 힘들다—많은 경우 불가능하다—는 점을 보여준다.

기습에 대한 두려움은 많은 경우 그것으로부터 살아남고 그 충격을 완화하기 위한 일련의 전체적인 조치들을 야기한다. 그러한 조치는 분산, 위장, 강화, 요새화로 시작하여, 중첩화의 구축과 종심 깊은 전개를 거쳐, 경계와 예기치 않은 일에 대처할 수 있도록 사람들을 훈련시키기 위한 목적으로 이루어지는 연습에 이르기까지 걸쳐 있다. 그러한 조치는 각각이 중요하고 필수적이다. 그러나 바보만이 그것들이 실패를 경험하지 않을 것이라고 믿을 것이다. 많은 경우 전쟁의 안개는 적이 이미 우리에게 들이닥쳤을 때나 우리가 그들에게 들이닥쳤을 때에야 사라진다.

마지막으로, 정보는 그 자체가 꽃다발과 같다. 갖고 있으면 좋지만 쓸모는 없다. 그것은 행동하는 기초가 되는 경우에만, 그리고 그럴 때만 가치가 있다. 달리 말하자면, 그것이 작전과 결합될 때만 가치가 있는 것이다. 정보를 책임지는 이들은 지휘관들에게 자유롭게 접근할 수 있어야 한다. 지휘관들은 정보를 책임지는 이들의 어깨를 살펴볼 수 있어야 한다. 드론 운용자들의 경우가 매우 잘 보여주듯이, 특정 수준 이하에서는 두 종류의 요원들이 병합되어야 한다. 우리가 적에게 더 가까이 갈수록, 그리고 필요한 대응시간이 더 빠를수록, 지휘계통이 그에 부합하게 조직되는 것이 더 중요해진다.

제6장

전략

1. 전략의 도구 상자

제대로 된 전쟁에 초점을 두고 전쟁이라는 용어가 쓰이는 다른 맥락들은 무시한다면, 전략은 2개의 서로 다른 의미를 가질 수 있다. 첫째는 클라우제비츠와 관련이 있다. 그것은 정치로 알려진 비폭력적인 싸움과, 전술—실제적인 전투가 발생하는 지점이다—로 알려진 폭력적이지만 상대적으로 작은 규모 수준의 간극을 연결하는 주요한 작전을 지칭한다. 다른 하나는 손자와 관련이 있다. (그러나 그는 전략이라는 단어를 전혀 사용하지 않는다.) 그것은 지각이 있는 상대들 간의 대결을 수행하는 술(術)이다. 여기서는 두 번째 의미를 사용할 것이다.

본격적으로 진행하기에 앞서 두 가지의 기초적인 사실에 주목할 필요가 있다. 첫째, 전략은 결과로 측정된다. 가장 고상하게 수립된 계획, 가장 강력한 진군, 가장 아름다운 기동, 가장 정교한 전략은 그것들이 패배로 끝나는 경우 쓸모없는 것이 되고 만다. 둘째, 전쟁은 지각이 있는 상대들 간의 '상호작용'이 그 근간을 이루는 대결이다. 이는 시작하자마자 강력한 한 방이 가해져 적으로 하여금 저항할 수 없게 되는 것은 전쟁이 아님을 시사한다. 오히려 그와 같은 타격은 전쟁을 불필요하게 만드는 것이다.

지리, 경제, 기술, 문화, 그리고 그와 유사한 요소들에 따라 일부 사람들은 습관적으로 다른 것들보다 특정의 전략을 선호할 수 있다. 부족사회는 전형적으로 습격과 매복에 의존한다. 일부 설명에 따르면, 서양인들은 늘 집중, 정면전투, 충격공격, 돌파를 선호했다. 동양인들은 그렇지 않았는데, 벌떼처럼 몰려들기, 양익포위, 완전포위를 택했던, 스텝지대에 거주하던 이들의 경우는 특히 서양인들과 달랐다. 일부 사회는 요새에 의존했던 반면, 다른 사회들은 그것을 업신여겼다. 사용된 무기의 종류와 투쟁이 이루어진 환경(땅, 바다, 공중, 우주, 또는 사이버공간)은 올바른 전략을 선택하고 그것을 이행하는 데 상당히 중요하다. 서로 다른 종류의 지형도 마찬가지이다.

그럼에도 사실 전략의 원칙들―클라우제비츠는 한때 이를 '순수전략(pure strategy)'이라 불렀다―은 변하지 않는다. 상대적으로 소규모적인 접전에서부터 시작하여 그것들은 전투와, 심지어 전체 전역에도 적용된다. 특정의 최소한도를 넘어서면 개입된 전력의 규모 역시 중요하지 않다. 그것이 이 연구에서는 우리가 전략과 전술 간의 통상적인 구별을 자제하게 되는 이유를 설명해준다. 전략이라는 용어가 전술이라는 용어를 대체하고 있는 것처럼 보인다는 점을 고려했을 때, 그렇게 하는 것은 통상적인 용법에 부합된다.

모든 전략적 계획은 자원들을 표적에 할당하고, 그것들이 행동으로 옮겨질 때 그것들이 조화될 수 있도록 감독하는 것으로 시작해야 한다. 그러나 그것은 시작에 불과하다. 전략이 무엇인가를 포함한다면, 그것은 적의 변화하는 의도와 움직임에 대처하는 것이다. 1980년대와 1990년대 동안에 몇 차례 헤비급 권투 세계챔피언이었던 마이크 타이슨(Mike Tyson)은 입을 두들겨 맞을 때까지는 모든 이가 계획을 갖고 있기 마련이라고 이야기했던 것으로 전해진다. 그것이 대(大) 몰트케가 적과의 첫 충돌에서 살아남을 수 있는 계획이란 없다고 말한 이유이다. 그것을 넘어서면 전략은 "방편들의 체계"에 지나지 않는다.[1] 움직임과 그에 대응하는 움직임, 그리고 움직임과 그에 대응하는 움직임만이 있을 뿐이다. 많은 경우 적이 대응할 수 있는 것보다 빠르게 움직일 수 있는 이가 승리한다.

전략의 원칙들은 단순하며 그 수도 적다. 전략이 나타내는 것을 이해하는 데 따르는 어려움은 우리가 가진 정보의 간극에서 야기된다. 달리 말하자면 미래가 가져올 일과 상대가 할 수 있는 일에 관한 불확실성에서 기인하는 것이다. 지능이 있는 상대는 예측할 수 없게 될 것이며, 지능적이지 않은 상대는 아마도 훨씬 더 그럴 것이다. 다른 조건이 동일하다면 전쟁이 더 대규모적일수록, 무기가 더 수적으로 많아지고 정교해질수록, 그리고 전쟁이 치러지는 환경이 보다 복잡해질수록 어려움은 더 커진다. 나폴레옹의 말을 인용하자면, 최고수준의 전략은 뉴턴의 그것에 뒤떨어지지 않는 지적인 능력을 필요로 한다.[2]

전쟁의 머릿돌을 형성하는 전략의 목적은 적으로 하여금 우리의 의지에 따르게 만드는 것이다. 손자가 이야기하듯이 최상의 승리는 싸우지 않고 적의 마음에 영향을 끼쳐 승리하는 것이다.[3] 이상적인 상황은 적이 너무 늦을 때까지 자신이 패배했음을 이해하지 못하는 것이다. 그렇게 하는 것은 거의 초인간적인 통찰력과 예지력을 필요로 한다. 그것은 또한 최고의 유연성과, 마찰을 극복할 수 있는 거의 기적적인 능력도 요구한다. 그것은 너무 고상한 이상이어서 거의 달성될 수 없다. 마음이 표적이 될 수는 있지만, 통상적으로 그것은 육체적인 방법을 통해서만 도달될 수 있다. 그렇기 때문에 모든 계획은 당면한 물리적 목표를 식별하는 것에서부터 시작되어야 한다. 이를테면 죽음과 파괴를 가하는 것, 상대의 전력을 양익 또는 완전 포위하는 것, 영토를 점령하는 것, 주요 지점을 장악하는 것, 또는 적의 지휘통제체계를 마비시키는 것 등이 그것이다.

목표의 선택은 두 가지 기본적인 고려에 의해 지배되어야 한다. 첫째, 그러한 목표들이 승리에 어떤 기여를 할 수 있는가이다. 두 번째는 실행 가능성이다. 후자는 한 진영의 능력뿐 아니라 많은 경우 주로 다른 진영의 저항에 의해서도 좌우된다. 현대 탱크는 시간당 40마일을 전진할 수 있으며, 연료를 재충전하기 전에 300마일을 달릴 수 있다. 그러나 실상 기갑군이 며칠을 넘어서까지 하루당 30마일 이상을 계속해서 진군하는 경우는 드물다. 2003년에 미군은 바그다드에 도달하는 데 3주가 걸렸다. 그러므로 그들의 평균 진격률은 이론상 최고치의 5%였다! 그러한 간극의 대부분은 그것이 얼마나 경미했든지 간에 이라크의 저항 때문이었다. 나머지는 미군의 신중함과 마찰 탓으로 돌릴 수 있다.

전역의 어떤 한 단계에서 이상적인 목표는, 공격, 파괴, 또는 점령되면 전반적인 붕괴를 가져올 수 있을 정도로 매우 필수적인 그것이다. 그것은 또한 취약하며 우리의 능력 내에 있어야 한다. 독일군이 중력중심(Schwerpunkt)이라 불렀던 것의 지향점은 바로 그러한 목표에 맞서는 것이다. 그 좋은 예는 크고 작은 2개의 진형 간에 존재하는 선(線)이다. 1973년 10월에 이스라엘방위군이 이집트 제2군과 제3군 간의 틈새를 발견한 것은 그들로 하여금 수에즈 운하를 건너고 전세를 바꿀 수 있게 해주었다. 그러나 상대는 바보가 아니다. 그는 약점을 피하고 자신이 가장 중요한 지점으로 간주하는 것을 지키기 위해 할 수 있는 일을 행할 것이다. 그것들을 찾으려는 시도는 도깨비불을 좇는 일이 되고 말 수 있다.

목표가 선택되고 나면 우리는 가용한 수단과 상대의 예견되는 저항을 고려해보았을 때 그것이 도달거리 내에 있는지를 살펴보아야 한다. 다음으로는 천천히 되짚어보고 그것이 진짜로 승리에 기여하는지 결심해야 한다. 이상적으로는 바람직한 것과 가능한 것이 일치해야 한다. 그러나 실제로는 정보와 미래를 예견하는 우리 능력의 한계로 인해 그러한 일치는 드물게 이루어진다. 전략가들이 저지르는 모든 오류들 중 이것이 가장 흔한 것이리라. 예를 들어 독일군이 1941년에 소련을 침공했을 때 그들은 소련군이 200개 사단을 보유하고 있는 것으로 믿었으나 실상은 360개를 보유하고 있었다. 결국 독일군은 그 상대를 격파하는 데 성공하지 못했다. 그들은 모스크바도 레닌그라드도 장악할 수 없었으며, 상대의 의지를 깨뜨리는 데도 실패했다.

그 정반대의 오류는 그것이 승리에 기여하는 바와는 무관하게 그것을 달성할 수 있는 우리의 능력에 기초하여 목표를 선택하는 것이다. 그 훌륭한 예가 진주만에 대한 일본의 공격이다. (비록 정보의 실패는 태평양함대의 주력이었던 미군의 항공모함들이 공격의 시점에 항구에 있지 않았음을 의미했지만) 기획과 수행은 공히 거의 완벽했다. 그러나 도쿄의 정책 입안자들은 자신들의 적이 타락하여 동원되어 싸우며 희생하기를 꺼리는 것으로 추정했다. 그들은 그러한 타격이 미국인들의 사기에 어떤 영향을 미치게 될지 스스로에게 거의 묻지 않았다. 그렇게 했더라면 아마도 그들은 결코 호랑이의 꼬리를 움켜잡지는 않았을 것이다.

목표가 선택되고 나면 구체적인 기획이 시작될 수 있다. 거기에는 전력과 자원을 할당하고, 그들 간에 임무를 나누며, 지휘통제체계를 수립하고, 취할 경로를 선택하며, 전황을 요약하는 것이 포함된다. 그러한 모든 것은 성공에 필수적이다. 많은 경우 그것들은 실행하기에 극도로 복잡하다. 또 다른 예를 제시하자면, 그것은 상대가 인지하지 못하는 가운데 어떻게 50만 명에 이르는 병력을 완전무장시켜 쿠웨이트 먼 서쪽의 사우디아라비아-쿠웨이트 국경 인근의 사막에 전개시키고, 그들에게 지속적으로 보급을 제공하며, 각 지휘관과 각 부대가 자신들의 임무를 인지하도록 만들 수 있는가 하는 문제인 것이다.

언제나 최고의 전략은 양적으로나 질적으로나 공히 가장 강력해지는 것이다. 이 두 가지 일은 반비례한다. 통상적으로 양의 증가는 질의 하락을 가져오며 그 반대의 현상도 발생한다. 제1차 세계대전기 영국의 수학자 프레더릭 란체스터(Frederick Lanchester)는 2:1의 양적 우위를 유지하기 위해서는 4:1의 질적 우위가 필요하다고 주장했다.[4] 양적 우위가 3:1인 경우 질적인 격차는 9:1이어야 한다. 실상은 더 복잡하다. 다분히 그렇기 때문에 일부 매우 제한적인 경우들을 제외하면 그것을 수학적인 공식으로 환원시키고자 하는 모든 시도는 실패하고 말았다. 일반적으로나 특정 상황 아래서 특정 상대에 직면했을 때나 할 것 없이 그러한 두 가지 간의 올바른 균형을 찾는 것은 이례적으로 어렵다.

위협과 무력의 과시가 충분하지 않은 경우를 추정하는 경우, 적의 의지를 깨뜨리는 몇 가지 방법이 모습을 드러낼 것이다. 단기전과 장기전, 공세와 방어, 섬멸과 소모가 그것이다. 그 모든 것은 서로 다른 방식으로, 전쟁이 치러지는 서로 다른 수준에서, 동시적이거나 순차적으로 결합될 수 있다. 원칙적으로 승리의 가장 빠른 길은 단기전을 섬멸적 공세와 결합시키는 것이다. 통상적으로 그것은 강자의 선택지이다. 보다 대규모적인 대대를 이끌기를 좋아했던 나폴레옹은 상대의 급소에 자신의 노력을 집중시켰다.[5] 적으로 하여금 그곳을 방어하게 강제함으로써 나폴레옹은 그 적을 공격해 분쇄할 수 있는 기회를 만들어냈다.

심리적으로 말하자면, 공격을 시작하는 것이 많은 경우 그것이 오기를 기다려야 하는 것보다 쉽다. 공격자가 누리는 또 다른 이점은 주도권이다. 그것은 공격자로 하여금 전역의 시간과 장소를 지시하고, 그가 투입하기를 원하는 자원의 양을 결정하며, 선제타격을 가하고, 전역(보다 낮은 수준에서는, 전투)의 모양새를 정하며, 전반적으로 결정권을 가질 수 있게 해준다. 똑같이 행할 수 없는 방어자는 대응하는 데 만족해야 한다. 예를 들어 원래 전투기 조종사들은 육안으로만 서로를 식별하곤 했다. 이는 공격자로 하여금 태양과 구름을 자신에게 유리하게 사용할 수 있게 해주었던 반면, 방어자는 처음에 불리한 위치에 있는 자신을 발견했다. 그 결과, 수많은 조종사들이 적을 발견하기도 전에 격추당했다.

공격자가 장기전과 소모를 모색했던 경우는 꽤 드물다. 그 눈에 띄는 예는 1916년의 베르됭 전투(Battle of Verdun)였다. 당시 독일군 사령관 에리히 폰 팔켄하인 (Erich von Falkenhayn) 장군은 포를 사용해 프랑스 육군을 남은 병력이 사실상 없어질 때까지 소모시키고자 했다. 또 다른 예는 1969~1970년에 이집트가 이스라엘에 대해 수행했던 이른바 "소모전쟁"이다. 그런데 두 경우 모두, 결과는 실패였다. 방어자들의 의지는 깨뜨려지지 않은 채 남았다. 그들은 퇴각하지 않았고 도주하지도 않았으며 항복하지도 않았다. 심각한 사상을 당한 후에 공격자들은 목표의 달성도 없이 공세를 중단하는 것으로 끝을 맺었다.

방어자는 지형 속에서 숨을 곳을 찾고 요새를 사용하는 것이 더 쉽다는 것을 발견하게 되므로 통상적으로 공격자보다 적은 수의 병력을 필요로 하게 된다. 그렇기 때문에 약자의 첫 번째 선택지는 방어태세를 채택하는 것이다. 그는 엄폐물을 더 잘 사용할 수 있을 뿐 아니라 그의 병참선은 안정적으로 유지된다. 그는 정복된 영토를 점령하거나 수비하기 위해 병력을 파견할 필요가 없다. 그는 패배하지 않는 한 승리한다. 이것이 클라우제비츠가 방어가 더 강력한 전쟁의 형태라고 말하는 이유이다.

모든 곳에서 강해지려고 시도하는 방어자는 모든 곳에서 약해지는 처지로 전락하고 말 것이다. 1940년에 마지노선(Maginot Line)에 배치되어 있던 프랑스군에게 발생했던 일처럼, 방어자가 비활동적으로 남아 있는 경우 그의 전력은 사기가 저하될 것이다. 저항하려 하는 경우, 그는 점진적으로 소진되고 말 것이다. 이러한 고려들은 보다 작은 진영으로 하여금 정신을 바짝 차리고 공세를 취하며, 상대가 수적인 우위를 발휘하기 전에 그를 격파하려고 시도하게 강제할 수 있다. 프리드리히 2세는 자신의 장군들에게 내린 지령에서 그와 같은 경로를 강력히 지지했다. 20세기 전환기의 유명한 슐리펜 계획은 그것을 지시한 것이었다. 또 다른 훌륭한 예는 1967년에 이스라엘이 이집트, 요르단, 시리아에게 가했던 공세이다. 그러나 이러한 방법은 위험하다. 앞서 언급한 것들 중 마지막 것만이 성공했다. 나머지 것들은 장기적인 소모적 투쟁을 야기하고 말았는데, 그것은 그 입안자들이 피하기를 원했던 바로 그것이었다. 1950년에 남한을 격파하려던 북한의 시도도, 1965년에 인도를 격파하려던 파키스탄의 시도도, 1981년에 이란을 격파하려던 이라크의 시도도 성공하지는 못했다.

때로는 대규모 공세를 개시하기 위해 텅 빈 공간을 활용할 수도 있다. —이때 적과 조우하는 경우에는 병력들이 방어적으로 싸울 수도 있다. 이는 대(大) 몰트케가 특별히 권장했던 경로였다.[6] 가능한 조합의 수는 사실상 무한하다. 통상적으로 군대의 규모가 크고 작전이 수행되는 규모가 더 클수록 이는 더욱 그렇다. 게다가 대부분의 군대들, 그리고 평균보다 현대적인 군대들일수록 훨씬 덜 동질적이다. 그들은, 그 다수가 서로 다른 방식으로 조직·무장·훈련된 서로 다른 많은 부대들로 구성된 대규모 조직이다. 일부는 주로 화력에 의존하며, 다른 일부는 기동에 의존한다. 일부는 공세를 위해 쓰이고 다른 일부는 방어를 위해 쓰인다. 일부는 개활지에서 벌어지는 전투에 적합하고 다른 일부는 산악전, 공중전, 또는 해상전에 특화된다.

각 부대는 독립적으로 싸울 수 있다. 묘책은 그들 모두를 결합시키는 것이다. 제병협동은 각각이 자신의 고유한 장점을 발휘할 수 있게 하는 동시에 나머지에 의해 자신의 약점은 감춰지게 하는 방식으로 다양한 부대와 무기를 통합하는 것을 의미한다. 그렇게 함으로써 각 부분의 총합보다 훨씬 거대한 전체가 창조될 수 있다. 2 더하기 2는 4가 아니라 5 또는 6 또는 7인 것이다. 그것은 또한 필요한 경우 다양한 위험에도 대처할 수 있어야 한다.

제병협동을 사용하는 한 가지 방법은 상대로 하여금 해결책이 없는 딜레마의 뿔에 봉착하게 만드는 것이다. 수 세기 동안 유럽의 지휘관들은 상대방 보병으로 하여금 방진으로 알려진 밀집대형을 형성하도록 강제하기 위해 기병을 사용했고 그것을 이루었다. 그 이유는 그렇게 배열된 보병들만이 보다 빠르고 보다 강력한 기병들을 대적할 수 있기 때문이다. 일단 방진이 형성되면 그것들은 포에 의해 표적이 될 수 있었으며 분산하도록 강제되었다. 그렇기 때문에 상대는 이러지도 저러지도 못했다. 그와 유사하게, 제1차 세계대전에서 양 진영의 포수들은 고성능 포탄과 가스를 조합하여 발사하곤 했다. 포탄은 상대로 하여금 숨도록 강제했다. 공기보다 무거운 가스는 그들로 하여금 은신처를 포기하도록 강제했다.

긴밀하게 연관되어 있지만 그럼에도 서로 다른 병과를 결합하는 제병협동은 편곡을 하는 것과 같다. 편곡을 설명할 수 있는 가장 단순한 방법은 체스를 비유로 드는 것이다. 어중간한 선수라도 제각기 그것이 의미하는 바를 이해할 것이다. 즉, 다양한 말들을 그 각각이 단일한 목적이 아니라 한꺼번에 몇 가지의 목적에 기여할 수 있는 방식으로 사용하는 것이다. 6번째 또는 7번째 줄의 하얀 폰(white peon)은 그 왕을 보호할 뿐 아니라 퀸이 될 것처럼 위협하기도 한다. 올바르게 위치된 비숍은 특정 칸을 지배할 수 있으며, 상대의 나이트들과 그의 룩을 위협하고, 자신의 왕에 대해 있을 수 있는 공격을 차단할 수 있다. 각 말이 개별적으로, 그리고 모든 것을 결합해 기여하는 목적의 수가 많을수록 경기는 더 잘 치러진다. 경기가 진행되어감에 따라 각 말의 목적은 계속해서 변화하지만 원칙은 변하지 않고 남는다.

모종의 중요한 목표를 향해 진군하는 군대를 상상해보자. A부대는 예비전력을 형성하고 있지만 다른 방향에서 진입하는 상대에 맞서 방어할 준비 또한 갖추고 있다. B부대는 양동작전을 수행하지만 그 군대의 통신을 보호하는 책임 또한 갖고 있다. C와 D 부대는 엄호를 제공하는 동시에 상대를 위협하기도 한다. 가능성의 수는 무한하다. 이는 나폴레옹이 타의 추종을 불허하는 달인이 되었던 분야이다. 그는 통상적으로 8개 군단을 문어의 흔들거리는 팔처럼 전개시켜 적과 교전시킴으로써 적을 꼼짝 못하게 하여 육박해갔다.

2. 작전 속의 전략

각 진영의 움직임이 다른 진영의 그것을 반영하는 쌍방적인 투쟁으로서의 전략으로 돌아가 보자. 그와 같은 경우에 전략이 작동되거나 작동되어야 하는 방식은 상반되는 것들의 쌍들로 가장 잘 묘사된다. 그러한 쌍의 수는 거의 무한정하다. 많은 것들이 연계되고 중첩된다. 그것들 모두를 논의하는 것은 끝이 없는 반복을 낳을 것이다. 아래에 열거된 것들은 가장 중요한 일부이다. 그러나 그것들은 그러한 주제를 예시해주는 것이지 그것을 소진시키는 것은 아니다.

A. 목표의 유지 대(對) 유연성

"목표의 유지(Maintenance of Aim)"는 전략의 가장 중요한 원칙 중 하나이다. 장애물을 극복하고, 필요한 경우 손실을 감내하며, 목표를 향해 전진하고자 하는 결의는 성공에 필수적이다. 그러나 이러한 면이 과도해져서는 안 된다. 새로운 경로가 설정되어야 하는 상황과 순간이 존재하기 마련이다.

그것은 미래를 내다보는 문제일 뿐 아니라 희망은 가장 마지막에야 사그라지기 때문에 그러한 상황과 순간을 식별하는 것은 매우 어렵다. 그러나 그렇게 하는 것은 필수적인데, 그렇지 않으면 목표의 유지는 보람 없는 일을 하는 것으로 전락하고 만다. 1915~1917년 이존초(Isonzo) 강에서 이탈리아군은 무려 11회나 오스트리아군을 공격했다. 그들은 각 전투에서 패배했으며 수십만 명의 사상자가 발생했다. 설상가상으로 그 공격은 이탈리아군을 탈진시키고 말았다. 그러한 공격은 오스트리아군으로 하여금 1917년 10월에 카포레토(Caporetto)에서 반격을 가해 이탈리아로 하여금 전쟁으로부터 거의 이탈하게 만들 수 있도록 해주고 말았다.

이러저러한 방식으로 전쟁은 갑자기 들이닥친 기회를 잡는 지휘관들에게 이점을 제공해준다. 그들의 계획은 하나가 아니라 여러 개의 분과를 가지고 있어야 한다. 물적 자원 또는 교전에 임하지 않는 전력, 또는 두 가지 모두로 구성된 예비전력은 필수적이다. 그들은 공격자로 하여금 공격의 목표, 장소, 방법, 전력을 변화시킬 수 있게 해준다. 역으로, 그들은 방어자로 하여금 취약 지점을 강화하고 반격을 가할 수 있게 해준다. 두 경우 모두에 타이밍이 가장 중요하다. 공격자는 적이 약화되기 시작했을 때 자신의 예비전력을 투입해야 한다. 방어자는 공격이 절정에 달했을 때 그렇게 해야 한다.

통상적으로 예비전력은 전력의 10분의 1에서 3분의 1에 달해야 한다. 그보다 덜하면 위험하고 더하면 낭비적이게 된다. 예비전력을 보유하지 못한 지휘관은 전역에 영향을 미치는 게 훨씬 더 어렵다는 점을 발견하게 될 것이다. 그는 위험을 감수하면서 전력을 한 구역 또는 전구로부터 다른 구역 또는 전구로 이동시킴으로 써만 그렇게 할 수 있게 된다. 1940년에 독일의 프랑스 침공이 한창일 때 윈스턴 처칠은 프랑스 최고사령부에 그들의 예비전력의 위치에 대해 물었으며, 그들이 존재하지 않음을 듣게 되었을 때 모든 게 낭패가 되고 말았음을 바로 깨달았다.[7]

유연성의 최상의 형태는 상대가 강제하기 전에 그가 원하는 것을 자발적으로 함으로써 그[상대]를 기만하는 것이다. 상대를 전진하도록 유인한 뒤 그를 포위하여 섬멸할 목적으로 사용되었던 몽골의 허위 퇴각은 유명한 것이었다. 기원전 53년의 크라수스(Crassus)✦를 비롯하여 무수한 지휘관들이 그 희생자가 되고 말았다.—1066년에 헤이스팅스(Hastings)에서 잉글랜드의 왕 해롤드(Harold)가 그랬던 것으로 추정되듯이. 또 다른 예는 1917년 독일군의 힌덴부르크 방어선을 향한 퇴각이다. 그것은 독일의 17개 사단은 자신들이 원하는 대로 마음대로 할 수 있게 해주었던 반면, 연합군에게는 자신들의 전력을 전진시키고 새로운 기간구조를 건설하는 데 시간과 자원을 투자하도록 강제했다.

자발적인 퇴각은 강제당한 퇴각의 경우와는 달리 사기와 위신을 보존하게 될 것이다. 그러나 그것의 상대인 '목표의 유지'처럼 유연성도 그 한계를 갖고 있다. 과도한 유연성은 주도권의 포기를 의미할 수 있다. 상반되는 명령들은 혼란과 사기저하를 유발할 것이다. 어떤 경우에도 그 결과는 패배일 수 있다.

B. 전력의 절용(節用) 대 전력의 희생

단번의 타격으로 전쟁을 끝내지는 못함을 가정해보았을 때 전략가의 주된 과업

✦ 마르쿠스 리키니우스 크라수스(Marcus Licinius Crassus, 기원전 115~53년): 로마 공화정 말기의 정치가이자 장군으로서 스파르타쿠스의 난을 토벌하고 콘술을 지냈으며 폼페이우스 및 카이사르와 3두정치를 했다.—역주

중 하나는 그의 전력을 절용하는 것이다. 그렇게 하는 것은 소모전에서 특히 중요한데, 이는 예비로 남겨진 마지막 가용한 사단이 승패를 결정지을 수 있기 때문이다. 또 다른 방법은 통상적으로 공세의 경우보다 적은 전력을 필요로 하는, 방어적 태세를 계속 유지하는 것이다. 이는 서부전선에서 독일군이 1916년부터 1918년 봄까지 행했던 바이다. 그 결과, 그들은 연합군보다 적 장병 각각을 죽이는 데 상당히 덜 투자했다.

종종 그렇듯이, 원칙은 설명하는 것보다 이행하는 게 더 어렵다. 적용되고 있는 전력은 엄격한 제한 내에서만 사용될 수 있다. 이는 순전한 소극성의 지경에까지 이를 수 있다. 그 완벽한 예는 1940년 프랑스 공군이다. 예비전력으로 유지되었던 —프랑스 최고사령부는 전쟁이 장기전이 될 것이며 마지막 장병과 마지막 항공기가 승패를 결정짓게 될 것이라 믿었다— 그들은 독일의 위압적인 진군을 방해하려 할 수 없었다. 그 결과, 전역이 끝났을 때 전투태세를 갖춘 프랑스 항공기의 수는 처음보다 실제로 증가되어 있었다!

순전한 방어에 의해 승리에 이르는 경우는 거의 —행여 있다면— 없다. 유명한 로마 장군 파비우스 쿤크타토르[Fabius Cunctator, "지연자(the delayor)"]도 스키피오 아프리카누스(Scipio Africanus)에게 자신의 직을 내어놓는 것으로 최후를 맞고 말았다. 더 젊고 더 활동적이었던 스키피오는 한니발에 대해 공세를 가해 그를 격파했다. 1942년에 자신들의 전력을 절용하려고 하던 소련군조차도 수만 제곱마일에 이르는 영토를 포기해야 했으며, 스탈린그라드에서야 퇴각을 멈출 수 있었다. 반격을 할 수 있게 되기 전까지 그곳에서 그들은 버티고, 싸우고, 참혹한 손실을 당해야 했다.

게다가 전력을 희생시키는 것은 절대적으로 불가피할 수 있다. 수세에 있는 지휘관은 시간을 얻고 나머지를 구하기 위해 일부 병력을 희생시킬 수 있다. 주변에 있는 한 요새로 하여금 어떤 대가를 치르더라도 막아내도록 명령하는 것이나, 병력의 일부가 여전히 다른 측면에 존재한다는 사실에도 불구하고 교량을 폭파해버리는 것이 그러한 경우이다. 함선을 구하기 위해 함장은 일부 승조원을 잃게 될 것임을 잘 알면서도 수밀문(水密門)을 폐쇄하도록 명령할 수 있다.

전력을 희생하는 것은 공세의 일부가 될 수도 있는데, 그것이 상대를 호도하고 그로 하여금 잘못된 움직임을 보이도록 유혹하며, 그를 덫에 빠지도록 하는 데 기여하는 경우가 그렇다. 그러한 모든 경우들이 공통적으로 보이는 현상은 인간의 목숨이 의도적으로 희생된다는 점이다. 필요할 때 자신의 일부 병력을 스스로 희생시키지 못하거나, 상관에 의해 혹은 그가 싸우는 목적인 사회에 의해 병력의 희생을 금지당한 지휘관은 전쟁에서 수행하거나 승리할 수 없을 것이다.

C. 집중 대 분산

클라우제비츠의 말을 빌리자면, 전략의 첫째 법칙은 우선은 전선 전체에 걸쳐, 다음으로는 결정적인 지점에서 가능한 한 강력해지는 것이다.[8] 첫째에 이어지는 둘째는, 올바른 적, 올바른 장소, 올바른 시간에 올바른 목표를 명심하며 자신의 전력을 집중시키는 것이다. 적의 의지를 깨뜨리는 주요한 과업을 완수하는 데 참가하지 않는 전력은 낭비된 전력이다. 그들이 계속해서 보급을 제공받아야 하고 보호되어야 한다면 실제로는 해로울 수 있다.

그러나 문제들 또한 존재한다. 첫째, 집중된 전력은 불가피하게 다른 전선과(전선이나) 전선의 나머지 구역을 노출된 상태로 남겨두게 될 것이다. 그렇게 하는 것은 실로 위험할 수 있다. 이스라엘군도 1967년에 이집트 공군을 공격하면서 가용한 전투항공기의 약 95%만 사용했다. 둘째, 전력을 집중하는 것은 예비전력이 없이 작전을 수행해야 하는 것을 의미할 수 있다.—그에 따른 위험도 상당해진다.

마지막으로, 집중된 전력은 분산된 전력에 비해 발견되기 쉽다. 그들의 의도 또한 측정되기 쉽다. 그 결과, 그들은 상대적으로 격퇴되기 쉽다. 그러한 격퇴는 그들과 동등하거나 그들보다 우세한 전력을 가지고 그들에 대적함으로써 이루어질 수 있다. 또는 그들의 움직임을 허탕 치게 만들 지리적 이동이나 다른 방향에서 그들을 위협함으로써 달성될 수 있다. 그 모든 것은 집중된 전력으로 하여금 분산하도록 강제할 수 있다. 그러나 분산되고 나면 그들은 그들의 목표를 달성할 수 없게 될 수 있으며, 축차적(逐次的)으로 각개격파될 위험성이 커진다.

D. 전투 대 기동

부족전사들—기원전 1만 년경 어느 무렵에 농업혁명이 시작될 때까지의 모든 전사들을 의미한다 — 은 거의 전적으로 습격, 매복, 척후활동에 의존했다. 마음대로 쓸 수 있는 보다 큰 규모의 군대를 가진 보다 발전된 사회들은 정규적인 전투—프랑스어로는 '정돈된 전투(battailles rangées)' — 를 치를 수 있었다. 그러한 전투는 단일한 "들판"에 각 진영에게 가용한 주력을 위치시켜 서로 대적하게 만든다. 그러나 그들은 은밀하거나 기습적으로 그러는 것이 아니라 공공연하게 그렇게 한다. 많은 경우 그것은 몇 시간, 며칠, 또는 몇 주간의 지루한 교착상태 후에 이루어진다.

마키아벨리는 사자처럼 싸우는 게 좋은지 여우처럼 싸우는 게 좋은지를 물었다.[9] 그는 결코 그런 의문을 가진 처음 혹은 마지막 인물이 아니었다. 전투는 언제나 위험한 일이었다. 진실로 성공적인 전투는 거의 단번에 전쟁을 끝낼 수 있을지 모른다. 예를 들어 기원전 168년에 피드나(Pydna)❖에서 로마군이 마케도니아를 격파했을 때와 1866년에 쾨니히그레츠에서 프로이센군이 오스트리아군을 격파했을 때가 그랬다.

패배한 전투도 동일한 결과—다만 그 반대의—를 야기할 수 있었다. 이런 이유 때문에, 그뿐만 아니라 예기치 않은 방향에서 적에게 도달하거나, 그에게 영향력을

❖ 살로니카(Salonika) 만 서쪽에 있었던, 고대 마케도니아의 소도시이다. —역주

가하거나, 그의 균형을 깨뜨리거나, 자신의 몸통에 집중하기 전에 사지를 잘라내기 위해서도 많은 지휘관들이 늘 기동을 선호했다. 루이 15세의 보다 성공적인 지휘관들 중 1명이었으며 훌륭한 군사저술가이기도 했던 삭스 원수는 훌륭한 장군은 평생 동안 전투를 치르지 않고도 전쟁을 수행할 수 있을 것이라 주장했다.[10] 그러나 그 자신도 적어도 세 번의 전투를 수행했는데, 프랑스로 하여금 승전국의 일원으로서 오스트리아 왕위계승 전쟁을 종결지을 수 있게 해주었던 1744년의 퐁트누아(Fontenoy) 전투도 그중 하나였다.

전투와 기동은 상반된 것이다. 그러나 그것들은 상호보완적이기도 하다. 훌륭한 지휘관은 상황에 따라 두 가지 모두를 사용해 각각이 다른 것을 강화시킬 수 있도록 해야 한다. 그렇기는 하지만, 전통적으로 이해되어왔듯이, 1945년경 이후 전쟁에서 전투의 역할은 감소되어왔다는 점을 덧붙이는 게 중요하다. 그 이유는 현대 무기의 엄청난 화력이다. 그것은 군대들로 하여금 분산하도록 강제하며, 더 이상 그들로 하여금 하나의 지점에 ―전력 전체는 고사하고― 주력을 집중시키지 못하게 만든다. 그러나 그것은 보다 낮은 수준에서 작전을 수행하는 보다 작은 진형에는 적용되지 않는다. 그들에게는 한 편의 전투 ―혹자는 싸움(fighting)이라 부를 것이다―와 다른 한 편의 기동 간 선택이 여전히 유효하다.

E. 직접적 접근법 대 간접적 접근법

A로부터 B까지의 가장 짧은 길은 늘 직선이다. 그러나 통상적으로 직접적인 접근법을 취하는 것은 상대로 하여금 그 길을 차단하게 만들 것이다. 그 결과인 정면충돌은 유혈적이고 비결정적일 가능성이 크다. 그러므로 직접적 접근법을 피하고 간접적이고 예기치 않은 움직임을 만들어내야 하며, 말하자면 적의 팔과 다리를 잘라내기 위해 그의 취약한 장소를 공격함으로써 시작해야 한다. 그래서 최단노선이 최장노선 되며, 그 반대가 되기도 한다. 간접적 접근법이 직접적 접근법이 되

고, 그 반대가 되기도 한다.

양 진영이 직접적인 공격의 시도로 인해 매우 값비싼 대가를 반복적으로 치러야 했던 제1차 세계대전을 경험한 영국의 군사사가이자 논평가 리델하트는 이러한 생각을 교리와 이론으로 발전시켰다.[11] 그 중심에는 간접적 접근법이 전략의 가장 중요한 도구이며 그것이 전쟁에서 승리하는 (거의) 유일한 길이라는 주장이 존재했다. 그 좋은 예는 1798~1799년 겨울에 있었던 나폴레옹의 알프스 횡단인데, 그것은 그를 오스트리아 후방으로 직접적으로 이끌었으며, 그곳으로부터 마렝고(Marengo) 전투가 이어졌다. 다른 예들 또한 없지 않다.

F. 돌파 대 포위

원칙적으로, 승리에 이르는 가장 빠른 길은 상대의 중심을 꿰뚫어 그의 군대로 하여금 —격파되어야 할 필요성이 있다면— 개별적으로 격파할 수 있는 분절들로 해체되도록 하는 것이다. 많은 승자들이 이러한 방식으로 승리했지만, 이 방법은 두 가지의 불리한 점에 시달린다. 첫째, 상대가 경계하고 있음을 가정해보았을 때 돌파를 달성하는 것은 불가피하게 어려우며 강력한 저항에 직면할 가능성이 크다. 둘째, 상대의 영토로 진격하는 것은 불가피하게 스스로를 노출시키고 자승자박하게 만든다. 1973년 10월 이스라엘군의 수에즈 운하 횡단은 그러한 상황에 대한 훌륭한 예를 제공해준다. 그 기간에 이스라엘군 병력은 이집트군에 의해 거의 차단당했다.

또 다른 가능성은 완전한 전면포위(encirclement)를 이끌 수 있는 측면포위(envelopment)이다. 측면포위와 전면포위는 한 진영이 다른 진영을 예기치 않은 방향으로부터 공격하여 그로 하여금 재전개를 강요하는 상황을 만들어낸다. 그러나 그렇게 하는 것은 시간소비적이다. 포위되거나 둘러싸인 전력이 크면 클수록 어려움도 더 커진다. 상대의 병참선과 퇴각선이 공히 차단되어 그로 하여금 불리한 상황 아래서 싸우거나 항복하도록 강요할 수 있다. 게다가 —샤론의 말을 다시 한 번 빌리자면— 적 병력이 갑자기 배후로부터 등장하는 것만큼 병사들을 무섭게 만드는 것은 없다.

늘 그렇듯이 불리한 점 또한 있다. 첫째, 측면포위를 하는 이는 누구든지 자동적으로 그 측면을 공격당할 수 있다. 둘째, 측면포위는 혹자로 하여금 자신의 전력을 분할하도록 강제할 수 있다. 그것은 다시 수적 우위를 요구하는데, 그렇지 못하면 포위를 하는 원이 너무 얇아 쉽게 부러지고 말 것이다. 이러한 일이 발생할까 하는 두려움이 1944년 연합군으로 하여금 독일군의 주변에 올가미를 치는 것을 삼가도록 했다. 특정 상황에서 이점이 불리한 점보다 더 큰지, 또는 그 반대의 경우인지는 상황이 결정할 것이다.

G. 진격 대 퇴각

소수의 예외—그 가장 중요한 예는 1945년 일본의 항복이다—를 제외하면 부분적이건 전체적이건 간에 승리는 적 영토에 대한 물리적인 진격에 의해 달성된다. 다음으로, 전투를 치르거나 그렇지 않거나 하여 군사기지, 지리적 또는 지형적 지점, 통신거점, 천연자원, 산업공장, 도시, 그리고 다양한 상징적 목표와 같은 주요한 목표들이 장악되어야 한다. 점령은 한 진영의 자원을 증대시키고 사기를 고양하며, 상대에게는 그 반대의 일을 한다. 그것은 또한 상대의 의지가 깨지는 순간을 가져오는 데 도움을 줄 것이다.

그러나 적의 영토로 진격하는 일은 대가 없이 이루어지지 않는다. 침공자의 병참선이 확장되어, 그로 하여금 자신의 점령지들을 수비하기 위해 전력을 떼어내어 파견하도록 강제한다. 모스크바를 향해 진군하던 나폴레옹이 그 도시에 도달했을 무렵, 그 병력의 3분의 2는 손실되거나 낙오된 상태였으며, 이는 초기에 그가 누렸던 수적 우세가 사라지게 만들었다. 다른 문제는 점령된 주민이다. 시간이 지날수록 침공자에 등을 돌릴 가능성도 더 커진다. 진격은 뒤집힌 양동이를 떠나는 물과 같다. 처음에는 흐름이 강력하고 빠르다. 그러나 점점 더 흐를수록 그것은 더 약해지다가 결국에는 아예 멈추고 만다.

퇴각하는 진영의 상황은 정반대이다. 그것이 자발적이지 않은 한, 그리고 그것의 이점이 분명히 설명될 수 없는 한, 퇴각은 사기를 손상시키고 극심한 공포를 야기할 수 있다. 추격이 더 가까울수록 이 일이 발생할 가능성도 더 커진다. 후퇴는 자원의 손실을 야기한다. 한편, 퇴각할수록 그 병참선은 더 짧아지게 되고 힘의 중심에는 더 가까이 다다르게 된다. 취약함 그 자체가 역설적으로 강점을 증가시킬 수 있다.

결국 두 가지의 가능성이 존재한다. 포기하기에는 너무 귀중한 자원, 국경, 또는 자연적 장애물이 퇴각하는 진영으로 하여금 후퇴를 중단하고 전투에 임하도록 강제할 수 있다. 그렇지 않으면 단순히 무너져 포기할 수도 있다. 이러한 일들 중 하나가 발생하지 않는 한, 그 결과 두 진영의 역할이 뒤바뀌는 정점이 등장할 것이다. 이것이 1914년 마른 강에서 독일군에게 발생했던 일이다. 27년 뒤 모스크바의 입구에서도 다시 한 번 그런 일이 발생했다.

결정적인 요소는 시간이다. 공격자는 자신의 목표를 달성할 수 있는 시간을 제한적으로만 갖고 있다. 그렇게 하는 데 실패하면 그는 꼼짝 못하게 될 것이다. 약화된 그는 격파를 당하는 것으로 최후를 맞을 수 있다. 방어자에게는 상황이 정반대이다. 격파되지 않는 한 그가 승리한다.

H. 강점 대 약점

손자 식으로 말하자면, 좋은 전략가는 계란을 깨기 위해 바위를 쓰고, 바위를 위장하거나 중화하기 위해 계란을 쓴다. 그는 약점에 강점을 집중시키며 한 지점의 강점을 집중하기 위해 다른 한 지점의 약점을 사용한다. 그는 존재를 비존재에,

충만함을 텅 빔에, 충만함에 텅 빔을, 예견된 것에 예견되지 못한 것을, 예견되지 못한 것에 예견된 것을 대립시킨다. 반딧불처럼 그것들은 끊임없이 자리를 바꾸어야 한다. 이 모든 것은 전략가가 그의 목표에 대한 시각을 잃어버리거나 사태가 그의 통제를 벗어나버리는 일이 없이 이루어져야 한다.

전략의 수행에 관해 보자면, 각 진영의 약점—각 진영이 할 수 없거나 그러기를 원치 않는 일을 의미한다—은 적어도 그의 강점만큼이나 중요하다. 한 진영은 덫을 놓고 다른 진영은 그곳으로 걸어 들어갈 것이다. 그 훌륭한 예는 기원전 216년의 칸나에(Cannae) 전투이다. 한편에는 자신들의 우세한 기율과 전투력이 발휘되도록 하기 위해 직진하는 데 익숙했던 로마군이 존재했다. 다른 한편에는 카르타고의 지휘관 한니발이 있었다. 그는 로마군의 직진하는 성향을 그들을 완전히 쥐고 흔들기 위해 사용했다. 그는 로마군으로 하여금 자신의 퇴각하는 무리들을 좇아 진격하도록 유혹하여 그들을 포위했고 하루 만에 그중 7만 명을 죽였다. 그것은 그 천 년 전체를 통틀어 로마군이 당했던 최악의 패배였다. 그것을 가능하게 만든 것은 한 진영의 강점이 다른 진영의 약점에 정확하게 —그리고 거의 이례적일 정도로— 들어맞았다는 사실이었다. 그리고 그 반대 또한 가능했다.

그와 같은 조화는 극히 드물다. 우발적인 경우를 제외하면, 그와 같은 상황은 늘 기만에 의해서만 조성될 수 있다. 기만은 다시 상대에 대한 철저한 이해에 기초해야 한다. 어떤 의미에서 보면, 다른 측이 자기 자신을 기만하려 하지 않는 한 성공할 수 있는 기만의 시도란 없다. 독일의 총참모장 슐리펜 육군원수(1893~1905년 재임)의 말을 빌리자면, 진정으로 위대한 승리는 대적하는 진영들이 각기 자신의 방식으로 협조할 것을 요구한다.[12]

3. 일상적인 것과 이례적인 것

목표의 유지와 유연성, 전력의 절용과 그것의 희생, 집중과 분산, 전투와 기동, 직접적 접근법과 간접적 접근법, 진격과 퇴각, 돌파와 포위, 강점 대 약점, 진격 대 퇴각. 이것들은 전략을 특징짓는 많은 상반되는 것들의 쌍들 중 소수에 지나지 않는다. 각 쌍의 내부로 들어가 보면, 빛이 어둠에 대해, 그리고 일상적인 것이 이례적인 것에 대해 그렇듯이, 각 방법은 다른 방법과 연관된다. 그것들은 서로를 보완하지만 상대를 희생시킴으로써만 존재할 수 있다. 다른 조건이 같다면, 적의 시선을 딴 데로 돌리기 위해 투입된 전력은 주된 공격에 참여할 수 없을 것이다. 적을 포위하기 위해 사용된 전력은 그의 전면을 공격하거나 예비전력의 일부를 형성할 수 없을 것이다. 달리 말해, 어떤 행동경로에도 늘 비용은 존재한다. 전개되는 투쟁의 특성은 양 진영이 그러한 상반되는 것들 사이를 오가는 방식에 의해 좌우될 것이다.

아리스토텔레스는 삶을 경험하는 인간과 집단은 그와 같이 상반되는 것들 사이에서 중용을 발견해야 한다고 믿었다. "너무 과하지도 않게 너무 모자라지도 않게"가 그의 모토였다. 그의 접근법은 상당히 일리가 있는데, 우리는 미래를 예견할 수 없기 때문에 더욱 그렇다. 그 결과, 모든 우발사태를 대비함에 있어 균형 잡힌 접근법을 취하는 게 최선이다.

그러나 군사전략에 적용해보면 그러한 충고는 문제가 있다. 반복해서 하는 말이지만, 좋은 전략가는 계란을 깨기 위해 바위를 사용하고, 바위를 위장하거나 중화하기 위해 계란을 쓴다. 중도를 따르는 것은 상대를 기만하거나, 그를 함정에 빠뜨리거나, 그를 활용하거나, 그를 불안정한 입지로 몰아넣으려 하는 시도가 없이 면대면(面對面)의 정면충돌로 나아가는 것을 의미한다. 어중간한 상대에 대해 이러한 접근법을 적용하면 그 결과도 마찬가지로 어중간할 가능성이 크다. 어중간한 정도를 넘어서는 상대에 대해 그것을 적용하면 그 결과는 패배일 가능성이 크다.

그러므로 전략의 올바른 수행은 비단 예견할 수 있고 모든 발생 가능한 위협에 대처할 수 있는 능력만을 요구하지는 않는다. 그것은 '비대칭적'인 상황을 조성하고자 하는 의지 또한 요구한다. 이번에는 상황이 이 방법을, 다음번에는 그 반대의 방법을 요구한다. 그것들은 잘 정의된 계획에 따라 ─그러나 적이 인지하거나 활용할 수 있는 분명한 명령은 없는 가운데─ 서로의 위치를 취할 수 있어야 한다. 그와 같은 행동경로를 따르는 것은 위험할 수 있다. 그와 같은 위험을 선택함으로써 자신의 시도에 실패한 지휘관은 해임될 게 거의 확실하다. 일부 체제하에서는 처형을 당할 수도 있다. 그러나 처음부터 상황이 상당 정도 그에게 유리하지 않다면, 위험을 감수하는 것만이 좋은 결과를 낳을 수 있다.

다시 한 번, 이 또한 행하기가 말처럼 쉽지 않다. 모든 성공적인 전략은 상대에 대한 연구로 시작해야 하는데, 그를 알고, 그의 작전방식과 심지어 그의 본성에도 맞출 수 있도록 자신의 방법을 개조할 수 있어야 한다. 그러한 노력은 상호적이기 때문에, 시간이 경과할수록 양 진영 모두 더 변화하며 당면한 특정의 상대─그리고 앞으로 그와 같이 될 상대─와 싸우기 위해 스스로를 개조해가게 될 것이다.

그러므로 충분한 시간이 주어지면 비대칭적인 대결은 대칭적이게 된다. 그러한 과정이 진행되면서 약자는 강력해지고 강자는 약해질 수 있다. 훨씬 더 약한 상대 만 대적하여 싸울 수 있도록 허락된 축구 팀은 그 날카로움을 잃게 될 것이다. 군대의 경우도 마찬가지이다. 아프가니스탄에서의 미국의 원정을 살펴보면 거의 어떤 대가를 치르더라도 그와 같은 상황은 피해야 할 필요성을 확인시켜줄 것이다. ─그 원정은 처음에는 쉬웠지만 나중에는 유혈적인 교착상태로 전락하고 말았다. 다른 예들도 없지 않다.

전략의 정수는 기만이며 상대가 바보가 아님을 가정해야 하기 때문에 동일한 움직임─심지어 가장 성공적인 그것일지라도─을 반복하는 것은 재앙으로 가는 첩경이다. 때로는 그와 같은 반복 자체가 상대를 깜짝 놀라게 할 수 있다는 사실에도 불구하고 그렇다. 그러므로 전략의 성공적인 수행을 위한 최우선적인 전제조건은 무엇보다도 상대에 대한 ―우리에 대한 그의 기대를 포함하는― 철저한 이해로 구성된다.

앞서 언급한 규칙들―그것들이 '규칙'으로 불릴 자격이 있는 한―은 양 진영 모두에 의해 통달될 수 있다. 그것이 잘 알려진 기존 한도 내에서 행동하는 것은 성공이 아니라 실패의 비결이 될 가능성이 큰 이유이다. 진정으로 요구되는 것은 규칙을 깨뜨리고 다른 것들을 그 자리에 위치시키는 것이다. 빛은 어둠으로 변모되어야 하며, 그 반대로도 이루어져야 한다. 불가능한 게 가능한 것이 되어야 한다. 이 점을 보여주는 훌륭한 경우는, 상대의 제공권에도 불구하고 1973년 10월 전쟁을 개시하기로 했던 시리아와 이집트의 결정이다. 그것은 이스라엘방위군도, 세계의 다른 많은 군대도 가능하다고 생각해본 적이 없는 것이었다. 맥아더 대장이 이야기 했던 것처럼, 위대한 지휘관이 기억되는 것은 그가 통상적인 전략의 규칙을 깨뜨리기 때문이다.[13] 결국, 하나의 단어만이 필요한 자질을 표현해줄 수 있다. 그것은 바로 천재성이다.

이 모든 것은 전략이라는 술(術)의 규칙에 따라 계획이 수립되며, 정보가 수집되고, 준비가 이루어지며, 전쟁이 수행되어야 함―그리고 그보다 훨씬 더 많은 것이 이루어져야 함―을 의미한다. 그러나 이것이 전략이 전지전능하다고 말하는 것은 아니다. 부분적으로는 정신적인 요소들에 의해 수행되는 역할 때문에, 또 부분적으로는 그것이 늘 주관적인 기대에 기초하기 때문에, 가장 낮은 수준에서를 제외하고 그것을 알고리즘으로 축소시키려는 모든 시도는 그 운명이 미리 정해져 있다. 우리의 계산이 얼마나 훌륭하든지 간에 그것은 개연성 이상의 어떤 것도 낳을 수 없다. 그것은 비단 지적 능력뿐 아니라 ―아마도 주로는― 직관력과 상상력까지도 개입시키는 문제이다.

마지막으로, 가장 잘 계획되고, 가장 잘 정보에 기초하며, 가장 잘 준비된 전략이더라도, 그리고 설령 그것이 천재에 의해 수행된다 하더라도 우연한 사건들에 의해 차질을 빚을 수 있다. 역으로, 우연성은 가장 무능한 전략에게 성공의 왕관을

씌워줄 수 있다. 결국, 장기적으로 보자면 운명의 여신은 유능한 자에게 호의를 베
푸는 경향이 있다. 그러나 마키아벨리가 썼듯이 그녀는 변덕스러우며 그녀의 행
동은 결코 예견할 수 없다.[14]

제7장

해전

1. 해양의 피할 수 없는 현실

놀랍게도 손자도 클라우제비츠도 자신들의 저작에서 해전에 대해서는 한 마디의 말도 하지 않는다. 조미니는 그 주제에 대해 한 장(章)을 할당한다. 그러나 그는 그것을 지상전을 돕는 존재로 다룰 뿐이다. 그는 이러저러한 지휘관에 의해 성공 또는 실패 속에서 만들어진 "상륙작전(descents)"의 긴 목록을 가지고 있다.✧ 조미니는 육지로 둘러싸인 나라인 스위스 토박이였다. 비록 그는 몇몇 다른 군대에서도 복무했지만 자신의 시민권을 포기한 적이 결코 없었다. 그것이 그가 바다를 상이한 법이 적용되는 상이한 환경으로서 전혀 이해하지 못했던 이유였을까? 제해권, 그것의 중요성, 그것을 획득·보존·교란하는 방법은 고사하고 어쨌든 해전은 거의 언급되지 않는다.

✧ 『전쟁술』 제5장(부분적으로는 전략적이고 부분적으로는 전술적인 특성을 가진 몇몇 혼성작전)에 포함되어 있는 제40절의 제목이 '상륙작전'이다. ─ 역주

해군이론가 머핸과 코르벳은 공히 바다에서의 전쟁을 전체적인 전쟁 내에 위치시키고자 했다. 머핸은 조미니를 자신의 모델로 삼았다. 코르벳은 클라우제비츠를 선호했는데, 그는 클라우제비츠의 "절대적"인 전쟁과 "제한적"인 전쟁 간 구분과 해양력이 "제한적인" 전쟁을 수행하는 데 사용될 수 있는 방법을 강조했다. 그러나 그들의 주제를 고려해보았을 때 양자 모두는 개(dog), 즉 전쟁에 대해서보다는 그 일부를 이루며 수행의 도구가 되는 꼬리, 즉 해양전략에 훨씬 더 강조점을 둔 것이었다.

이유야 어찌 되었든 간에, 전쟁의 두 측면 모두를 통합하며, 지상전과 해전 간의 유사성과 차이, 그리고 그것들이 상호작용하는 방식을 다루는 최상급의 최신화된 연구는 아직 이루어지지 않은 상태이다. 그럼에도 불구하고 바다를 통해 이집트를 침공하려고 시도하는 블레셋 사람들(Philistines)을 보여주는 기원전 13세기의 부조와 같이 그 두 가지는 늘 연계되어 있었다. 아카이아인들이 1000척의 선박을 가지고 있지 않았다면 지구 상에서 가장 아름다운 여성의 얼굴도 그들을 트로이아로 유인해내지는 못했을 것이다. 아테네인들도 기원전 480년 살라미스 전투에서 페르시아의 침공을 격퇴해낼 수 없었을 것이다.

땅과 바다는 매우 다른 환경을 나타낸다. 그러한 차이는 그 안에서 수행할 수 있는 전쟁과 그럴 수 없는 전쟁, 수행되었던 전쟁과 그리하지 못했던 전쟁의 종류를 좌우하기까지 한다. 지상전은 늘 인근 주민뿐 아니라 가용 자원과 산물 또한 고려해야 했다. 한 구역 또는 한 나라의 인적·물적 자원을 활용하기 위해서는 먼저 그곳을 정복해야 할 필요성이 있었다. 많은 경우 그것은 한 인치(inch) 한 인치씩, 그리고 적을 죽이거나 해치거나 생포하고 또 적을 죽이거나 해치거나 생포하면서 이루어져야 했다. 그러한 과정이 다소간에 완결되었을 때야 정복자에게 혜택이 생길 수 있었다.

바다에서 상황은 전적으로 달랐으며 지금도 그렇다. 그곳에는 활용할 수 있는 사람이 없으며 자원도 거의 없다. 역사의 대부분 기간에 자원이라고는 거의 전적으로 물고기로 구성되어 있었다. 물고기는 때때로 매우 선호되는 요리였다. 그러나 물고기는 그것을 박탈당하면 무릎을 꿇게 될 정도로 하나의 국가나 개인에게 중요하지는 않았다. 최근의 기술적 발전은 인간이 도달할 수 있는 거리를 바다의 해표면으로부터 해저로 확장시킴으로써 이러한 상황을 변화시키고 있다. 석유나 가스와 같은 연안 자원들은 많은 국가의 경제에 결정적으로 중요하다. 다양한 광물들—거대한 양의 광물이 해저 또는 그 밑에서 발견된다—이 거기에 추가되어야 한다. 그렇다 하더라도 소비자들은 바다에서 살고 있지 않기 때문에 그러한 자원들은 우선 그것들이 분배되며 소비되는 육지로 운송되어야 활용될 수 있다. 달리 말하자면, 교통로가 가장 중요하다.

해양교통로는 많은 경우 해로로 알려져 있다. 혼란을 피하기 위해 여기서 우리는 '해로'라는 용어를 쓸 것이다. 땅에서나 바다에서나 할 것 없이 교통로/해로는 기지를 목적지와 연결시킨다. 그것들을 통해 증원전력과 보급물자의 끊임없는 물결이 이어진다. 기지나 항구에 대한 접근이 차단되면, 통상적으로 그것들이 지원하는 전력이 퇴각하거나 항복하도록 강제당하는 것은 시간문제에 지나지 않게 된다. 해로에는 곶, 해협, 운하와 같은 다양한 관문이 존재한다는 점에서 병참선과 유사하다. 그러한 지점들은 많은 경우 그 소유자들로 하여금 적의 전략적 움직임을 좌우할 수 있게 해준다. 전성기에 대영제국은 도버 해협, 스코틀랜드와 노르웨이 간 해협(제1차 세계대전 시), 그리고 노르웨이와 아이슬란드 간 해협(제2차 세계대전 시)을 통제했다. 그들은 또한 지브롤터, 시칠리아, 아덴(Aden), 호르무즈(Hormuz), 마젤란(Magellan), 말라카(Malacca) 해협뿐 아니라 희망봉(Cape of Good Hope), 수에즈 운하 또한 보유했다. 그것들이 없었다면 대영제국은 거의 생존할 수 없었을 것이다.

일부 우군, 일부 적, 일부 위치는 바다를 통해서만 도달할 수 있다. 영국과 일본이 섬이 아니었다면 그들의 역사—군사사를 포함하여—는 전적으로 달라졌을 것이다. 한쪽에서는 대서양, 다른 쪽에서는 태평양으로 보호되는 "전 지구적인" 섬인 미국도 마찬가지이다. 1939년 4월에 제국의회에서 히틀러는 미국을 침공한다는 생각은 제정신이 아닌 군사적 상상 내에서만 생겨날 수 있다고 말했다.[1] 그런데 1985년으로 돌아가 보면, 그것이 미국의 한 회사로 하여금 바로 그와 같은 침공─쿠바에 의한!─에 대한 영화를 만드는 것을 막지는 못했다.

더욱이 물을 통한 수송은 땅을 통한 수송보다 늘 더 쉽고 더 저렴했다. 모든 거대한 고대문명들─극동, 중동, 지중해─이 강가나 해안으로부터 가까운 곳에서 흥기했음은 우연이 아니었다. 육지에 둘러싸인 사람들은 훨씬 더 낙후되었다. 그런 이점이 1500년부터 1850년까지 이른바 "콜럼버스" 시기❖보다 더 컸던 적은 없었다. 땅에서 가장 발전된 형태의 수송은 말이 끄는 수레와 마차였다. 산업혁명과 증기기관의 발명 전에 육상수송의 능력은 매우 어중간하게 증대되었을 뿐이었다. 심지어 발전이 절정에 달했을 때조차도 그것들이 운송할 수 있는 탑재량은 몇 톤으로 제한되었으며, 그 지속속도는 시간당 10마일에 미치지 못했다. 노나 돛에 의해 추진되는 선박도 그보다 빠르지 못했다. 바람에 의존한 운송은 많은 경우 배의 항해 지속시간을 예견할 수 없게 만들었다. 그러나 그것의 운송역량은 훨씬 더 컸다.

1850년경 철도와 그로부터 50년 뒤 자동차의 도입은 그러한 간극을 줄이는 데 기여했다. 그럼에도 선박은 섬에 다다를 수 있는 유일한 수단으로 남았다. 마찬가지로 1900년경에 등장한 것으로 추정되는 항공기는 육지와 바다 모두의 상공을 날 수 있다. 그러나 항공기의 탑재 용적에는 제한이 있다. 그것이 1990~1991년과 2003년에 페르시아 만으로 보내진 미국과 그 동맹국의 거의 모든 병력이 공중을 통해 그곳에 도착했음에도 불구하고 보급물자의 90%는 바다를 통해 도달한 이유를 설명해준다. 공중수송은 육지로 둘러싸인 아프가니스탄에서 수행되는 전쟁에서 더 큰 역할을 수행하지만, 이는 과도한 비용을 지불하고서야 가능하다. 자동차,

❖ 이탈리아의 탐험가 크리스토퍼 콜럼버스(Christopher Columbus)가 아메리카 대륙을 발견한 뒤 아메리카 대륙에 대한 유럽의 식민화가 본격화되었던 기간을 의미한다. ─역주

철도, 항공기의 모든 기술적 발전에도 불구하고 해양수송이 없었다면 대륙 간 교역은 현재의 일부로 축소되고 말았을 것이다.

바다에는 지형지물도 표면의 초목도 없다. 그것들의 부재는 늘 선박들로 하여금 지상전에서는 매우 중요한 일종의 은신처를 찾을 수 없게 만들었다. 그러나 그러한 결여 자체뿐 아니라 그곳에는 거주민이 없다는 사실 또한 공해(空海) 상의 선박들에게 더 큰 이동의 자유를 제공해준다. 많은 경우 선박들을 추적하거나 한 곳에 고정시키는 것은 지상의 군대들을 그렇게 하는 것보다 더 어렵다. 1798년 지중해에서 프랑스 함대를 추적했으나 성공하지 못했던 넬슨이 이에 대한 훌륭한 예를 제공해준다. 심지어 1942년에도 미드웨이의 일본군은 플레처 제독의 제17항모기동부대의 위치나 그들이 일본군을 기다리고 있음을 알고 있지 못했다. 1960년대 동안에 위성은 상황을 변화시키기 시작하여 선박과 함대가 거의 숨을 수 없게 만들었다. 오늘날도 여전히 위성의 주의를 상당 정도 피할 수 있는 유일한 선박은 탁월한 스텔스 무기인 잠수함뿐이다.

마지막으로, 땅에서와 마찬가지로 바다에서도 기후와 기상은 중요한 역할을 수행한다. 바람, 해류, 조류는 많은 경우 해군작전을 방해한다. 노와 돛이 기계적 에너지에 의해 대체된 것뿐 아니라 훨씬 더 큰 선박이 건조된 것도 기후와 기상에 대한 선박의 의존을 다소간 감소시켰다. 그러나 그것이 기후와 기상이 무시될 수 있음을 의미하지는 않는다. 특히, 잠수함과 그에 대적하는 무기체계들은 수압, 수온, 염도와 같은 요소들을 계속 염두에 두어야 한다.

이전에도 그랬듯이 오늘날에도 기상적·물리적 요소들은 특정 시기에 특정 경로와 특정 지역은 취하는 반면 특정의 것들은 피할 것을 권하곤 한다. 1274년과 1291년에 몽골의 일본 상륙을 무산시켰던 것은 기상이었다. 1588년에, 오늘날 벨기에 지역에서 스페인 함대가 스페인 육군과 연계하지 못하게 만들고, 그 함대를 파괴로 이끈 것이 기상이었다. 1944년 마지막 순간에 기상이 호전되지 않았다면 노르망디 상륙은 연기되어야 했을 것이다. 그러한 요소들은 늘 해양전략의 원칙들을 결정짓는 데 도움을 주었다, 여전히 그것들은 그렇게 하고 있다.

2. 해양전략의 원칙

땅은 모든 인간이 살아가는 기반이 되는 거주지이다. 그와는 대조적으로 바다
는 낯설고 거의 부자연스러운 환경으로서, 그간의 진화가 인간으로 하여금 바다라
는 환경에 충분히 대비할 수 있게 만들어주지는 못했다. 시대를 막론하고 무수한
사람은 바다를 본 적도 없었다. 일부는 바다가 존재하는지도 몰랐다. 만약 인간이
민간 또는 군사적 목적을 위해 바다를 사용하려면 먼저 바다를 통달하는 법과 바
다에서 항해할 수 있는 선박에 대해 배워야 한다. 그렇게 하는 것에는 시간과 노력
이 필요하다. 그것이 해군주의자들이 때로는 다른 군종과의 조정과 협력("합동성")
을 희생하면서까지 늘 전문직업주의를 매우 강조했던 이유이다.

해전이 절대적으로 선박에 의존하여 수행됨을 고려해보았을 때, 그것은 늘 지
상에서의 전쟁보다 자본집약적이었다. 대체로 이는 선박이 노에 의해 추진될 때
에도 적용되었다. 전반적으로 보았을 때 해전이 해전을 실행하는 이들에게 가하
는 도전—책임성, 불확실성, 마찰, 위험성 등—은 땅에서의 도전과 대략 유사하다. 그
도전들에 대처하는 방법들—여기에는 훈련, 교육, 조직, 기율, 리더십이 포함된다—도
마찬가지이다. 전쟁이 수행되는 환경의 성격은 전쟁의 형태에 영향을 미칠 수 있
다. 그러나 전사들이 필요로 하는 자질은 기본적으로 변하지 않고 남아 있다.

땅에서 기술은, 설령 그것이 막대기와 돌만으로 구성된다 할지라도 작전의 수
행에 절대적으로 필수적이다. 바다에서 기술은 작전과 생존 모두를 위해 필수적
이다. 공해 상에서는 선박—나중에는 잠수함도 여기에 합류한다—이 오래전부터 가장
강력했다. 그것은 원하는 곳이라면 어디든지 갈 수 있으며, 원하는 자를 격침하거
나 생포할 수 있다. 카디스(Cadiz, 1596년), 아부키르(Aboukir, 1798년), 코펜하겐(1807

년), 타란토(Taranto)와 다카르(Dakar)(공히 1940년) 전투가 모두 보여주었듯이, 항구에서 선박은 매우 강력하게 방어되지 않는 한 취약하다. 그것이 좁은 수로나 해협을 통과하거나 그 안에서 작전을 수행하려 할 때도 마찬가지이다. 1900년경부터 시작해서 좁은 수로나 해협에는 많은 경우 기뢰가 부설되었기 때문에 더욱 그랬다.

격전에 휘말리지 않는 한 육군의 군대들은 통상적으로 새로운 보급물자를 받지 않고도 현지조달을 통해 적어도 일정 기간은 생존할 수 있다. 1918년 이탈리아 북동부의 프리울리(Friuli)에서 오스트리아의 병력은 —비록 지역주민들에게나 자신들의 건강상에나 끔찍한 대가가 치러져야 했지만— 꼬박 1년을 그렇게 생존했다. 그와는 대조적으로, 함대는 바다로부터 어떤 보급물자도 얻을 수 없다. 최근까지 물 또한 거기에 포함되었다. 다른 선박을 통한 바다에서의 재보급은 가능하지만, 그것은 고비용적일 뿐 아니라 취약하기까지 한 다양한 종류의 보조선박들의 끊임없는 출입을 필요로 한다. 정비와 수리는 매우 제한적으로만 가능하다. 그렇기 때문에 실질적으로는 모든 것을 항구에서 수집하고 갑판에 싣고 운반해야 한다. 이 모든 것은 다양한 유형의 선박이 바다에서 지낼 수 있는 시간뿐 아니라 동일한 항구로 복귀하거나 새로운 항구를 찾기 전에 여행할 수 있는 거리 또한 제한한다. 모든 항구가 반드시 모든 선박에 적합한 것도 아니다.

전략의 기초들 중 다수는 해전에서도 마찬가지로 타당하다. 거기에는 서로 다른 종류의 선박들을 결합시켜 조직해야 할 필요성이 포함된다. 거기에는 또한 전략이 사용하며 그것을 구성하는 요소가 되는, 대부분의 상반되는 것들의 쌍 또한 포함된다. —이는 지리와 공해가 제공해주는 이동의 자유를 반영하는 것이다. 바다의 가장 중요한 용도는 수송이기 때문에 고대 아테네 시절부터 해군의 첫 목표는 늘 자신들의 해로를 항행 가능한 상태로 유지하는 것이었다. 서양 해군사의 대부분 기간에 그랬듯이 군함과 상선은 동일하지 않다고 추정했을 때, 기본적으로 이를 행하는 데는 두 가지 방법이 존재한다. 하나는 상선을 보호하기 위해 군함을 사용하는 것이다. 땅에서와 같이 이는 주도권을 포기하는 것을 의미한다. 마찬가지로 땅에서처럼 모든 것을 지키려 하는 것은 모든 곳이 취약해지게 내버려두는 위험을 감수하는 것이다.

　대안은 가장 강력한 가용 선박들에 기초하는 강력한 전투함대를 건설하는 것이다. 다음으로 이 함대는 적을 찾아내거나 그로 하여금 전투를 하도록 강제할 수 있게 스스로를 위치시켜야 한다. 함대는 적과 교전하여 적을 파괴해야 한다. 마지막으로, 생존한 적 선박들을 찾아내어 격침시키거나 항구에서 꼼짝 못하게 만들어야 한다. 해군전략의 가장 중요한 요소는 "제해권"―고대 그리스인들은 이를 '바다에 대한 통치(thalassokratia)'라 불렀다―이다. 그것을 행사하는 이는 공해에서 그가 원하는 장소에서, 그가 원하는 시간에, 그가 원하는 일을 할 수 있다. 사실 이는 땅에서보다 더욱 그런데, 이는 점령군을 필요로 하지 않기 때문이다. 머핸에 의해 유명해진 이 접근법은 미 해군의 공식교리로 남아 있다.

　사실 한 진영이 완전한 제해권을 획득하거나 매우 오랫동안 그것을 유지하기는 어렵다. 상당 시간 동안 ―예를 들어 두 차례의 세계대전에서 그랬듯이― 그것은 경합되기 마련이다. 그것이 존재하는 경우에도 그것은 지역적이고 일시적일 수 있으며, 많은 경우 그렇다. 전투에서 제해권을 획득하기에는 너무 약한 해군은 적으로 하여금 그것을 달성하지 못하도록 하려 할 수 있다. 그렇게 하는 한 가지 방법은 적이 사용해야 하는 해로―특히 항구 인근이나 좁은 수로 내에―에 기뢰를 부설하는 것이다. 둘째, 지속적인 위협을 가함으로써 적의 행동의 자유를 제한할 현존함대(a fleet in being)❖를 유지하는 것이다. 셋째, 상선습격에 임하는 것이다. 세 번째 경로는 분산과 은밀성에 대한 의존을 암시한다. 적을 앞지르거나, 적이 너무 강한 것으로 드러나는 경우에는 그로부터 도망치기 위해 필요한 속도 또한 필수적이다.

　역사적으로 통상파괴전[guerre de course, 또는 '추격전(war of the chase)']은 출발

❖ 전략적 예비전력으로 의도적으로 유지되는 함대로서, 결정적 교전을 회피하면서 주로 항구에 대기하지만 그 세력과 존재 자체로 인해 적에게 상당한 위협을 가하게 된다.―역주

하고 도착하는 항구뿐 아니라 상선들이 통과해야 하는 관문에도 초점을 맞추는 경향을 보였다. 그러나 그것이 공해로까지 확장되는 경우 또한 있었다. 그런 경우, 해결책은 선박들을 선단으로 묶고 그들에게 근접 또는 엄호 호위를 제공하는 것이었다. 코르벳이 왜 상선습격이 장차 덜 효과적이게 될 것인지를 열심히 설명했던 바로 그때, 1911년에는 잠수함이 도입되었다. 잠수함은 제해권을 달성할 수 없었다. 그러나 그것은 다른 이들의 제해권 획득을 막는 데 있어 막강한 도구임을 입증해냈다. 두 차례의 세계대전 모두에서 독일의 잠수함들은 영국을 무릎 꿇게 만들 뻔했다. 연합군이 일본에 승리를 거두는 데도 잠수함의 역할은 마찬가지로 컸다.

이스라엘 해군의 기지들에서는 한때 "바다를 통치하는 사람들은 결코 패배하지 않는다"(히브리어에서는 "사람들"이 "바다"와 운을 맞춘다)라는 슬로건을 발견할 수 있었다. 지상력과 해양력 중 어느 것이 더 중요한지, 그리고 어떻게 그것들이 서로 관계를 맺는지에 대한 논쟁은 적어도 기원전 5세기의 테미스토클레스(Themistocles)까지 거슬러 올라간다. 자신의 동료 아테네인들에게 침공하는 페르시아군에 맞서 땅에서 저항하려 하지 말고 함대를 건설해야 한다고 설득했던 이가 바로 그였다. 지상력과 해양력 모두 장점과 결점을 가지고 있다. 기본적으로, 장점도 결점도 알려진 가장 초기의 시기부터 지금까지 변화한 게 없다. 이런 사실은 기술적 발전이 전쟁의 기본 원칙들을 변화시킬 수 있는 정도에 관한 흥미로운 질문을 제기한다.

영국의 법학자이자 평론가인 프랜시스 베이컨(Francis Bacon, 1561~1626년)의 말을 빌리자면, 두 강대국 간 분쟁에서 바다를 통제하는 이는 자신이 원하는 만큼의 전쟁을 수행할 수 있는 막대한 이익을 갖는다.[2] 그는 한 지점에서 다른 지점으로 병력과 자원을 이동시킬 수 있다. 또는 적에게 근접 또는 원거리에서 봉쇄를 가해 적으로 하여금 적의 자원과 병력을 이동시킬 수 없게 하고 적을 질식시키거나 그로 하여금 출정하여 전투에 임하도록 강제한다. 또는 필요한 장소와 시간에 "전력을 투사"할 수 있다. 마지막으로, 그러나 마찬가지로 중요한 점은, 주도권을 장악한 상대적으로 소규모적인 원정군은 방어자로 하여금 그들을 저지하거나, 또는 억제가 실패하는 경우에는 그들을 격퇴하기 위해 훨씬 더 큰 규모의 전력을 전개시키도록 강제할 수 있다는 점이다.

일찍이 펠로폰네소스 전쟁(기원전 431~404년)에서 아테네인들은 자신들의 제국을 결합시키고 자신들이 필요로 하는 곡물을 수입하며, 펠로폰네소스를 습격하기 위해 해군을 사용했다. 1861~1865년에 미국 북부는 남부를 봉쇄했는데, 이는 그 전쟁의 결과에 상당히 기여했다. 1944년에 연합군의 침공 위협은 히틀러로 하여금 서부전선에 100만 명의 병력을 유지시키도록 강제했다.─그들이 동부전선에 가용했다면 흐름을 바꿀 수 있었을지도 모른다. 수 세기 동안 영국의 해군성은 그러한, 그리고 그와 유사한 방법들을 매우 체계적으로 적용했는데, 이는 "영국식 전쟁수행 방식"으로 알려졌다.

제1차 세계대전 동안 독일에 발생했던 것처럼, 봉쇄는 때때로 강력한 대륙국가들까지도 기아 직전으로 몰아넣을 수 있다. 그러나 그것은 또한 엄청난 땀과 눈물을 포함하며, 인력과 장비 면에서 보았을 때 매우 고비용적이다. 그것이 항상 효과적이지도 않다. 농산물, 원료, 산업이 풍족한 대규모 국가는 봉쇄의 영향으로부터 상당 정도 면제된다. 육지를 통해 그들에게 재보급을 해줄 수 있는 동맹국들을 가지고 있는 국가들 또한 그렇다. 1805년 트라팔가르(Trafalgar)에서 영국이 거둔 대승리는 나폴레옹을 타도하는 데 거의 기여하지 못했다. 제2차 세계대전 시 연합군의 해양력도 그들이 대륙에 상륙하기 전에는 그 힘을 진정으로 발휘할 수 없었다.

그와 마찬가지로, 주의를 딴 데로 돌리기 위해 이루어지는 적 영토에 대한 해군의 습격은 적으로 하여금 그들의 전략을 분할시키도록 강제하고 일반적으로 적에게 가시와 같은 역할을 함으로써 훌륭한 결과를 낳을 수 있다. 1950년 인천에서 연합군이 가한 급습은 눈부신 성공으로 발전되었다. 그러나 그러한 작전은 특히 육지로부터의 지원이 없는 경우에는 장기간이 소요되고 필요 이상으로 많은 자원을 소비할 수 있다. 1854년 영국-프랑스의 세바스토폴(Sebastopol) 상륙은 결국 승리로 끝을 맺었다. 그러나 1915년 갈리폴리에서의 상륙은 그렇지 못했다.

저항 속에 이루어지는 전면적인 상륙침공은 해전의 완성에 해당한다. 통상적으로 그러한 침공은 전쟁을 적이 존재하지 않는 바다로부터 적이 존재하는 육지로 옮겨놓는다. 1066년에 정복자 윌리엄이 감행했던 것이나 1942~1945년에 연합군에 의해 수행되었던 것과 같은 일부 침공은 성공적이었다. 기원전 415년 시라쿠사(Syracuse)를 향한 아테네의 원정이나 1942년 포트모르즈비(Port Moresby)와 미드웨이를 장악하려던 일본의 시도는 재앙으로 끝나고 말았다. ―어떤 것은 더 재앙적이었고, 다른 어떤 것은 덜 그랬다.

장차 많은 침공자들이 발견하게 되듯이, 상륙작전은 모든 군사작전 중에 가장 어렵다. 기술적인 문제들을 제외하고도 거기에는 두 가지 이유가 있다. 첫째, 병력을 상륙시킬 최적의 장소는 육지에서의 지속적인 작전에 가장 적합한 곳이 아닐 수 있으며, 그 반대의 경우도 있을 수 있다. 둘째, 다른 어떤 작전보다 상륙작전은 바다와 육지 모두로부터의 반격에 더 취약하다. 먼저 적어도 지역적일지언정 제해권을 확보하지 않고 상륙작전을 시도하는 것은 무모한 일이다. 그러나 이러한 조건이 충족된다 하더라도 우수한 지상교통체계를 갖추고 있는 강력한 현대 국가는 그러한 상륙작전을 격파할 수 있을 것이다. 그러한 어려움은 너무나 심대하여 일부 관찰자들은 오늘날 상륙작전은 더 이상 쓸모가 없어졌다고 생각한다.

이 모든 것이 리바이어던(leviathan)과 곰에 대한 1914년 이전의 대중적 이미지에 담겨 있다. 리바이어던은 영국을 상징하고 곰은 러시아를 상징했다. 페르시아(이란)와 인도(당시에는 오늘날의 파키스탄도 포함했다)에 대한 통제권이 위험에 처해 있었다. 러시아가 중앙아시아를 향해 진군하는 것을 지켜보고 있던 런던 당국은 그렇게 믿었다. 그러나 두 진영이 어떻게 진정으로 서로에 대처할 수 있는지는 파악하기 어려웠다. 바다를 지배하는 한 리바이어던은 침공이나 옭아매기로부터 면제되어 있었다. 곰은 해외무역을 차단당함으로 말미암아 고통받게 될 것이었다. 그러나 육지를 지배하는 한 그는 포괄적인 지상작전을 수반하는 대규모 상륙침공에 의해서만 격파될 수 있었다. 부분적으로는 그 결과로서 양 국 간 전쟁은 현실화되지 못했다. 전쟁이 발발했다면 어느 한 진영이 전적으로 우위를 누리는 일은 결코 없었을 것이다.

3. 리바이어던, 곰, 그리고 새

수천 년 동안 선박과 싸우기 위해서는 선박이, 육군과 싸우기 위해서는 육군이 사용되었다. 때때로 선박은 해안도시들을 방어하는 데 도움을 줄 수 있었다. 1798년 아크레(Acre)에서 해안 인근을 순찰하던 영국 해군은 나폴레옹이 그 도시를 함락하려는 것을 막아주었다. 선박은 또한 1807~1813년 반도 전쟁(Peninsular War) 동안 그랬듯이 보급물자를 운송할 수 있었으며, 습격을 개시하거나 상륙작전을 감행할 수 있었다. 그러나 지상작전에 영향을 미칠 수 있는 그것의 능력은 여기까지였다. 역으로, 항구, 해협 등을 포격하고 장악하는 경우를 제외하고 육군은 해전에 영향을 미치기 위해 할 수 있는 게 거의 없었다. 이러한 상황은 세 번째 종(種)인 새가 가담하게 되는 20세기 초까지 이어졌다. 전쟁 전반에 대한 항공력의 영향은 다음 장에서 고찰될 것이다. 여기서는 항공력이 해전에 영향을 미친 방식에 대해서만 간략히 설명할 것이다.

바다에서 항공기의 사용을 처음으로 실험한 이들은 오스만제국에 맞서는 1911~1912년 전쟁 동안의 이탈리아인들이었다. 장비는 초보적이었지만 결과는 고무적이었다. 이탈리아군은 비행선에 수소를 재충전하기 위해 선박을 사용하기까지 했다. 1913년에 그리스 항공기는 터키 선박들에게 폭탄을 투하했다. 제1차 세계대전 동안 모든 주요 교전국들은 바다에 있는 표적을 찾기 위해 항공기와 계류기구를 사용했다. 그들은 표적을 발견하면 공격하기 위해 폭탄이나 어뢰를 투하하거나 무선을 사용해 해군전력을 표적으로 인도했다.

해수면의 선박이나 잠수함은 ―잠수함은 전원을 재충전하기 위해 해수면으로 올라와

야 했다 — 공히 이러한 방식으로 공격당할 수 있었으며, 그렇게 되었다. 제1차 세계대전은 최초의 수상기(hydroplanes)와 비행정(flying boats)이 사용되는 모습 또한 보여주었다. 그러나 항공기의 제한된 항속거리는 그것으로 하여금 공해 상에서는 작전을 수행하지 못하게 만들었다. 이러한 문제를 해결하기 위해 일부 국가들은 항공기를 선박이나, 어떤 경우에는 잠수함에 탑재하기 시작했다. 해상항공기는 바다와 육지 모두에서 표적을 발견·추적·공격할 수 있었으며, 그렇게 했다. 그러나 그것의 탑재역량은 제한되었다. 매우 소수의 예외를 제외하고 그것의 공격은 보잘 것 없었다.

주문 제작된 최초의 항공모함은 1920년대 초에 진수되었다. 항모가 미래의 선박이 될 것인지, 아니면 보다 오래된, 함포를 탑재한 전투함이 그렇게 될 것인지에 대한 논쟁이 전간기 내내 진행되었다. 정부부처와 참모부를 분주하게 만들었던 또 하나의 문제는 다양한 병과와 군종 간의 분명한 관계에 관한 것이었다. 지상전력과 해상전력은 오래전부터 별개로 존재해왔는데, 이 사실이 그중에서도 왜 두 군종 모두에 대해 진지한 관심을 가졌던 이론가들이 그토록 존재하지 않는지를 설명하는 데 도움을 준다. 이제는 새로운 문제들이 등장하여 해결책을 요구했다. 육군을 중시하는 이들은 한 방향으로 끌어당기고, 해군주의자들은 다른 방향으로, 항공인들은 또 다른 방향으로 끌어당긴다.

별개로 행동했던 육군과 해군은 원래 각기 자신들만의 항공병과를 창설했다. 미국과 일본에서 항공병과는 제2차 세계대전까지 육군과 해군의 통제 아래 남아 있었다. 그 결과, 사실 그러한 국가들은 하나가 아니라 2개의 항공군을 보유하게 되었다. 대부분의 다른 국가들은 그와는 다른 경로를 취했다. 1918년부터 영국을 비롯한 국가들은 독립적인 항공군종을 창설했다. 그러한 군종이 창설되자마자 그 지휘관들은 연락과 전장정찰 등에 사용할 거의 모든 항공기를 육군에서 빼앗아 오려 했다. 일반적으로 이는 성공적이었다.

일부 해군도 자신들의 항공병과를 잃어버렸다. 그 가장 중요한 경우는 이탈리아 해군이었다. 그것이 1940~1943년에 이탈리아 해군이 비효과성의 모델이 되었던 이유를 설명해주는 하나의 원인이었다. 그럼에도 전반적으로 해군은 육군보다 항공력 열성주의자들이 깨뜨리기 어려운 상대인 것으로 드러났다. 특히 영국 해군은 그에 강력히 맞섰다. 결국 그들은 자신들의 항공병과를 보존하는 데 성공했다. 영국 해군과 비교해보면 비록 그 중요성은 작았지만 러시아 해군도 마찬가지였다. 항공모함을 보유하고 있지 못했던 그들은 거의 전적으로 지상기반 항공기에 의존했으며, 장거리 중폭격기를 운용하는, 동종(同種)에서 유일한 해군이었다. "합동성"에 대한 끝이 없는 이야기에도 불구하고 누가 무엇에 대해 책임을 져야 하는지에 관한 3자 간의 투쟁은 끝날 조짐을 보여주지 못하고 있다. 서로 다른 전략적 비전들과 수십 억 달러에 의해 고무된 투쟁이 그러한 경지에 다다를 가능성은 거의 없다.

제2차 세계대전은 다양한 종류의 선박들뿐 아니라 그것들을 지원하고(지원하거나) 호위하는 항공기들까지도 시험했다. 북서유럽에서, 지중해에서, 극동에서 몇 가지 일들이 순식간에 분명해졌다. 첫째, 항공지원—그것이 지상기반이든 해상기반이든을 막론하고—을 받지 못하는 해상함대는 항공지원을 확보한 함대에 비해 함대를 운용하는 게 거의 자살에 해당할 정도로 불리했다. 둘째, 잠수함은 항공력에 너무 취약한 것으로 드러났다. (해상함대는 별로 그렇지 않았지만) 항공기—나중에는 헬리콥터까지도—는 바다에서 잠수함을 사냥하는 주된 도구로 전환될 수 있는 가능성이 충분했다. 셋째, 잠수함의 효과성은, 특히 정찰, 표적획득, 상선습격을 위해 항공력을 잠수함과 결합시킴으로써 엄청나게 증대될 수 있었다.

1914년 이전에 해군이 전력을 투사할 수 있는 유일한 길은 습격을 가하거나 상륙을 감행하는 것이었다. 해군항공력은 그러한 능력을 몇 배나 증가시켰다. 항공모함이 없었다면 태평양에서 미 해군의 전역은 불가능했을 것이다. 그러나 그것은 동전의 한 면에 지나지 않았다. 해상기반 항공력이 육지의 표적에 대해 사용될 수 있던 것처럼, 지상기반 항공력은 바다에 있는 표적에 대해 사용될 수 있었다.

항공기를 하나씩 육지에 전개시키는 것은 바다에서 동일한 일을 행하는 것보다 훨씬 더 간단하고 비용도 덜 들었기 때문에 더욱 그랬다. 항공기 자체도 더 크고 더 무겁게, 그리고 더 많은 연료와 더 많은 무기를 탑재할 수 있도록 만들어질 수 있었다.

항공기는 기뢰를 부설하기 위해서도 사용되었다. 항공기의 항속거리가 증가하면서 함대들은 점점 더 적이 지키고 있는 천해나 해협을 회피하고 작전을 공해로 한정하도록 강제되었다. 1960년부터 정찰위성과 순항미사일의 도입은 그러한 추세를 강화시켰다. 리바이어던, 곰, 새의 기본적인 관계는 변하지 않은 채로 남았다. 그럼에도 해가 지나면서, 그리고 기술적 발전에 따른 기술적 진보로 인해 해상 함대가 비교적 안전하게 작전을 수행할 수 있는 바다의 범위는 줄어들고 있다.

한 가지 가장 중요한 발전이 언급되어야 할 필요가 있다. 그것은 해안에서 멀리 떨어진 곳에 위치하는 내륙의 표적에 대해 탄도와 순항 미사일을 발사하고자 해군의 해상선박이나 잠수함을 사용하는 것이다. 더욱이 그 미사일에는 핵탄두가 장착될 수 있다. 핵전쟁 자체는 제9장에서 논의될 것이다. 그러나 핵투발 수단들을 난공불락의 것이 되게 만들고 제2격 능력(a second-strike capability)을 유지시키는 알려진 모든 방법들 중에는 그것들을 잠수함에 탑재하는 것이 최상의 것들 중 하나라는 점을 명심하는 게 매우 중요하다. 부분적으로 이는 대양이 지구표면의 약 70%를 구성하기 때문이다. 또한 부분적으로 이는 여전히 잠수함은 탐지하여 격침하는 게 어려운 존재로 남아 있기 때문이다. 장차 더 많은 국가들이 잠수함을 확보할 가능성이 크다. 그렇기 때문에 함대의 가장 최신 병과인 잠수함은 가장 중요한 병과로 변모해가는 과정에 놓여 있다.

제8장

항공전, 우주전, 사이버전

1. 항공전

"제공권(制空權)"과 "제우주권(制宇宙權)"이라는 구절이 암시하듯이, 항공전과 우주전은 해전과 몇 가지 중요한 유사성을 갖고 있다. 세 가지 환경 모두에서 우리가 할 수 있고 해야 하는 가장 중요하고도 가장 최우선적인 일은, 작전적 자유를 확보하는 반면 상대에게는 그것을 불허하는 것이다. 모든 곳에서 최종적으로 그렇게 하지는 못한다 할지라도, 적어도 직접적인 목적에 중요한 공간과 시간에서는 그럴 수 있어야 한다. 다른 유사성도 많다. 공중과 우주는 바다보다 훨씬 더 인간의 삶에 적대적이다. 그 결과, 공중과 우주에서는 기술이 다른 무엇보다도 중요한 역할을 수행한다.

기술이 수행하는 중요한 역할은 조종사, 공중승무원, 지상요원이 고도의 기술을 필요로 한다는 점을 의미한다. 미사일을 정비하고 발사하는 이들, 드론을 운용하는 이들, 모든 종류의 우주자산을 통제하는 이들이 그래야 한다. 이 모든 것은 장기 직업군인들만 받을 수 있는 종류의 훈련을 필요로 한다. 항공전도 우주전도 비정규전사나 아마추어에게는 활약할 수 있는 여지를 남겨두지 않는다. 많은 고숙련 인원들은 민간시장으로 이직하는 게 보다 쉽다는 점을 발견하게 될 것이다. 그곳에서 그들은 보다 적은 제약 아래서 일하며 더 높은 급료를 받게 될 것이다. 이는 다시 그들이 필요로 하는 리더십의 종류뿐 아니라 그들이 적용받을 수 있고 그래야 하는 종류의 기율 또한 암시해준다.

조종사들은 늘 자신의 생명을 위험에 노출시키는데, 보병을 제외한 다른 어떤 전사보다 더 그런 경우가 많다. 1914~1918년에 영국의 젊은 조종사들의 기대수명은 몇 주에 지나지 않았다. 그들 중 1명은 다음과 같이 썼다.[1]

> 젊은 비행사가 죽어가고 있네
> 격납고 안에 누운 채
> 정비사들이 그의 곁을 둘러싼 채
> 유언을 남겼네
> 나의 신장에서 실린더를 꺼내고
> 나의 뇌에서는 연접봉(connecting rod)을 꺼내며
> 나의 척추 밑에서는 캠상자(cam box)를 꺼내
> 엔진을 다시 조립하여
> 가서 나를 학교버스에 장착한 뒤
> 나는 평원✦에 묻어주오.

정비사, 지상통제사, 군수담당자, 기상요원과 같은 공중 및 우주 공동체 구성원들은 그렇지 않았다. 전장으로부터 멀리 떨어진 곳에서 일하던 그들은 물리적인

✦ 영국 왕립항공단(RFC) 비행학교가 있었던 솔즈베리 평원(Salisbury Plain)을 의미한다. ─역주

위험은 고사하고 전쟁의 '고역(*Strapazen*)'에 대한 노출이 훨씬 덜했으며, 아예 없다시피 하기도 했다. 1차적으로 그들은 기술자였으며, 군인은 2차적인 신분이었다. 그들의 일이 영웅적이지 않다고 해서 쉽다는 의미는 아니다. 실제로 드론 운용자들 사이에서 스트레스 신드롬이 흔하게 발생한다는 점은 전쟁이 아직 비디오게임으로 변모되어 버리지는 않았음을 가리키는 듯하다. 투키디데스가 이야기했듯이, 전쟁은 여전히 인간의 일이다.

그 제한적인 내구성을 고려해보았을 때 항공기는 선박보다 기지에 훨씬 의존한다. 연료가 바닥난 항공기는 조종사와 다른 모든 승무원들과 함께 하늘로부터 떨어져 나가게 될 것이다. 이는 무인항공기나 드론에게도 마찬가지이다. 위성은 다시 한 번 다른 문제이다. 많은 위성은 필요한 에너지를 공급하기 위해 태양전지판을 가지고 있다. 궤도에 진입하면 위성은 오랜 기간 그곳에 머물 수 있다. 다른 중요한 유사점은, 지상이나 지상에 가까이 머무는 한 항공기와 우주선은 이륙이나 착륙하는 동안에 취약하고 보호를 필요로 한다는 점이다. 그러나 일단 기지를 떠나면 그것들은 지리, 지형, 종류를 망라하는 인공 장애물들에도 불구하고 선박보다 훨씬 더 자유롭게 모든 방향으로 이동할 수 있다.

전쟁에서 연과 기구를 사용하려는 시도는 서기 3세기 중국까지 거슬러 올라간다. 최초의 동력항공기는 1911~1912년 이탈리아-터키 전쟁 동안에 선보였다. 제1차 세계대전 말에 이르면 그것들은 많은 서로 다른 임무를 수행하고 있었다. 그중에는 정찰, 포격관측, 연락, 공대공전투, 기총소사와 폭격—여기에는 제공권을 확보하기 위해 비행장에 가해지는 그것들이 포함된다—과 같은 공대지작전이 있었다. 전간기 동안에 항공수송—사상자 후송을 위해서도 사용되었다—이 추가되었다. 글라이더와 공수부대원과 같은 형태의 공중강습도 마찬가지였다. 1939년에 이르면 항공력은 극히 중요해져 있었다. 방어적인 것이든 공세적인 것이든 간에 대규모 작전은 공중으로부터의 지원이 없는 한 성공할 수 있는 기회를 잡을 수 없었다. 이는 오늘날에도 여전히 마찬가지이다.

처음에는 항공력의 속도, 항속거리, 지형의 종류를 막론하고 그 상공을 날 수 있는 능력, 이번에는 어떤 하나의 표적에 집중하지만 다음번에는 다른 표적에 집중할 수 있는 유연성이 항공력으로 하여금 본디 공세적인 무기가 되게 만드는 것으로 생각되었다. 일단 제공권이 확보되면 —모든 민간인은 말할 것도 없고— 어떤 것도, 어떤 사람도 견뎌낼 수 없었다. H. G. 웰스(H. G. Wells)의 1907년 소설『공중에서의 전쟁(The War in the Air)』부터 시작하여 군내·외의 저자들은 앞다투어 도래할 끔찍함에 대해 묘사했다.[2] 모든 이들은 광범위한 파괴뿐 아니라 다수의 사망자와 부상자가 발생할 것이라는 데 동의했다. 그러나 그들의 수는 두려움에 미쳐 몰려다니며 정부를 혼란에 빠뜨리고 정돈된 삶을 중지시켜 버리게 될 군중의 그것에 의해 압도당하고 말 것이었다.

이러한 기대는 과장된 것으로 드러났다. 제1차 세계대전에서 도시들에 가해진 대부분의 "전략적" 공격은 바늘로 찌르는 수준에 불과했다. 제2차 세계대전에서는 그와 달랐다. 처음에는, 바르샤바와 로테르담과 같은 도시들이 강력한 타격을 받아 폴란드와 네덜란드 정부는 항복해야 했다. 나중에는 상황이 변화되었다. 유럽과 일본 모두에서 대규모적이고 장기적인 공중공격은 수십만 명을 죽이고 엄청난 파괴를 초래했다. 그러나 많은 산업표적들은 생각보다 타격하기 힘들고 수리하기에는 더 쉬운 것으로 드러났다. 그보다 더 중요한 점은, 대부분의 경우 민간인들의 사기는 효과적인 민간방위체계의 지원을 받는 한 국가 전체는 고사하고 도시들이 기능을 멈추게 되는 지경까지도 붕괴되지 않았다는 점이다. 1950~1953년의 사건들도 유사한 교훈을 가르쳐주었다. 미 공군은 북한의 모든 도시를 수차례에 걸쳐 파괴했지만 이러한 폭격은 전쟁 전반에 주요한 영향을 주지 못했다.

일부는 희망하고 다른 일부는 두려워했던 것만큼 공중폭격이 효과적임을 입증해내지 못한 또 다른 이유는 전투기, 대공포, 그리고 무엇보다도 레이더와 같은 새로운 무기와 장비가 그러한 방정식을 변화시켜버렸기 때문이었다. 특히, 영국전투가 분명히 해주듯이, 항공력은 전적으로 공세적인 도구이기는커녕 방어에도 마찬가지로 잘 사용될 수 있었다. 공중전투가 발전해감에 따라 통상적인 그네효과가 발생하기 시작했다. 이번에는 이 진영이, 다음번에는 저 진영이 우위를 확보했다. 결국 독일과 일본의 산업적·인구학적 표적— 즉, 도시들—에 대한 "전략적"인 폭격은 그러한 국가들의 상당 부분을 폐허로 만듦으로써 승리에 상당히 기여했다. 그러나 그렇게 하는 것은 어떤 누구도 예견했던 것보다 더 힘들고, 더 오랜 시간이 걸리며, 훨씬 더 많은 손실을 동반했다.

문제가 되는 것으로 드러난 항공력의 또 다른 요소는 공중강습이었다. 제2차 세계대전 동안 양측 모두는 공중강습을 상당한 규모로 시행했지만 엄청난 손실을 당하는 대가를 치러야 했다. 1941년에 독일군이 크레타 섬을 점령했을 때처럼 그것이 성공을 거두었을 때에도, 1944년에 연합군이 아른험(Arnhem)을 급습했을 때처럼 그것이 실패했을 때에도, 이는 마찬가지였다. 1954년 디엔비엔푸에서 프랑스군의 실패는 그들의 운명을 최종적으로 결정짓고 말았다. 그 이후로는 헬리콥터가 글라이더와 공수부대원들의 일부 역할을 넘겨받았다. 그러나 헬리콥터의 항속거리는 항공기의 그것보다 제한되었다. 헬리콥터가 운송할 수 있는 병력의 수와 탑재장비의 규모는 그보다 작았으며, 적의 화력에도 훨씬 더 취약했다. 이러한 요소들이 공중강습에서 헬리콥터가 사용되는 것을 소규모 작전으로 제한했다. 헬리콥터가 잘할 수 있는 일은, 연락을 취하고, 날아다니는 지휘소로 기능하며, 병력과 장비를 그것이 필요한 지점으로 수송하고, 무장헬기로 기능하며, 전반적인 지상전력과 협업을 하는 것이다. 때문에 헬리콥터의 확산은 어떤 군종이 무엇을 통제해야 하는지에 대한 오래된 영역다툼을 더욱 부채질했다.

한편 제트엔진의 등장은 모든 종류의 고정익 항공기가 더 커지고, 더 빨라지고, 더 유능해지게 만들었다. 1960년경부터는 공대공과 공대지 미사일이 기관포와 폭탄을 각각 대체하고 사거리와 정밀성을 극적으로 증가시키기 시작했다. 1990년대 동안에는 최초의 스텔스 항공기가 등장했다. 공세적 전쟁과 방어적 전쟁, 항공기와 대공방어망 간의 전투가 계속되었다. 항공기가 사용하는 것과 대략 같은 기관포, 유도미사일, 그리고 기타 전자장비는 이러한 동일한 항공기들에게 사격을 가해 하늘로부터 쫓아내는 데도 사용될 수 있었기 때문에 더욱 그랬다. 이라크(1991년과 2003년)와 세르비아(1999년)와 같은 국가에 대한 공중공세가 성공한 것은, 그것이 초강대국에 의해 3류급 군사력을 가진 국가에 감행되었기 때문이었다. 1999년은 세르비아군이 현대식 대공미사일 한 발을 공급받은 지 약 20년이 지난 시점이었다. 2003년에 이라크군은 훨씬 더 나쁜 상황에 처해 있었다.

"전략적" 폭격과 공중강습에 적용되었던 것은 항공력을 운용하는 다른 방법에도 적용되었다. 대응사격을 가할 수 있는 잘 엄체화(掩體化)된 적의 상공을 낮게 비행하는 것은 늘 위험했으며 지금도 그렇다. 전반적으로 보았을 때 재래식 전쟁에서 항공력을 운용하는 최상의 방법은 적의 병참선을 타격하는 것일 수 있다. 1939~1941년의 독일 공군, 1942년 말부터 서부사막에서 영국 공군, 1944~1945년 유럽에서 미 육군의 제9전술공군, 1967년 6일전쟁 동안의 이스라엘군은 공히 무엇을 할 수 있는지에 대한 훌륭한 예들을 제공해준다. 항공력은 또한 1950~1953년의 한국전쟁, 1956년의 수에즈 전역, 1965년과 1971년의 인도-파키스탄 전쟁, 1973년 10월의 아랍-이스라엘 전쟁, 1980~1988년의 이란-이라크 전쟁에서도 중요한 역할을 수행했다.

그럼에도 이러한 경우들 중 어느 것도 결정적인 결과를 낳지는 못했다. 실제로 1973년에 이집트 방공망을 파괴하고 공군에게 길을 열어준 것은 이스라엘 지상전력이었지 그 반대가 아니었다. 이라크에서 나오는 보고서들을 신뢰할 수 있다면, 제1차 걸프전의 마지막 필사적인 기간에 후세인은 연합군이 바그다드로 진격할 것인지에 대해 계속해서 물었지 그들이 자신의 나라를 계속해서 폭격할 것인지에 대해 묻지는 않았다. 테러리스트, 게릴라, 그리고 민간주민을 엄폐물로 사용하는, 다른 종류의 반군들에 의해 수행되는 내전이 세계 도처에서 만연해진 것은 재래식 항공력의 사용을 훨씬 더 문제가 되게 만들어놓았다.

1960년대 초 동안에는 탄도미사일이 핵전략 임무를 위한 유인폭격기를 대체하기 시작했다. 감시와 정찰에 관해서는 위성이 유인항공기를 대체했다. 1970년대에는 순항미사일이 뒤따랐으며, 1980년경에는 드론이, 그리고 20년 뒤에는 이른바 킬러드론(killer drones)이 뒤를 따랐다. 유인항공기에 비해 이러한 기계들은 상당한 이점을 갖고 있다. 그중 주요한 것에는, 그 많은 것들이 필요로 하는 훨씬 더 작고 덜 취약한 기간구조와 소모 가능성, 전장 상공을 날아다닐 수 있는 능력뿐 아니라 보다 작은 훈련과 운용비용 또한 포함되었다. 그것이 특히 드론의 수가 급증해온 이유이다. 방금 언급한 다른 장치들과 함께 그것은 이제 유인 전투항공기의 생존 자체를 위협하고 있다. 역으로, 대부분의 세계에서 유인 전투항공기의 이례적으로 높은 비용은 그것의 수를 15년마다 3분의 1씩 감소시키고 있다. 그러한 항공기를 운용하는 공군들도 전투는 경험하지 못했다.

공중을 전투할 수 있는 또 하나의 환경으로 변모시킨 인간은 분명 그곳을 다시 내버려 두지는 않을 것이다. 항공력만이 공중에 대한 통제가 달성될 수 있게 해준다. 그것이 달성되면 항공기는 정보·감시·정찰에 임하고, 지상표적을 타격하며, 다른 군종은 필적할 수 없는 특정 종류의 기동을 제공해줄 수 있다. 이러저러한 형태로 항공력은 재래식 전쟁에서 매우 중요한, 그리고 때로는 결정적인 존재로 남을 것이다. 문제는 21세기 초 전쟁의 압도적 대다수는 더 이상 재래식 유형이 아니라는 점이다. 그 대신 그것들은 테러리즘/대(對)테러리즘, 게릴라/대게릴라, 또는 반군활동/대반군작전으로 구성된다. 그리고 ―베트남전에서 아프가니스탄전까지의 무수한 경우들이 보여주었듯이― 그와 같은 전쟁에서 항공력이 기여할 수 있는 바는 훨씬 더 제한된다.

2. 우주전

어떤 면에서 보았을 때 우주전은 항공전의 직접적인 연속이다.―그게 아니라면, 적어도 모든 곳의 공군들이 그렇게 주장한다. 그러나 그것이 보여주는 기술적 문제들은 많은 면에서 훨씬 더 심대하다. 첫째, 우주라는 환경은 너무나 적대적이어서 사실상 모든 것은 무인이어야 하며, 아마도 오랫동안 그렇게 남을 것이다. 무엇보다도 그것은 손상된 장비는 —만약 그럴 수 있다면— 수리하기가 상당히 어렵다는 것을 암시한다. 둘째, 재래식 연료의 사용이 엄격히 제한된다. 배터리, 태양광, 소형 원자로와 같은 다른 에너지원들이 가용하다. 그러나 그것들도 제각기 문제가 있다. 셋째, 운석이나, 상당한 속도로 움직이며 위성을 손쉽게 망가뜨릴 수 있는 모든 종류의 우주잔해와 같은 위험을 주의해야 한다. 넷째, 거리와 속도가 엄청나다. 이례적인 정밀성이 요구된다. 그렇지 않으면 빛의 속도로 움직이는 레이저조차도 그 표적을 타격하는 데 실패할 것이다.

우주에서 전쟁을 하려면 먼저 그곳에 도달해야 한다. 가장 초기의 탄도미사일은 제2차 세계대전 동안 독일에서 만들어졌다. 그러나 그것은 표적에 이르기 위해 우주를 통과하는 것 외에는 아무런 용도로도 우주를 사용하지 않았다. 이는 소련과 미국이 위성을 궤도로 쏘아 올리기 시작하는 1957년까지 계속되었다. 유명한 일이지만, 최초의 위성이 할 수 있던 일이라고는 "삐삐(beep-beep)" 소리를 내는 것뿐이었다. 그러나 그러한 상황은 곧 변화되었다. 1960년대 초 동안에 최초의 정찰위성이 운용 가능해진 이후 그것이 수행하는 임무의 수와 종류는 엄청나게 증가했다. 그것에는 기상예보, 통신, 지도제작, 항법, 공격에 대한 조기경보, 많은 종류의 정보(시각·적외선·레이더·전자 정보를 포함한다), 작전 후 피해평가, 그리고 그 외의 훨씬 더 많은 것이 포함되었다.

21세기 초부터 핵무기를 포함하는 다양한 무기들이 우주에 위치하는 것을 금지하는 몇 개의 국제조약이 존재하고 있다. 그럼에도 어떤 국가가 그렇게 하는 데에 중요한 군사적 이점을 발견하게 되면 분명 그런 조약들은 폐지될 것이다. 1980년대 동안에는 우주를 통해 표적을 향해 날아오는 순항미사일들을 요격하고자 위성을 사용하는 많은 계획들—그중 일부는 기이했다—이 제안되었다. 그러나 그 비용은 엄청난 데 비해 지상의 자산들에게 제공되는 보호의 측면에서 보았을 때 그 혜택은 의심스러웠다. 제안된 방법의 일부는 우주에서 가용하지 않은 경이적인 양의 전기를 필요로 했다. 다른 것들은 너무나 무차별적이어서 그 사용자들을 그 의도된 표적에게 가해지는 것과 거의 비슷한 정도의 큰 위험에 빠뜨렸다. 이런 요소들은 결국에는 아무런 결과도 얻지 못하는 이유를 설명해주는 데 상당한 도움을 준다.

원칙적으로는 지상의 표적들을 정밀타격하기 위해 공세적인 무기들 —예를 들어, 고속 폭발성 화살♦— 또한 사용할 수 있다. 그렇게 하는 것에 모종의 이점이 없지는 않을 것이다. 지리에 따라 미사일 공격에 대한 경보시간은 단축될 수 있다. 그러한 공격이 가해질 수 있는 방향의 수는 상당히 증가할 것이다. 어느 쪽이든, 이미 막강해진 탄도미사일 공격을 효과적으로 방어하는 문제는 훨씬 더 어려운 일이 되고 말 것이다.

위성은 지구로부터 150마일에서 2만 2500마일까지 떨어진 곳에서 궤도를 돈다. 속도는 시간당 3335마일에서 1만 7340마일 사이로 다양하다. 일부 위성은 기동이 가능하여 요격하기에 더 어렵다. 그럼에도 그것들이 취약하지 않은 것은 아니다. 그것들을 취약하게 만드는 첫 번째 걸음은 지속적이고도 실시간적으로 그러한 위성들의 모든 것을 추적할 수 있는 체계를 설치하는 것이다. 다음으로는 그것들을 공격하기 위한 방법을 고안해낼 필요가 있을 것이다. 그와 같은 방법의 하나는 지상이나 항공기로부터 발사되는 대(對)위성미사일을 사용하는 것이다. 다른 방법은 우주에서 기동하면서 표적들을 들이받거나 다른 수단으로 그것들에 맞서는 "킬러" 위성이다. 그것들을 눈멀게 하기 위해서는 레이저가 사용될 수 있다. 그것들의 통신을 방해하거나, 그것들을 가동이 불가능해지게 만들거나, 그것들을 장악하기 위해 전자전을 사용할 수도 있다. 그것들을 고장 나게 만들기 위해 전자기

♦ 다양한 종류의 미사일을 의미한다. —역주

제8장 항공전, 우주전, 사이버전 171

펄스를 사용할 수도 있다.

마지막으로, 그러나 못지않게 중요한 점은 지상통제본부가 존재한다는 점이다. 그러한 본부가 없이는 위성과 통신하거나, 그것으로 하여금 임무를 수행하게 만들거나, 그러한 임무가 수행되었는지를 점검하거나, 그 결과를 알 수 있는 방법이 없게 된다. 다른 모든 자산들이 그렇듯이 그와 같은 본부는 항공기나 다양한 종류의 미사일로부터 타격을 당할 수 있다. 그것은 사이버공격에 의해서도 무력화될 수 있다. 그러나 그렇게 되면, 한 국가의 우주자산에 대한 잘 고안되고 잘 수행된 공세는 앞서 언급한 임무들을 위해 그러한 본부에 의존하는 군대를 귀머거리와 장님으로 만들어버릴 수 있다. 다른 조건이 동등하다면, 그것에 대한 의존이 클수록 위험도 커진다.

이것이 이야기의 끝은 아니다. 최초의 위성들은 거의 전적으로 군사적 목적에 기여했다. 나중에는 민간회사들이 넘겨받아 그 분야에서 리더가 되곤 했다. 21세기 초에는 엄청나게 많은 일상의 서비스들이 위성에 의존하고 있다. 그것이 없으면, 많은 경우 항법도, 통신도, 데이터 링크도, 무선이나 텔레비전 방송도, 은행서비스도, 지구관측도 ―그리고 누군가를 혼란에 빠뜨리기에 충분한 다른 많은 일들도― 없을 것이다.

심지어 지구 상에서 가장 거대한 펜타곤의 자체 통신망도 대부분 정교한 군사자산들보다는 민간자산들에 의존하고 있다. 항법뿐 아니라 많은 종류의 미사일을 그 표적으로 인도하기 위해서도 사용되는 위성항법체계가 특히 취약하다. 예산에 대한 고려 때문에 이러한 상황은 장래에도 지속될 가능성이 크다. 이론적으로 보면 충분히 잘 계획되고 포괄적이며 강력하고 지속적인 우주공세는 그것에 맞설 수 있는 준비가 되어 있지 않은 군대뿐 아니라 국가 전체의 필수적인 통신기간구조 또한 마비시킬 수 있다. 게다가 그것도 낡은 방식의 "전략적" 폭격이 그랬던 것처럼 몇 년에 걸쳐서나, 지휘본부에 대한 정밀유도타격과 같이 몇 주나 며칠에 걸쳐서가 아니라 ―몇 분은 아닐지라도― 몇 시간 만에 그럴 수 있다.

그와 같은 시각은 1930년대에 전략폭격의 끔찍함을 묘사했던 그것과 기묘하게 비슷하다. 어떤 이들은 "우주 진주만(space Pearl Harbor)"에 대해 이야기한다.[3] 그들은 위험을 최소화하기 위해 자원을 할당하고 조치를 취할 것을 요구한다. 일부 국가는 이러한 방향으로 움직였다. 통신은 암호화할 수 있고 그렇게 된다. 위성은 그것이 공격에 덜 취약하도록 강화시켜 만들 수 있다. 그것은 또한 소형화하여 표적화하기 훨씬 더 힘들게 만들 수도 있다. 몇 개를 만들어 보관할 수도 있고, 무력화되거나 파괴된 것들을 대체하기 위해 발사될 수도 있다. 가능성의 수는 무한하다. 그러나 분명 한계는 존재한다. 지구를 휘감고 있는 방대한 민간 기간구조의 모든 요소를 보호하는 것은, 큰 도시를 그곳에 투하된 다수의 수소폭탄을 견뎌낼 수 있도록 만드는 것에 비유될 것이다. 이론적으로는 그것이 가능하지만 그 비용은 상상을 초월할 것이다.

21세기 초에 접어들어 우주전의 일부 측면들은 실험의 대상이 되고 있다. 다른 측면들은 발전의 과정에 놓여 있다. 그럼에도 낙관주의에는 그럴 만한 근거가 존재한다. 1957년부터 2013년까지 무려 66개 국가가 위성을 발사했다. 일부는 그러한 목적을 위해 자체적인 발사대를 사용했지만, 대다수는 다른 국가에 의해 사용할 수 있게 된 미사일을 활용했다. 공개적인 정보가 허락하는 한에서는 적 위성을 격추시키기 위한 노력은 이루어진 적이 없었다.

일부 위성은 군사적인 것이고 다른 일부는 민간적인 것이다. 많은 것은 두 가지 용도 모두를 가지고 있다. 군사적인 체계들은 한 국가에게만 기여하거나 동맹국 간에 공유된다. 그러나 무수한 민간체계들은 상당히 많은 국가들에게 동시에 기여한다. 많은 경우 거기에는 우방뿐 아니라 잠재적인 적들까지도 마찬가지로 포함된다. 미국의 일부 스파이 위성은 러시아 로켓을 사용해 궤도로 진입되었다. 네트워크는 너무 복잡하고 서로 얽혀 있어 한 국가를 조준한 많은 종류의 우주공격은 의심의 여지 없이 다른 국가 또한 타격하게 될 것이다. 그 결과는 아주 힘든 문제를 비교적 단순하게 보이도록 만들기 위한 정치적 분규가 될 것이다. 부메랑 효과*도, 아마도 전 세계적인 혼란도 배제할 수 없다. 이 모든 것은 우주전이 사이버전과 공유하는 문제이다. 그러므로 이제 우리는 후자로 주의를 돌려야 한다.

3. 사이버전

수천 년 전에 배가 발명되었을 때부터 우주시대가 시작될 때까지 새로운 기술적 장치의 등장은 늘 전쟁이 새로운 환경으로 확산되게 만들었다. 그러한 복복에 가장 최근 추가된 것이 사이버공간인데, 이는 정보가 온라인으로 저장되고 소통되는 컴퓨터 네트워크의 영역으로 정의된다. 일부 분석가들은 이러한 정의를 확장시켜 전자전을 포함시킨다. 21세기 초에 전쟁이 확산될 수 있는 어떤 추가적인 환경을 상상하기는 어렵다. 그러나 1990년경까지도 우주가 "마지막 영역"이었다. 사이버공간은 전적으로 사람이 만들어낸 환경이다. 다른 무엇이 그것을 뒤따르는지, 그것이 어떤 형태를 취할 것인지는 알 수 없다.

디지털 전자컴퓨터의 등장은 1940년대 말까지 거슬러 올라가며, 그것들을 연결하는 네트워크는 1970년대까지 거슬러 올라간다. 컴퓨터들이 서로 연결되자마자 모든 네트워크는 취약성을 갖고 있으며 그러한 취약성은 정보의 목적으로 사용될 수 있다는 점이 분명해졌다. 그러한 과정은 때때로 "정보전"으로 알려진다.[4] 어떤 면에서 "정보전"은 통상적인 정보작전—특히 전자정보(ELINT, 주로 말이나 텍스트를 포함하지 않는 전자신호로부터 파생되는 정보)와 같은 전자기술에 의존하는 정보작전—의 직접적인 파생물이다. 그것의 운용을 지배하는 고려 사항들 또한 그리 다르지 않다. 모든 경우에 그것은 가능한 한 상대에 대해서는 상세하게 파악하고, 그에게는

❖ 어떤 행위가 행위자의 의도를 벗어나 불리한 결과로 되돌아오는 것을 말한다. ─역주

허위정보를 제공하며, 자신에 대한 정보는 비밀로 유지시키는 것에 관한 문제이다. 전반적인 목표는 "정보우세"를 확보하는 것이다.

정보전은 물리적인 폭력이 개입되지 않기 때문에 전통적인 형태의 정보와 대(對)정보가 독립적으로 그러는 것보다 전쟁에 더 가깝지는 않다. 그러나 첩보활동은 어떤 지점에서 전쟁이 될 수 있을까? 일부 종류의 컴퓨터 악성코드들은 상대의 컴퓨터에 저장되거나 그것으로부터 파생되는 정보를 발견하는 것 이상의 훨씬 더 많은 일을 할 수 있다. 그것들은 그 정보를 지우거나 수정하거나, 그것들에게 허위정보를 제공하거나, 그것들이 오작동하게 만들거나, 그것들을 수리가 가능한 수준을 넘어 고장 나게 만들 수도 있다.

훨씬 더 문제가 되는 것은 컴퓨터들이 오늘날 무수한 체계들―군사적인 것과 민간적인 것 모두―을 가동시키고 있다는 점이다. 그것은 여유부품 목록에서부터 전화망까지, 그리고 전력망에서부터 무역과 금융 용도의 망에까지 걸쳐 있다. 이러한 거의 모든 체계는 하나의 거대 통신망(Net)의 일부를 형성하는데, 이는 후자의 망을 통해 그러한 체계들에 접근할 수 있게 됨을 의미한다. 이론적으로, 그 모든 것, 또는 그것들을 서로 연결하는 결정적인 노드(node)들 중 다수에 대한 집중적인 공격은 국가 전체의 가동을 순식간에 멈추게 할 수 있다. 대부분의 거대 통신망을 보유하고 있는 사적 기업들이 표적국가의 책임 있는 정부기관들에 필요한 코드들에 대한 접근을 제공하는 경우에는 특히 그렇다.

다시 한 번 이 분야에서의 예견과 경고는 1930년대에 항공전과 관련하여 있었던 그것들과 괴기스러울 정도로 유사하다. 먼저 표적에 대한 상세 목록을 준비하고 각 표적에게뿐 아니라 그것들 간의 연결점에도 전문가들의 팀을 할당할 것이다. 많은 종류의 악성코드들이 고안되고 생산되며 시험되고 적발되지 않고 상대측의 네트워크에 이식되어야 할 것이다. 신호가 주어지면 공격이 시작될 것이다. 우선 군사적인 센서, 통신, 지휘통제본부, 보급체계, 대공방어망 등이 오작동하거나 무력화되어 그것들이 보복에 사용되지 못하도록 할 것이다. 다음으로는, 정유

공장의 펌프들에 피해가 가해지고 화재가 유발될 수 있다. 발전소의 터빈이 너무 빨리 회전하거나(또는 전혀 회전하지 않거나) 계류선으로부터 탈락되거나 자체가 파괴되게 만들어질 수 있다. 한 국가의 전력망이 교란될 수도 있다. 건강서비스, 철도교통체계, 은행, 어음교환소, 증권거래소, 전화서비스 등도 마찬가지이다.

이 모든 것이 이루어지면 식량, 물, 에너지, 연료, 의약품, 돈과 같은 필수적인 일용품들이 순식간에 그것들을 필요로 하는 시간과 장소에서 더 이상 가용하지 않게 될 것이다. 그 파급효과는 정돈된 경제생활을 아수라장으로 만들고 중지상태로 이끌 것이다. 그것을 복구하려 시도하면서 정부들은 상업적인 경로를 통과하는 자신들의 교통 대부분도 영향을 받고 말았다는 점을 발견하게 될 것이다. 거의 확실한 결과는 폭동의 확산과 사회적 분열이 될 것이며, 매우 순식간에 대량 기아가 뒤따를 것이다. 어떤 지점에서도 공격자는 직접적인 물리적 폭력을 사용하지 않을 것이다. 그럼에도 이 모든 것을 다른 이에게 행하는 정체나 조직이 전쟁행위에 휘말리게 됨에는 의심의 여지가 있을 수 없다.

어떤 지점에서 그와 같은 공격은 보다 전통적인 형태의 전쟁과 부합되며, 또 그것은 어떻게 그러한 전쟁과 비교될까? 아마도 가장 큰 유사성은 전반적인 목표, 즉 상대를 자신의 의지에 굴복시키는 반면 자신의 손실은 제한하는 데 필요할 수 있는 최대한의 피해를 가하는 것과 관련한 것이리라. 그러나 여기에는 몇 가지 문제가 있다. 진정으로 강력한 사이버공격이 다른 진영에 통신의 혼란을 조성하는 데 성공했다고 추정해보자. 요구 조건을 받아들이고 그것을 이행할 누군가가 남겨질 수는 있을까?

재래식 전쟁의 경우처럼 조직과 지침은 극히 중요하다. 개인 단독으로는 국지적이고 엄격히 제한된 교란 이상의 것을 야기할 수 있을 가능성이 거의 없다. 재래식 전쟁의 경우처럼 불확실성(그러나 마찰은 무시할 수 있을 정도이다)이 지배한다. 재래식 전쟁의 경우처럼 정보, 대(對)정보, 견고성, 중복성, 복원성은 필수적이다. 사이버전쟁은 그것이 움직임, 움직임에 대한 대응, 움직임에 대한 대응에 대한 대응을 포함한다는 점에서도 재래식 전쟁과 유사하다. 단 한 차례만 사용될 수 있는 무기로 치자면 다른 많은 분야보다 이 분야가 훨씬 더 그렇다. 처음에 재앙과도 같은 피해가 없다면 장기적인 결과는 그네효과가 될 것이다. (이미 그렇게 되었다.) 이번에는 이 진영이, 다음에는 다른 진영이 선두에 설 것이다.

재래식 전쟁의 경우처럼 우리는 적의 배열 내에서 극히 중요한 동시에 취약하기도 한 지점—이른바 노드—을 찾아내야 한다. 재래식 전쟁을 구성하는 상반된 것들의 쌍들 중 일부는 사이버전에도 적용된다. 목표의 유지/유연성, 전력의 절용/전력의 희생(공격에 사용된 모든 컴퓨터는 반격을 당할 수 있기 때문에 아마도 일부 컴퓨터는 늘 망으로부터 단절되어 예비전력을 형성해야 할 것이다), 직접적 접근법/간접적 접근법(공격자를 파악하기 더 어렵도록 제3자를 통해 공격을 가함으로), 강점/약점이 그것이다.

물리적인 공간에 의존하여 가동되는 쌍들은 관련성이 없어질 것이다. 집중/분산(어느 일방의 모든 해커와 컴퓨터를 단일한 지점에 집중시키는 것은 그것들로 하여금 물리적 타격에 취약해지게 만들 수 있기는 하다), 전투/기동, 돌파/포위, 진격/퇴각이 그것이다. 그러나 대체로 기습과, 일상적인 것과 이례적인 것 간의 결정적으로 중요한 상호작용을 포함하는 전략의 요소들은 다른 어떤 종류의 전쟁과 마찬가지로 사이버전쟁에도 유관하다.

일단 시작되면 사이버전은 엄청난 속도로, 그리고 많은 경우 자동으로 진행된다. 이는 확전을 향한 강력한 추력을 만들어낸다. 대부분의 의사결정자는 재래식 전쟁의 세계보다는 컴퓨터 사용의 세계에 훨씬 덜 익숙하기 때문에 더욱 그렇다. 적어도 멀리 로마의 장군 폼페이우스—기원전 66년부터 63년에 원로원과 논의하지 않고 중동 전체를 정복했다—부터 시작하여 장군이 정치적 지도자를 무시하는 경우는 많이 있었다. 그들은 공을 잡고 거침없이 내달았던 것이다. 프로그래머들이 그와 동일한 일을 행하지 못할 이유가 있을까?

사이버전과 보다 전통적인 전쟁 간의 차이 또한 마찬가지로 뚜렷하다. 아마도 가장 큰 차이는 사실상 모든 네트워크는 오늘날 거대한 단일 통신망의 일부를 형성하고 있기 때문에 사이버공격은 지향하고 조준하기 어렵다는 점이다. 하나의 표적을 공격하면서 혹자는 다른 것들이 영향을 받게 된다는 점과 어떻게 그렇게 되는지는 알지 못할 수 있다. 예를 들어 2010년에 이란의 핵설비가 사이버공격 아래 놓였을 때 이란의 안팎에 있는 수천 대의 다른 컴퓨터도 감염되었다. ─그러나 어떤 위해를 당하지는 않았다. 사이버공격의 "스프링클러" 성격은 정보를 수집할 때는 이점을 가질 수 있다. 그러나 그것은 자신의 것을 포함하여 잘못된 표적(들)을 타격하지 않도록 주의해야 함을 의미한다.

사이버공격은 재래식 공세보다 훨씬 더 비밀리에 준비되고 감행될 수 있다. 위협평가는 매우 어려우며, 기습─이른바 "제로데이(zero day) 공격"─은 거의 회피할 수 없다. 공격이 시작되어 끝난 지 한참이 지나서도 희생자가 자신의 상황을 인지하지 못하고 있을 수도 있다. 다른 형태의 전쟁보다 질적인 우위는 결정적인 반면, 양은 거의 중요하지 않다. 재래식 프로그램과는 달리, 그리고 적절한 추적이 가능함을 추정하는 것과는 달리, 사이버전의 공세 프로그램들은 단 한 번만 사용될 수 있다. 이러한 의미에서 그것들은 무기 자체보다는 책략에 가깝다.

거대 통신망의 일부를 형성하지 않는 체계들─일부가 존재한다─은 먼저 그것들에 물리적으로 접근되었을 경우에만 공격할 수 있다. 스캔디스크(scandisk)의 도움으로 이란의 컴퓨터에 침입하여 이란의 핵프로그램에 상당한 피해를 유발했던 스턱스넷(Stuxnet) 바이러스가 그 좋은 예이다.[5] 그러나 에어갭(air gap)✢이 존재하지 않는 한 사이버공격은 지리적·지형적 장애물─자연적인 것이든 인공적인 것이든─과는 무관하게 어떤 지점, 어떤 방향, 어떤 거리에서도 가해질 수 있다. 활성적(kinetic, 즉 물리적) 공격과는 달리 그것은 또한 공격자와 표적이 공간적으로 이동하는

✢ 공기 간극(間隙)으로서, 회전 전기의 회전자 철심과 고정자 철심 사이의 틈을 이른다. ─역주

방식에 의해 영향을 받지 않으며, 물리적 이동을 필요로 하지 않기 때문에 어떤 종류의 교통체계와 병참선도 필요로 하지 않는다. 그것의 군수적인 요구 사항은 무시해도 될 정도이다. 대규모 병력과 거대한 장비가 이동되어야 할 필요는 없다. 공격을 준비하는 것은 고비용적이고 시간이 걸릴 수 있다. 그러나 일단 무기가 존재하게 되면 그것을 사용하는 비용 또한 무시해도 될 정도이다. 이런 면에서 그것은 방어보다는 공세, 큰 것보다는 작은 것, 풍족한 것보다는 부족한 것을 선호한다.

대규모이건 소규모이건 사이버공격은 현대적인 삶의 엄청나게 복잡한 모자이크 중 일부가 되고 말았다. 많은 행위자들—각각은 제각기 목표와 능력에 입각하여 행동한다—이 이에 적응하고 손쉽게 대처해냈다. 그러나 한 국가가 다른 나라에 대해 전면적인 사이버공격을 가하는 경우를 추정했을 때 결정타를 날릴 수 있는 가능성은 얼마나 될까? 이 문제에 대한 경험이 보여준 바에 기초해보았을 때 그 답은 그럴 가능성이 그리 크지 않다는 게 될 것으로 보인다. 한 조직에 의해 다른 조직에 가해진 해킹공격과는 대조적으로 서로 다른 국가 간의 첫 사이버전은 2007년에 발생했다. 제2차 세계대전에서 사망한 소련인을 기리는 조각상을 에스토니아의 수도인 탈린(Tallinn)의 다른 일부로 이전하는 결정에 불만을 가진 러시아의 해커들이 에스토니아에 대한 사이버공격을 감행했다.❖❖

같은 해 후반에는 이스라엘 공군이 사이버공격을 가해 시리아의 대공체계를 마비시켰다.—적어도 언론은 그렇게 주장했다. 다음으로는 그렇게 만들어진 틈새를 사용해 자신들에게는 아무런 손실도 발생시키지 않으면서 당시 건설 중이던 시리아의 원자로를 폭격하여 무력화했다. 2008년에는 그루지야가 사이버공격 아래 놓여 웹사이트가 차단되고 바깥세상과의 통신이 봉쇄되었다. 이 모든 것은 러시아군이 폭탄을 투하하고 그 나라를 침공하는 바로 그 순간에 이루어졌다. 2년 뒤에

❖❖ 에스토니아 정부는 2007년 4월 27일 수도 탈린 중앙에 있는 구소련 참전 기념 청동 군인상을 수도 외곽의 공동묘지로 이전하겠다고 발표했다.—역주

는 이스라엘과 미국의 정보당국에 의해 만들어져 이식된 것으로 추정되는, 앞에서 언급한 스틱스넷 바이러스가 화제가 되었다. 그것은 이란 핵프로그램의 일부를 통제하는 컴퓨터체계에 침투하여 우라늄을 농축하기 위해 사용되는 원심분리기들을 가속하거나 감속시켰으며, 결국은 그것들을 고장 나게 만들었다. 나중에는 두쿠(Duqu)와 플레임(Flame)이라는 2개의 다른 프로그램들이 발견되었다. 아마도 그것들은 동일한 작전의 일부였던 것 같다.

이런 제한된 샘플로부터 학습할 수 있는 게 얼마나 될지를 묻는 것은 무의미하다. 어떤 공격에서도 그 배후에 있는 이들이 책임성을 인정하는 경우는 없었다. 이스라엘이 시리아를 포격했을 때처럼 사이버공격이 물리적인 공격과 결합되었을 때는 사이버공격이 그다지 중요하지 않았다. 그러나 다른 세 가지 경우에는 증거를 얻기가 어려웠다. 에스토니아와 그루지야를 공격한 해커들은 독립적으로 작전을 수행하고 있었을 수 있다. 아마도 그들은 러시아 정보당국을 위해 일했을 가능성이 더 크다. 정보당국은 해커들을 지원하고, 누군가가 그들을 추적하려 할 때에는 분명 그들에게 엄호를 제공해줄 것이었다.

그 모든 공격들뿐 아니라, 발생하기는 했지만 알려지지 않았으며 탐지되지도 않았던 다른 공격들은 희생자들을 깜짝 놀라게 했다. 이는 그러한 공격들을 저지하거나, 그것에 선수를 치거나, 그것에 대해 보복하는 게 거의 불가능하게 만들었다. 그러나 그런 공격들은 그것들이 지향했던 국가들을 마비시키는 데(그렇게 하는 것이 사실 그러한 공격들의 목표라고 추정할 뿐이다) 근접해보지도 못했다. 일부 피해가 가해지기는 했지만, 모든 경우에 그것은 비교적 쉽게 복구되었다. 시리아의 원자로를 예외로 친다면, 그것은 그것이 물리적으로 폭격되었기 때문이었을 뿐이다.

2014년 신문 머리기사가 벌레 하나가 유람선 전체를 "없앨" 수 있다고 이야기했을 때, 그것은 의도적으로 유발된 컴퓨터 오류가 아니라 병원균을 지칭하고 있었다. 공세적인 사이버전사들은 파악하는 게 불가능할 수 있기 때문에 그들의 작전은 대규모 재래식 전쟁과는 덜 흡사하고 테러리즘, 사보타주, 또는 범죄에 더 가깝다. 기습은 작은 일에는 효과적이지만 큰일을 결정지을 수 있는 가능성은 훨씬 덜 하다는 클라우제비츠의 금언 또한 여기서 유효한 것으로 보인다.[6] 이 모든 것은 사이버전을 소모전역뿐 아니라 살라미 유형의 공격을 수행하는 데도 적합하게 만든다. 다른 가능성은 그것을 보다 재래적인 전쟁과 결합시키는 것인데, 이때 그것은 특수전력이 사용되는 것과 상당 부분 동일한 방식으로 통조림 따개처럼 사용된다.

많은 정부들은 사이버공격으로부터 자신들의 나라를 방어하기 위한 기관들을 설립했다. 그 기관들은 연구를 수행하고, 정보를 제공하며, 경보를 울리고, 방어망의 취약 지점을 물색하며, 많은 보안 조치들을 명령하거나 권장한다. 그러나 문제는 존재한다. 정부는 자신들의 사이버전 전문지식을 사적 기업들과 공유하기를 꺼릴 수 있다. 반대로 사적 기업들은 자신들을 염탐하는 정부를 원치 않을 수 있다. 그것이 왜 일부 회사들이 자신들이 기초하는 국가로부터 떨어져 나와 혼자 힘으로 살림을 차리는지 설명해주는 하나의 이유이다. 기준들이 너무 낮으면 사이버전 전문지식들은 무용해질 것이다. 기준들이 너무 높으면 많은 회사들은 그것들을 채택하기를 꺼리거나 그렇게 하는 게 불가능해질 것이다. 그것들이 획일적이면 그것들은 위험해질 것이다. 곡물이나 곡식과 같은 단일한 작물을 재배하는 밭은 다른 많은 작물들이 자라는 밭보다 질병과 해충에 훨씬 더 취약하다. 모든 것을 고려해보았을 때, 아마도 최상의 경로는 최소한의 기준을 지시하고, 세부적인 것들은 각 조직으로 하여금 고안해내도록 하는 것이다.

다른 모든 조건이 동등하다면, 하나의 국가, 국민, 조직이 더 네크워크화되면 될수록 사이버전에는 훨씬 취약해진다. 역으로, 최상의 방어는 컴퓨터나, 어쨌든 그것들을 서로 연결하는 망이 없이 지내는 것이다. 망을 없애는 것이 모든 문제를 해결해주지는 못할 것이다. 컴퓨터는 운영자를 필요로 하며, 운영자는 호도되거나 매수될 수 있다. 그럼에도 그것은 그러한 해법을 채택한 국가를 훨씬 덜 취약하게 만들어줄 것이다. 컴퓨터를 제거하는 것은 그것으로 하여금 사이버전에서 면제되게 해줄 것이다. 그러나 문제가 되는 국가를 석기시대와 같은 시대로 회귀시키고 나서야 그렇게 될 것이다.

　미국 국가안전국(NSA)에 관한 2013년 스노든(Snowden)의 폭로사건이 분명히 보여주듯이, 정보전과 사이버전은 이제 초 단위가 아니라 나노초(nanosecond)*의 단위로 진행되고 있다.[7] 수십 개 국가들이 공세적·방어적으로 게임에 참여하고 있다. 많은 비(非)국가 조직과 집단들도 그렇게 하고 있다. 사이버공격이 가하는 피해와 그것에 맞서는 방어비용은 공히 수백억 달러—아마도 그 이상—에 달하고 있다. 교란—일부는 작게, 다른 일부는 크게—에 처한 지역들이 발생했다. 그러나 붕괴된 전력망은 없었다. 컴퓨터 바이러스가 항공교통관제체계에 침투했을 때 충돌한 항공기도 없었다. 2014년 러시아의 크림 반도 장악에는 러시아, 우크라이나, 나토(NATO)가 개입된 집중적인 사이버전이 수반되었다. 그러나 승리한 것은 해커가 아니라 병력과 그들의 무기였다.

　그렇기 때문에, 공중폭격을 비유로 들자면, 경비가 느슨해지고 심대하게 잘못된 정책이 뒤따르지 않는 한, 국가 전체에 즉각적인 치명타를 가할 수 있는 대규모 사이버공격은 발생 가능성이 희박한 것으로 보인다. 사이버전과 보다 전통적인 형태의 무장분쟁 간의 차이에도 불구하고 사이버전쟁은 군사사를 무관한 것으로 만들지도, 전쟁의 특성을 총체적으로 변화시키지도 못했다. 그러한 면에서 그것은 그에 앞서 존재했던 모든 것과 닮았다. 한 가지**를 제외한 모든 것과.

---

* 10억분의 1초를 의미한다. —역주
** 제9장에서 이어지는 '핵전쟁'을 의미한다. —역주

제9장

핵전쟁

1. 절대적인 무기

핵무기가 없다면 핵전략도 없다. 최초의 원자폭탄은 고성능 폭약 1만 4000톤과 같은 위력을 발전시켰다. 약 8만 명의 사람들이 즉사했다. 훗날 방사선의 효과로 말미암아 1만~5만 명이 추가로 사망했다. 그것은 시작에 불과했다. 지금까지 제작된 가장 거대한 폭탄은 1961년의 소련제 황제탄(*Tsar Bomba*)이었다. 그것은 히로시마를 무너뜨렸던 것보다 4000배나 강력했던 것으로 드러났다. 그런 괴물이 할 수 있는 것이라고는 돌무더기가 튀게 만드는 것밖에 없었기 때문에 그와 같은 것은 세계의 병기고에 포함되지 못했다. 적절히 조준되면 다수의 그보다 작은 폭탄들이 훨씬 더 유용할 수 있었다.

올바른 고도에서 폭발하며 전자기 펄스를 방출하는 올바른 종류의 수소폭탄 한 발은 어떤 사이버공격보다도 훨씬 더 큰 피해를 가하며 무수히 많은 민감한 전자장치들을 망가뜨릴 수 있었다. 그것은 대륙 전체를 마비시킬 수도 있다. 다른 핵무기는 구조와 기계는 멀쩡하게 남겨두는 반면 커다란 반경 내의 모든 인명―인명에 국한되는 것도 아니다—은 끝장낼 수 있다. 다른 것들은 국가 전체에 몇 년 동안 —설계자의 목적이 그것이라면 심지어 영원히— 사람이 거주할 수 없게 만들 수 있는 방사선을 방출한다.

우리의 선조들은 오래전부터 "절대적인" 무기를 고안해내는 꿈을 꿨다. 즉, 단번의 타격으로 상대를 끝장내어 그에게 자신을 방어하거나 도피할 수 있는 시간을 허락하지 않고 엎드린 채 있게 만들 수 있는 무기가 그것이다. 예루살렘 인근의 벧호론(Beth Horon)에서 가나안 사람들에게 "거대한 바위들"을 퍼부어 검에 의해 죽은 이들보다 많은 이들을 죽음에 이르게 했던 여호와는 그와 같은 무기를 쓴 것이었다. 올림푸스 산의 접근이 불가능한 고도에서 벼락을 퍼부었던 제우스도 마찬가지였다. 그렇다면 인간의 자식들 또한 그렇게 못할 이유가 무엇이란 말인가? 그와 같은 무기가 존재하게 되자 사람들은 머지않아 —물론 일부 경우에는 그들에게 실망스럽게도— 그것은 사용할 수 없음을 발견하게 되었다. 때문에 이 책 전반에서 사용되는 의미에서의 군사전략은 필요하지도 않고 더 이상 가능하지도 않다.

1945년 이전 수천 년 동안 무기의 위력은 어떤 때는 서서히, 어떤 때는 급속하게 계속 증가했다. 그것의 속도, 사거리, 사격률, 정확성, 침투에 저항하는 데 있어서의 방어적인 힘, 그리고 많은 다른 것들도 마찬가지였다. 특히 산업혁명 무렵부터는 단일한 장치가 유례를 찾기 힘든 죽음과 파괴를, 그것도 100개 이상의 장치를 필요로 했던 규모로 가할 수 있었다. 예를 들어 기관총 한 정은 보병 1개 중대와 같은 화력을 낳을 수 있었다. 말하자면 새로운 전쟁환경을 점령했던 것은 역시나 기술이었다.

새로운 무기와 장비가 도입될 때마다 새로운 교리, 새로운 훈련방법, 새로운 형태의 조직이 고안되어야 했다. 그 반대로도 진행될 수 있었다. 도처에서 그 영향은 군의 수준을 훨씬 넘어섰다. 예를 들어, 가장 유력한 대공(大公)들만이 충당할 수 있었던 포의 발명은 중세를 종식시키고 근대를 도래시키는 데 도움을 주었다. 그럼에도 생화학무기를 포함한 기술은 전쟁을 수행하는 방식에만 영향을 미쳤다.

그것이 정책—어떻게 정의하든지 간에—의 도구로서의 전쟁의 본질을 변화시키지는 못했다.

핵무기는 그와 많이 달랐다. 그것은 다른 대량파괴무기※와는 달리 이론상으로나 실제적으로나 지구 상 인류의 삶에 종말을 부과할 수 있기 때문이었다. 그것이 지구 상 인류의 삶에 종말을 가할 수 있는 이유는 다른 대량파괴무기(그리고 아마도 때때로 사이버무기라고 불리는 대량교란무기)와는 달리 그것의 영향은 즉각적이기 때문이다. 희생자들은 대응할 수 있는 시간을 갖지 못한다. 때문에 핵무기는 비단 전쟁이 수행되는 방법뿐 아니라 그것이 치러지는 이유, 그것이 치러지는 목적에도 영향을 미쳤다. 달리 말해, 그것이 사용되는 방식, 또는 그것이 하나의 도구로서 사용될 수 있는지에도 영향을 미쳤던 것이다.

핵무기는 승리와 생존 간의 연결을 끊고 말았다. 역사를 통틀어 그 자신의 손실이 얼마나 크든지 간에 승리자는 생존을 기대할 수 있었다. 기원전 279년 로마군에 맞선 전투 후에 피루스(Pyrrhus) 왕, 또는 에피루스(Epirus)는 "그와 같은 승리가 또 한 번 있다면 우리는 패배한 것이다"라고 말했던 것으로 추정된다.[1] 그가 핵 제2격 능력을 갖춘 로마에 대해 핵무기를 사용해 "승리"를 얻었다면 더할 나위 없이 분명하게 그는 패배했을 것이다. [피루스와(피루스나) 어떤 그의 신민이 살아남아 이 문제를 숙고할 수 있음을 추정한다면] 아마 로마의 보복은 가공할 만하여 전쟁을 치를 가치가 전혀 없게 만들기에 충분했을 것이다.

핵무기가 초래한 전쟁상의 혁명은 너무 심대하고 그것이 열어놓은 가능성도 너무 거대하여 대부분의 사람은 새로운 상황을 이해하는 데 오랜 시간이 걸렸다. 일

❖ 'Weapons of Mass Destruction'은 국내에서 공식적으로 '대량살상무기'로 번역되고 있다. 그러나 사전적 의미로 '살상'은 '사람을 죽이거나 상처를 입힘'의 의미를 갖고 있다 그러나 WMD는 인간에 대한 위해뿐 아니라 재산이나 기간구조에 대한 대규모 파괴까지 유발하기 때문에 '대량파괴무기'로 번역하는 게 더 적절하다. '파괴'라는 용어는 사전적으로 '때려 부수거나 깨뜨려 헐어버림'을 의미함으로써 인명의 살상까지도 포함한다. —역주

부는 아직도 이해하지 못하고 있다. 핵과 함께하는 삶의 결정적인 사실은 그러한 삶이 지속될 것이라는 점이다. 폭탄이 해체된다면 원자로와 플루토늄 분리시설― 이것들은 민간의 목적에도 쓰인다―이 남을 것이다. 원자로와 플루토늄 분리시설이 폐쇄된다면 이미 생산된 핵연료가 남을 것이며 그것을 제거하는 것은 거의 불가능할 것이다.

우리가 핵연료를 태양을 향해 발사하여 태워버렸다고 추정해보자. 그렇다 해도 생산에 필요한 노하우는 여전히 가용할 것이다. 월터 밀러(Walter Miller)의 1960년 소설 『리보위츠를 위한 찬송(A Canticle for Leibowitz)』에서처럼 모든 과학자와 기술자가 죽음을 당한다면 분명 급료를 지불하겠다고 약속하는 정부가 부르자마자 새로운 이들이 그들의 자리를 차지할 것이다.[2] 요약하자면, 아무리 잘 의도되었고 포괄적이며 그 목표를 달성하는 데 성공적이라 할지라도, 어떤 무장해제 프로그램도 핵무기를 재생산할 수 있는 능력을 제거하지는 못할 것이다. 게다가 신속하게 그렇게 해내는 것은 더더욱 불가능할 것이다.

둘째, 아무리 발전되어도 어떤 방어망이나 방패도 미국 대통령 레이건이 1983년 "별들의 전쟁(Star Wars)" 연설에서 희망했던 것처럼 핵무기를 투발하는 수단들을 "무력하고 구닥다리가 되게" 만들지는 못한다.[3] 전쟁에서 사용된 다른 모든 기술처럼 그네효과가 존재한다. 이번에 한 진영이 새로운 장치를 도입하여 앞서가면 다음에는 다른 진영이 그렇게 한다. 투발에 쓰이는 장치들―즉, 미사일, 전자기기, 컴퓨터―을 방해하기 위해 사용된 기술과 동일한 많은 기술이 약간의 개조를 통해 핵무기를 투발하고 그것을 표적으로 인도하는 데도 마찬가지로 사용된다. 그와 같은 체계를 반격하고 제압하며 도용할 수 있는 방법은 너무나 많다. 많은 경우, 최상의 정보조차도 "기회의 창"이 언제 창출되며, 그것이 정확히 어떻게 구성되는지, 그리고 그것이 언제 닫히는지를 설명해줄 수는 없다.

한결 더 깊은 수준에서 보면 문제는 기술적인 것이 아니라 논리적인 것이다. 무수한 대(對)탄도미사일 시험도 바로 그다음의 시험 또한 성공할 것을 보장해줄 수는 없다. 대부분의 경우, 이러한 종류의 불확실성은 아무런 차이를 만들어내지 못한다. 이는 —해가 내일 뜰 것인지에 대한 물음의 경우처럼— 우리는 이 문제에 대해 별다른 관심이 없거나, 우리가 그럭저럭 그 결과를 감당할 수 있기 때문이다. 핵무기의 경우에는 그렇지 않다. 자국 방어망에 의존할 수 있으며 안전하게 공격을 감행할 수 있다는 이야기를 들은 의사결정자는 늘 담당관에게 어떻게 자신이 방어망이 계획대로 가동될 것임을 확신할 수 있는지 물어야 한다. 하나의 국가를 방사능의 사막으로 변모시켜버리는 일의 위험성과 어떤 "철썩 같은" 보장보다도 훨씬 더 강력한 보장이 결여되어 있음을 고려했을 때, 핵전쟁을 개시하는 것이 어떤 목적에 기여할 수 있는지는 파악하기 너무 어렵다.

비핵국가에게는 핵국가의 급소에 진지한 공격을 개시하는 것이 미친 짓이 될 것이다. 하나의 핵국가가 다른 핵국가에게 동일한 일을 행할 수 있는 신뢰할 수 있는 제2격 능력—그러나 이것은 결코 달성하기 쉽지 않다—을 추정하는 것은 훨씬 더 미친 짓이 될 것이다. 이것이 방어체계가 꼭 무용하다고 말하는 것은 아니다. 오히려 그것은 자신의 미사일들이 실제로 상대의 제2격 능력을 타격하고 보복을 피할 수 있을 것인지에 관한 공격자의 불확실성을 증가시킴으로써 억제를 강화할 수 있다.

이것이 보복을 감수할 준비가 되어 있는 어떤 독재자가 감행하는, 한 국가에 의한 다른 국가에 대한 핵공격이 상상할 수 없는 것임을 의미하지는 않는다. 핵무기가 진정으로 사용이 불가했다면 그것은 어느 누구도 그 무엇도 억제하지 못했을 것이다. 아마도 지도자와 국가들은 점점 더 큰 규모로 점점 더 격렬하게 서로 싸움을 계속했을 것이다. 히로시마와 나가사키가 타격을 받기 전에 늘 그랬던 것처럼.

핵과 함께하는 삶에 대한 사실들이 복잡다단해 보이는가? 이는 그것이 실제 그렇기 때문이다. 만약 사용된다면 핵무기는 정확히 어떻게 사용될 수 있는가에 관한 논쟁은 오랫동안 지속되어왔다. 그러한 논쟁이 해소될 때까지 —만약 그렇게 될 수 있다면— 우리가 계속 붙들어야 하는 것은 비록 핵국가의 수는 증가해왔지만 핵전쟁은 발발하지 않았다는 평범한 사실이다. 그것을 방지한 것은 분명 확전에 대한 두려움이었다. 즉, 핵무기가 누군가에 의해 사용되는 경우, 그것이 그것을 갖고 있는 다른 이들에 의해 사용되는 것을 끝장내버릴 가능성—심지어 그럴 다분한 확률—이 그것이다. 아마도 인류에게 상황을 수습할 적절한 막간을 허락함도 없이.

대략 어림잡아 보면, 21세기 초에 다양한 국가의 병기고에 존재하는 핵장치의 총수(總數)는 약 1만 5000개이다.[4] 이는 실로 가공할 만한 상황이다. 냉전기 문구를 사용하자면, 핵대결의 결과는 "우리가 아는 문명의 종말"일 수 있다. 수천만—또는 수억— 명이 즉사할 것이다. 먼지구름은 해를 가려버릴 수 있다. 전 지구적인 냉각화가 흉작을 야기함으로써 사람들이 모두 굶어 죽기 전에 죽을 때까지 서로 싸워 사회적 삶이 해체될 수 있다. 생존자들은 방사능으로 죽을 것이다. 거기에는 비단 폭탄 자체에 의해 투하된 것뿐 아니라 오존층의 파괴에 의해 야기된, 매우 증가된 자외복사선도 포함된다.

소수의 생존자들은 바람, 물, 눈, 얼음, 더위와 추위, 결빙, 용해, 녹, 지진, 쓰나미에 직면하여 무력해질 것이다. 시간이 흐르면서 이러한 것들은 우리의 건물, 길, 기계의 대부분을 파괴할 것이다. 대부분의 커다란 동물들도 죽을 것이다. 결국, 우리의 청색 행성 상에 남겨진 생물체의 유일한 형태는 곤충, 풀, 박테리아가 될 것이다. 클라우제비츠가 말하듯이, 벽은 주로 사람들의 마음속에 존재한다. 그것들은 일단 파괴되고 나면 복원시키는 게 거의 불가능하다.

2. 환영! 스트레인지러브 박사(Dr. Strangelove)✧

1950년 초 무렵부터 만들어진 핵교착상태는 모두를 만족시키지 못했다. 결국 핵무기가 사용이 불가하다면 왜 그것에 수백억을 소비한단 말인가? 특히 가장 강력한 핵국가인 미국은 소련의 재래식 전력에 의해 수적으로 압도되는 것에 대해 늘 염려했다. 그들은, 가장 최근에는 북한을 포함하는 다른 몇몇 국가들이 그랬던 것처럼, 핵무기 선제사용 포기 보장을 제공하는 것을 일관되게 거절했다. 그 대신 그들은 핵무기를 마치 그것이 비핵무기인 양, 즉 확전의 과도한 위험이 없이도 사용할 수 있는 길을 찾기 시작했다.

핵전쟁에 안전한 세계를 만드는 길을 찾는 것은 스트레인지러브 박사의 연대 전체의 과업이었다.[5] 일부는 군복을 입었고, 다른 일부는 같은 이름의 영화에 등장하는 인물들처럼 신사복을 입었다. 그들의 최우선적인 과업은 보다 작고 보다 기민한 핵무기를 장려하는 것이었다. 그것의 사용을 "확실히" 위협할 수 있을 정도로 —그리고 필요하면 그러한 위협을 실제로 변환시킬 수 있을 정도로— 작은 핵무기를.

일부 핵무기는 거대한 포로 발사할 수 있었다. 다른 것들은 전폭기로부터 투하되거나 발사될 수 있었으며, 다른 것들은 여전히 단거리 순항미사일에 의해 투발되었다. 불과 고성능 폭약 10~20톤에 달하는 폭발력을 가진 것으로 알려진 한 핵무기는 지프차량 1대에 있는 3명의 병사에 의해 전장으로 발사될 수 있었다. 그러나 전투의 혼돈 속에서 충격을 받은 채 고립된 병사들이 허락 없이, 그리고(또는) 잘못된 표적에 대해 무기를 발사한다면 어떻게 될까? 그리고 그들과 그들이 타고

✧ 스탠리 큐브릭 감독이 1964년 제작한 블랙코미디 영화이다. 자신이 만든 기계에 의해 제어할 능력을 상실한 인류가 파괴되는 것을 막지 못하는 인간을 묘사해 암울한 인류의 미래를 예고한다. 이 영화에서 닥터 스트레인지러브는 기술과 컴퓨터의 신봉자이지만 역설적이게도 기계(인조 팔)에 의해 생명이 겨우 유지되는 퇴물 파시스트로 등장한다. —역주

있던 지프차가 포획되었다면? 서양에서는 1960년대 후반 들어 전술핵무기를 위한 열정이 쇠퇴하고 있었다.

1960년 무렵에 일부는 핵무기의 크기뿐 아니라 그것이 지향할 수 있는 표적까지도 제한할 수 있는 협정을 제안했다. 예를 들어 티엔티(TNT) 10만 또는 50만 톤보다 더 큰 폭발력을 가진 장치를 금지하는 협정이 가능할 수 있었다. 다른 조약은 육군과 해군이 실컷 서로 싸울 수 있는 비핵지대를 설정할 수 있었다. 또 다른 조약들은 남겨두어야 할 표적들―예를 들어 도시―의 목록을 만들 수 있었다. 그러나 병 속의 전갈처럼 행동하는 국가들은 그와 같은 합의에 도달할 수 없었다. 그들은 그렇게 하지도 않았다.

1972년 전략무기제한협정(Strategic Arms Limitation Treaty)과 같은 상호협정들이 설정해놓은 것들은 문제를 해결하는 데 별로 도움이 되지 않았다. 그것들이 없을 때 핵전쟁을 제한하려는 일방적인 조치들이 제안되어 어느 정도 채택되었다. 가장 초기의 것들 중에는 '대(對)전력(counterforce)' 교리*가 있었다. 이 교리하에서는 미국의 타격이 모스크바나 레닌그라드와 같은 도시가 아니라 핵전력과 기지뿐 아니라 기타 군사적 표적만을 지향할 것이었다. 이 모든 것은 다른 진영이 "신호"를 이해하고 워싱턴과 뉴욕을 공격하지 않을 것이라는 희망에 기초한 것이었다. 만약 그렇지 않다면 예비로 준비된 충분한 미사일과 탄두들이 필요한 일들을 실행할 수 있었다.

1960년대 동안에 많이 논의되었던 다른 선택지는 "유연한(또는 점진적인) 대응"이었다. 공격에 대응하기 위해 압도적인 전력("대량보복")을 사용하는 대신, 그와 같은 공격은 목적에 맞게 재단된 대응공격에 직면하게 될 것이었다. 이것이 전쟁을 전장과 그 배후의 통신지대로 제한시켜줄 것으로 기대되었다. 적의 본토에는

❖ 도시가 아니라 적 군사력을 핵공격의 목표를 삼아야 한다는 전략 개념이다. ―역주

손을 대지 않으면서 적도 동일한 것을 행하도록 고무시켜줄 것으로 기대되었다. 1970년경 들어 대두한 개별 건물을 표적화하기에 충분할 정도로 정확한 순항 및 탄도 미사일은 "참수"—즉, 적 리더십을 타격하여 적으로 하여금 수뇌가 없게 만드는 일—를 위한 제안이 전면에 등장하게 만들었다. "핵 경고사격(nuclear shots across the bow)"—이 용어에 대해서는 설명이 필요하지 않을 것이다—에 대한 논의 또한 있었다.

훨씬 덜 알려졌지만, 다른 국가들도 유사한 교리를 채택하고 그에 따라 핵전력을 형성했을 수 있다. 세계에는 다행스럽게도 이러한 제안의 그 어떤 것도 아직 시험되지는 않았다. 이는 우연도 아니다. 역사를 통틀어 새로운 무기의 도입은 그것에 노출되는 이들에게 충격을 주었다. 1346년 크레시에서 프랑스군은 최정예 기사들을 대량 죽음으로 몰고 간 영국의 장궁에 크게 놀랐다. 1943년 독일군은 "윈도우즈(Windows)"라고 알려진 연합군의 대(對)레이더 조치로 혼돈에 빠졌다. 함부르크를 파괴해 수만 명을 사망으로 몰고 간 것은 윈도우즈였다. 그러나 그러한 충격은 오래 지속되지 못했다. 깜짝 놀란 진영은 문제가 된 무기를 복제하거나 대응조치를 발전시켰다. 두 경우 모두에 그 효과는 두려움이 감소되고 사그라지는 것이었다.

지금까지 이러한 법칙의 유일한 예외는 핵무기이다. 우선, 경험의 결여로 인해 그러한 장치를 보유한 이들이 그것을 다루는 방법은 믿기지 않을 정도로, 그리고 무시무시할 정도로 부주의했다. 아마도 그간 세계가 우발적인 폭발로부터 보호되었던 것은 기적에 다름 아니었다. 설상가상으로, 앞서 언급한 교리들을 시험하려는 연습이 1950년 내내 이루어졌다. 일부 군대는 핵무기를 폭발시키고 병력으로 하여금 "제로 지점(ground zero)"**을 차로 지나가게 하여 그렇게 하는 게 위험하지 않음을 증명하려 했다. 다음으로 그들은 전력을 재조직하여 그들로 하여금 방

❖❖ 핵폭탄이 터지는 지점을 의미한다.—역주

사능 환경 속에서 생존하고 전투할 수 있도록 만들고자 했다. 핵전쟁에 대한 대비가 군에 국한되지도 않았다. 많은 국가에서 "핵무기용" 방공호가 건설되었으며, 민방위 훈련이 실시되어 학생들은 책상 밑으로 몸을 숨기도록 교육받았다.

부시와 오바마 대통령하에 국방장관이었던 로버트 게이츠(Robert Gates)에 따르면, 합동참모본부는 만장일치로 아이젠하워 대통령에게 베트남에 있는 프랑스군을 구하기 위해 핵무기를 사용하도록 권장했었다.[6] 반복적으로 초강대국들은 "벼랑끝전술(brinkmanship)"—이 용어 또한 설명이 필요 없을 것이다—에 임했다. 그 뒤에는 미국의 케네디 대통령과 소련의 흐루쇼프 서기장이 주요한 역할을 수행했던 쿠바 미사일위기가 발생했다. 그것은 함성이 아니라 신음으로 끝나고 말았다. 그러나 열흘간은 절대적으로 무시무시한 상황을 경험해야 했다. 한 시점에서는 함정에 빠진 소련 잠수함에 탑승하고 있던 3명 중 1명의 장교만이 세계와 인류사에 유례가 없는 재앙 사이에 서 있었다.✤ 관련된 두 국가는 물론이고 아마 다른 국가에서도 이 경험은 영속적인 정신적 변화를 유발했던 것으로 보인다.

그 이후 핵무장 국가의 수는 4개국에서 9개국으로 늘어났다. 그중 적어도 한 국가는 끔찍한 독재국가이다. 다른 2개 국가도 그리 낫지 않다. 그중 하나인 파키스탄은 주기적으로 불안정하다. 그럼에도 핵무기를 제1격에서 공세적으로 사용하는 것은 고사하고 그것을 사용하려는 분명한 위협도 드물었다. 양 진영이 정면으로 대치하는 1962년형 핵대결이 소수 발생했다. 그러나 어쨌든 그것은 적어도 그 모든 국가들 중 가장 거대한 핵국가들은 개입시키지 않았다.

그러한 변화가 수사적인 것에 그치지도 않았다. 기밀성의 거대한 막 뒤에서 핵

✤ 쿠바 미사일위기 시에 주요한 역할을 했던 소련 잠수함 B-59의 함장인 발렌틴 그리고레비치 사비츠키(Valentin Grigorievitch Savitsky)는 미소 간에 전쟁이 이미 발발했다고 생각하고 핵어뢰를 발사하고자 했다. 그러나 어뢰를 발사하기 위해서는 그와 더불어 정치장교 이반 세모노비치 마슬레니코프(Ivan Semonovich Maslennikov)와 소(小)전단(sub-flotilla) 전체 지휘관 바실리 아르키포프(Vasili Arkhipov)도 동의해야 했다. 그러나 아르키포프만이 반대하여 발사가 이루어지지 않았다. —역주

무기를 다루는 절차들은 엄격해졌다. 이러한 방향에서 중요한 진전은 이른바 핵무기 안전장치(Permissive Action Links)의 도입이었다.[7] 그것의 목적은 핵장치가 우발적으로 투하되거나 발사되었을 경우, 그리고 그것이 그 조작사나 다른 이들에 의해 탈취되더라도 폭발하지 않도록 하는 것이었다. 다른 절차에는 국경 인근에 비핵지대를 설정하는 것, 전시에 핵설비를 공격하지 않는다는 상호적인 약속, 시험이 임박했을 때 투발수단과 폭탄 자체 모두에 대한 상호통지가 포함되었다. 양진영이 응급 시에 통화할 수 있도록 하기 위해 "핫라인"이 설치되고 정기적으로 시험되었다.

잉크 자국처럼 확산되어감에도 이런 모든 조치는 일시적인 처방에 지나지 않는다. 진정으로 심각한 위기가 발생하는 경우, 그것들 중 어느 것도 그다지 쓸모가 없을 수 있으며, 그럴 가능성이 크다. 그것들에 깔린 전반적인 목적은 가능한 한 그와 같은 위기가 발생하지 않도록 하는 것이다. 어느 쪽이든 그것들의 도입은 모든 이전 조치들의 경우처럼 핵무기에 대한 두려움이 결국 감소되기보다는 증가했음을 보여주는 것처럼 보인다. 1950년대 핵실험 동안에 방사능에 감염된 이들 사이에 암이 퍼진 것에 대한 보고서들이 이러한 공포를 부채질하는 데 도움을 주었다. 1986년 체르노빌(Chernobyl)과 2011년 후쿠시마(Fukushima)에서 발생했던 것과 같은 사건들도 마찬가지였다. 당시 파손된 원자로들은 방사능을 분출시키거나 누출시켜 그 인근을 거주 불가능하게 만들었다. 많은 국가에서 두려움은 비핵운동을 탄생시키는 데 도움을 주었다. 그것은 다시 일부 지도자들로 하여금 그 문제에 대해 적어도 입에 발린 말이라도 하도록 강제했다.

결국 핵전쟁이 행할 수 있는 일에 대한 두려움은 교착상태를 가져왔다. 더 많은 국가들이 핵무기를 획득함에 따라 두려움은 초강대국들로부터 그 외의 국가들로 확산되었다. 해마다 세계 도처의 전략가들은 2개 또는 그 이상의 핵국가들 간의 균형이 얼마나 "연약"한지, 그리고 그것이 얼마나 쉽게 깨질 수 있는지에 주의를 기울였다. 그럼에도 지금까지는 핵무기를 사용하는 것을 막기에 충분할 정도로 두려움은 강력한 것으로 드러났다.

확전의 두려움은 서로에 대해 재래식 전쟁을 수행하려는 핵국가들의 의지 또한 제한했다. 이러한 주저함이 모든 군대들에게 동일한 정도로 영향을 미친 것은 아니었다. 그 영향을 먼저 느낀 이들은 이웃한 핵국가들의 지상군이었다. 그들은 서로의 영토로 깊숙이 진격해가는 것은 고사하고 더 이상 서로에 대해 심각하게 화력을 가할 수도 없었다. 이러한 종류의 가장 큰 사건인 이른바 1999년의 카르길 전쟁(Kargil War)은 1000명(파키스탄군)에서 5000명(인도군)의 병력만 개입시켰다.[8] 분명 파키스탄군은 인도 아대륙으로 몇 마일밖에 진격하지 못했다. 다음으로는 해군이다. 은신처를 찾을 수 없음과 그 취약성을 고려해보았을 때 특히 해상선박이 어떻게 핵전쟁에서 생존하기를 기대할 수 있는지는 오랫동안 수수께끼였다. 그럼에도 본국으로부터 멀리 떨어져 작전을 수행할 수 있는 능력 덕택에 핵세계에서도 해군은 육군이 갖고 있지 못한 특정의 유연성을 보유한다. 그들은 국력을 과시하거나, 경고사격을 가하거나, (쿠바 미사일위기에서와 같이) 봉쇄를 가하는 등의 일을 행할 수 있다. 2010년에는 북한도 남한의 전함인 천안함을 격침시키고 도주했다.

공군도 어느 정도의 자유를 갖는다. 상대에 의해 소유권이 주장되는 영토의 상공을 날면서 그로 하여금 대응하도록 만드는 것이 그것이다. 이는 남중국해의 일부 도서와 관련하여 미국과 일본의 공군이 행하고 있는 바와 같다. 우주에도 마찬가지가 적용된다. 핵클럽의 9개 회원국들 중에 3개국만이 모종의 대(對)위성 능력을 보유하고 있다. 그들이 나머지 6개국에 대해 전쟁을 벌이는 가능성이 없는 경우나 후자의 일부 국가들이 서로 전쟁을 벌이는 경우에도 그들의 위성은 계속해서 궤도를 돌 것이다. 그 비밀스러운 성격 때문에 막기가 매우 어려우며 그 효과도 — 만약 가능하다 해도— 뒤늦게야 탐지되는 사이버전쟁이 가장 영향을 받지 않았다. 실제로 혹자는 테러리즘과 더불어 이러한 특성들이 사이버전쟁을 핵시대에 전쟁을 수행하는 탁월한 방법이 되게 만든다고 주장한다.

모든 것을 고려해볼 때, 어떤 경우에도 2개의 핵국가가 소규모 접전 이상의 것을 행하지는 않았다. 지금까지 확전의 두려움은 매우 확산되어 미국 중앙정보국과 소련 국가보안위원회(KGB)―그들의 관계는 적대감으로 특성 지어진다―조차도 러시아인과 미국인을 각각 암살하지 않는 데 동의했을 정도였다. 그렇게 치자면 21세기 초의 핵확산은 인류에게 발생했던 가장 좋은 일이 될 수 있다. 분명 그것은 1945년 이후의 시대를 그에 앞선 모든 시대와 결별시키는 가장 중요한 요소―일종의 게임체인저(a game changer)*―이다.

주요 국가들 간 주요한 전쟁의 분명한 감소는 대가 없이 발생한 것이 아니었다. ―많은 이들은 실로 막대한 대가를 지불했다고 말할 것이다. 1945년부터 인류는 다모클레스의 칼** 아래서 살아왔다. 수십 년간의 경험과 수많은 예방책에도 불구하고, 어떤 순간에도 칼이 떨어져 내리지 않을 것이라는 보장은 존재하지 않으며, 그럴 수도 없다. 안보의 값은 불안이다. 평화의 값은 거의 즉각적이고, 거의 총체적인 섬멸의 위험이다.

3. 억제와 강압

억제와 강압은 역사만큼이나 오래된 것이다. 때때로 통치자들은 전쟁을 수행할 수 있는 자신들의 능력을 과시하고 엄포를 놓음으로써 공격당하는 것을 피하려 했다. 다른 때에는 무력을 사용하지 않고도 이러한 목표를 달성할 수 있으리라는 희

---

* 어떤 일에서 결과나 흐름의 판도를 뒤바꿔 놓을 만한 중요한 역할을 한 인물이나 사건을 의미한다. ―역주
** 그리스 전설로부터 유래된 표현으로 늘 신변을 따라다니는 매우 임박한 위험을 의미한다. 왕은 국왕의 영화를 질시하는 다모클레스를 왕좌에 앉히고 그의 머리 위에 머리카락 하나로 칼을 매달아 놓아 왕에게는 항상 위험이 따름을 가르쳤다는 고사에서 유래되었다. ―역주

망에서 상대를 겁박하는 유사한 방법을 사용했다. 1945년 이전에는 어느 누구도 그와 같은 일이 전쟁의 전례규정에 포함되어야 한다고 생각하지 않았다. 이것이 손자도, 클라우제비츠도, 그리고 1945년까지 그를 뒤이은 이들도 그것에 대해서는 언급하지 않았던 이유이다.

1946년에 상황은 변화되었다. 히로시마와 나가사키의 운명과 뒤이은 일본의 항복에 깊은 인상을 받은 일부 분석가들은 핵무기가 전시에 군사적으로 사용될 가능성이 거의 없음을 깨달았다. 동시에 다른 분석가들은 이런 무기를 사용할 다른 방법을 찾기 시작했다. 억제와 강압이 그 자격을 얻었다. 두 가지 모두는 버나드 브로디(Bernard Brodie, 1910~1978년)와 노벨상 수상자인 토머스 셸링(Thomas Schelling, 1921년~)과 같은, 1945년 이후 위대한 전략사상가들의 연구에서 뛰어나게 다뤄졌다.

억제나 강압은 그것들이 물리적인 폭력의 사용을 포함하지는 않기 때문에 전쟁이 아니다. 그와는 반대로 전쟁이 발발하는 것은 강압과 억제가 실패할 때이다. 그러나 그것들은 전략의 원칙을 따른다. 그것에는 질적으로만 아니라 양적으로도 최대한 강력해야 할 필요성이 포함된다. 그것은 또한 각 진영의 의사결정자들 사이의 중대한 책임, 불확실성, 마찰의 형태를 취하는 도전들, "내가 이렇게 생각하면 네가 이렇게 생각하고…"에 의해 발생되는 일련의 거울이미지들, 그리고 우리가 이미 상정해놓은 몇몇(모두는 아니다) 상반되는 것들의 쌍 또한 포함한다. 그러한 점, 그리고 그뿐 아니라 특히 핵전쟁의 대체물로서의 그것들의 역할 때문에 억제와 강압이 여기에 포함되었다.

반복해서 말하지만, 통치자와 정체(政體)들은 늘 적으로 하여금 자신들에 대해 전쟁을 감행하지 않도록 단념시키는 데 위협과 군사적 과시를 사용했다. 마찬가지로 그들은 적들로 하여금 자신들이 요구하는 바를 받아들이도록 하기 위해 마찬가지의 일을 하곤 했다. 때로는 위협이 먹혀들었고 다른 경우에는 그렇지 않았다. 1938년에 히틀러는 체코슬로바키아와 그들을 지원하는 서유럽국가인 영국과 프랑스로 하여금 자신의 요구를 받아들이도록 강제하기 위해 전쟁을 위협해 성공을 거두었다. 한 해 뒤 그는 폴란드에 대해 동일한 전략을 시도했다. 그의 생각대로 되는 데 실패하자 그는 대신에 제2차 세계대전을 개시했다.

이러한 경우들, 그리고 강압을 포함하는 많은 다른 경우들도 결과는 분명하다. 위협을 당한 측이 항복을 하거나 그렇지 않거나 하는 것이다. 억제는 일이 조금 더 복잡하다. 다른 이들에게 공격을 개시하지 않은 통치자나 정체는 늘 자신들은 그렇게 할 의사가 결코 없었다고 주장할 수 있다. 달리 말해, 그들은 그러한 억제는 그들에게 결코 작동되지 않았으며, 그들에 대해 억제를 사용했다고 주장하는 이들은 허공에 주먹질을 한 것이라고 주장할 수 있었다.

그렇다면 히로시마 이후 억제와 강압은 어떻게 변화되었을까? 답은 단순하다. 판돈이 매우 커진 것이다. 핵시대 이전 세계에서 총력전을 수행하던 히틀러는 최악의 경우에도 독일인들은 생존하게 될 것이라고 말했다. 그가 옳았다는 게 입증되었다. 그러나 그가 핵으로 무장한 상대에 대해 핵무기를 사용했다면 그 결과는 달라졌을 것이다. 그가 스탈린, 마오쩌둥, 북한의 김일성과 같은 독재자들과 같은 방식으로 억제되었을까? 그는 결단코 나빴지만 미치광이는 아니었다. 핵무기는 미치광이들조차도 제정신이 되게 만드는 것으로 보인다. 때문에 답은 그가 거의 확실히 그렇게 되었을 것이라는 것이다. 어떤 이들은 시대에 앞서 태어나는 행운 또는 불운을 갖게 된다.

억제와 강압은 대칭적인 것이 아니다. 1945년 이후의 세계에서 전자의 역할은 측정할 수 없을 정도로 엄청났다. 이집트인들과 히타이트족이 중동의 통제권을 놓고 싸웠던 기원전 1261년 카데시(Kadesh)에서부터 시작하여 강대국들은 서로에 대해 전쟁을 수행하는 일을 결코 멈추지 않았다. 그러한 사실로 판단해보았을 때 오늘날 그들의 후손들 간의 전쟁—다분히 핵전쟁도—도 오래전에 발발했어야 했다. 무수한 간행물들, 민방위와 대탄도미사일 방어망의 건설, 비핵운동의 확산이 증언해주듯이, 많은 사람들이 그것이 발발할 것을 기대했다. 냉전이 끝난 뒤에도 일부는 여전히 그러고 있다. 핵억제가 모든 전쟁을 막지는 못했다.—그와는 한참 멀었다. 그러나 그것이 가장 거대하고 끔찍한 전쟁을 막았음은 거의 분명하다. 그렇기 때문에 우리는 그것이 미래에도 계속해서 그래줄 것이라는 그럴 법한 희망을 갖게 된다.

공격을 억제하기 위해 우리의 영장류 조상들은 그들의 이를 드러냈다. 그들은 머리카락이 쭈뼛 서게 만들고 무시무시한 소리를 냈으며, 가슴을 치고, 수컷 침팬지들이 때때로 그렇게 하듯 나뭇가지를 흔들어댔다. 호모사피엔스(*Homo Sapiens*)는 그들이 주로 언어를 통달하고 있었기 때문에 더 많은 레퍼토리를 가지고 있다. 우리는 태평하고 안전한 척함으로써 우리의 갈 길을 가려고 시도할 수 있다. 우리는 또한 그 반대로 행하여 미친(두 가지 의미 모두에서) 체할 수도 있다. 우리는 우리 배후의 교량들을 불태워버릴 수 있다. 우리는 치킨게임*을 할 수도 있다. 우리는 인계철선을 설치하고, 세계의 나머지 국가들과 더불어 상대에게 우리에 대한 작은 공격조차도 확전을 불러올 수 있음을(실제로 그렇게 될 것임을) 이야기할 수 있다. 우리는 상대에게 만약 그가 무언가를 하면 사태가 우리가 통제할 수 있는 범위를 벗어날 수 있다는 점을 설명할 수 있다. 어떻게 불확실성이 어느 일방에게 유리하게 조작될 수 있는지를 설명하면서 셸링은 이를 "운에 맡겨두는 위협(the threat that leaves something to chance)"이라 불렀다.

그것이 수십 년 동안 계속해서 미국과 소련이 승부를 겨뤄온 방법이었다. 소련이 미국과 달랐던 점은 그들은 결코 핵전쟁을 재래식 전쟁으로부터 "분리"시키려 시도하지 않았다는 점이다. 1950년부터 1980년경까지 소련의 고위 지휘관들은 늘 어떤 전쟁이든지 처음부터 핵전쟁으로 변모될 것이라고 주장했다. 그 결과, 어쨌

❖ 1950년대 미국 젊은이들 사이에 유행했던 경기로서, 밤에 2명의 경쟁자가 도로의 양쪽에서 차를 몰고 정면으로 돌진하다가 충돌 직전에 핸들을 꺾는 사람이 지게 된다. 핸들을 꺾은 사람은 치킨으로 몰려 겁쟁이 취급을 받는다. 냉전기 미국과 소련의 경쟁을 비유하는 등 국제정치학에서 사용되던 용어였으나 지금은 타협 없이 극한 상황까지 대립하는 국면을 이야기할 때 외에도 다양한 영역에서 사용된다. ─ 역주

든 공식적으로 그들은 핵전력을 나머지 전력과 통합시켰다. 1980년대 동안에 그들의 군사력이 절정에 달하자 소련은 궁극적인 전쟁이 재래식 수준에 머무르게 만드는 일에 모종의 관심을 보였다. 그것은 오래가지 못했다. 1990년대 동안 소련의 몰락은 그들로 하여금 취약감을 갖게 하고 다시 한 번 전술핵무기에 대한 강조를 증가시켰다. 갈지자 행보는 아직 끝나지 않았을 수 있다. 그러나 그것이 진짜 중요한가? 우리가 아는 바와 같이 주요한 전쟁은 발발하지 않았다.

이론적으로는 더 멀리 나아갈 수도 있다. 때때로 "인류파멸의 흉기(doomsday machine)"에 대한 이야기가 오간다. 인류파멸의 흉기는 단순히 세계를 파괴할 수 있는 기계장치가 아니다. 그것은 공격이 발생하는 경우 미사일들이 그 표적을 타격하기 전이나 후에 "자동적인" 대응이 개시되는 것이었으며, 또 그렇게 하도록 설계된 것이었다. 기술적으로는 그게 가능했다. 그러나 그 어떤 국가도 앞서가서 그와 같은 기계를 만들어내지는 못했던 것으로 보인다. 첫째, 오류가 항존할 가능성이 그것을 너무 위험하게 만들었다. 둘째, 그것은 결심의 권한을 지도자들로부터 박탈해감으로써 그들의 권력을 상당히 감소시킬 것이었다.

실제로는 핵전쟁에 대한 두려움이 너무 심각하여 소량의 폭탄만을 가진 국가들도 훨씬 더 강력한 국가들에 의해 심각한 공격하에 놓인 적이 결코 없었다. 핵무기를 가진 것으로 강력히 의심되는 국가들의 경우에도 마찬가지였다. 그 가장 최상의 예는 파키스탄과, 나중에는 북한이다. 특히 북한은 세계에 빈번하게 도발하곤 했다. 그러나 그들은 여전히 공격으로부터 벗어나 있었다. 그들이 빈번하게 가했던 위협의 일부를 실행하기로 결심하지 않는 한, 그들은 미래에도 그렇게 될 가능성이 크다. 양적 차이가 덜 중요한 이상, 핵시대의 억제는 그 이전의 어떤 것보다 훨씬 더 쉬운 것으로 입증되었다. 핵공방에 대한 두려움은 매우 커서 그러한 문제를 시험하기 위해 고안된 워게임에서 행위자들로 하여금 버튼을 누르도록 하는 것은 거의 불가능하다는 게 입증되었다. 사실상 어떤 대가를 치르고서라도 핵전쟁을 막고자 하는 최우선적인 공통의 관심사를 고려해보았을 때 핵을 보유한 적을 억제하기 위해 그러한 무기를 "사용"하는 것은 비교적 쉽다. 같은 이유로, 상대로 하여금 이러저러한 것을 행하도록 강제하기 위해 핵무기를 사용하는 것은 거의 불가능하다.

원래는 하나의 국가만이 핵폭탄을 보유했다. 그것이 그들로 하여금 다른 국가들에게 법을 정할 수 있게 해주었어야 했다. 그러나 금세 분명해졌던 것처럼, 그렇게 되지는 못했다. 우선 그것은, 미국의 병기고에 있는 폭탄의 수(數)도, 그것들의 위력도, 그것들을 운송하는 투발수단의 항속거리도 중무장을 하고 있는 강대국으로 하여금 무릎을 꿇게 하거나 그들로 하여금 어마어마한 재래식 전력을 사용해 막대한 피해를 가하지 못하도록 하기에는 충분하지 않았기 때문이었다. 소련이 1949년에 처음 핵무기를 실험한 이후에 공포의 균형이 설정되었다. 1개의 핵국가를 누군가의 의지에 굴복하도록 강제하는 것은 매우 어려우며, 보통은 불가능하다.

설상가상으로, 강압을 위한 시도는 너무 강하게 밀어붙이면 방어자로 하여금 주눅이 들어 선제적인 공격을 감행하게 만들 수 있다. 이러한 문제를 피하는 길은 살라미 전술을 채택하는 것이다. 주도권을 장악하고 있는 국가는 강력한 단일타격을 가하는 대신 핵에 못 미치는 수준에서 점증적으로 공격을 가할 수 있다. 그들은 상대에게 주변 현장이나 지역에서 설정된 기정사실을 제시하고 그들로 하여금 대응하도록 부추길 수 있다. 필요하면 그들은 단지 나중에 싸움을 재개하기 위한 목적으로 퇴각할 수도 있다. 많은 핵국가들이 그러한 게임을 실행했다. 소련도 미국에 대해, 미국도 소련에 대해 그렇게 했다. 중국은 소련에 대해 그와 같은 게임을 실행했으며, 소련은 중국에 대해 그렇게 했다. 파키스탄과 중국은 인도에 대해, 북한은 남한과 미국에 대해, 그리고 점점 더 중국은 미국에 대해, 미국은 중국에 대해 그렇게 했다.

특히 쿠바 미사일위기가 입증해 보여주었듯이, 때때로 위험은 인간의 이해를 거의 초월할 정도로 막대하다. 그러나 모든 경우에 예외 없이 그 소득―만약 있다면―은 미미했다. 한 번의 대결에서의 패배―실제적인 것이든 인식적인 것이든―는 패배자로 하여금 다음 대결을 준비하는 노력을 배가하게 만들 것이다. 때문에 그러한 노력도 일시적인 경향을 띤다. 관점에 따라 억제와 강압의 게임은 장엄할 수도, 대단히 흥미로울 수도, 어리석을 수도, 또는 충격적일 정도로 비인간적일 수도 있다. 그러나 그것이 어떻든지 간에 그것들은 전쟁이 아니다.

제10장

전쟁과 법

1. 사물의 원칙(a)

주지하듯이 전쟁은 정책/정치에 의해 지배된다. —또는 그래야 한다. 그것은 서로 싸우는 데 거의 모든 수단을 사용할 의지를 갖고 있으며 그럴 수 있는 2개 —때로는 그보다 많은— 진영을 개입시키는 집단적 행동이다. 그것의 목적은 상대를 우리의 의지에 굴복시키는 것이다. 그 가장 중요한 도구는 물리적 폭력, 즉 사람을 죽이고 사물을 파괴하는 것이다. 전쟁은, 그곳에는 승리에 대한 분명한 정의가 존재하지 않는다는 점에서 게임—그것들 중 일부는 마찬가지로 폭력적이다—과 다르다. 전쟁은, 그것이 법에 의해서는 아닐지라도 적어도 주민의 상당한 일부에 의해 사회적으로 동의된다는 점에서 범죄와도 —심지어 갱 전쟁과 같은 대규모 범죄와도— 다르다. 마지막에 언급된 사실은 우리로 하여금 법과 전쟁 간의 관계를 깊이 고찰하게 만든다.

우리의 두 모델 중 손자는 거의 전적으로 어떻게 전쟁을 준비하며 어떻게 그것에서 승리할 수 있는지를 다룬다. 따라서 그는 전쟁의 "문법"에 초점을 두며, 법에 대해서는 전혀 언급하지 않는다. 그럼에도 첫 장에서 그는 승리할 가능성이 큰 진영은 하늘의 호의를 얻어야 한다고 말한다. 나중에 그는 "잘 싸우는 자는 먼저 인의를 닦고 법제를 지킴"으로써 자신의 정부가 무적이 되게 만든다고 말한다.[1]❖ 전쟁이 지도자가 없으며, 쓸모없고, 포악하며, 잔혹한 무질서상태로 전락하는 것을 막기 위해서는 일종의 규범이 부과되고, 강제되며, 무엇보다도 내면화되어야 한다.

클라우제비츠는 이 문제에 한두 문장을 할애했다.[2] 그러나 그것은, 법은 전쟁의 기본적인 폭력을 거의 약화시킬 수 없으며, 폭력이 전쟁에서 혹자의 행동을 지배하도록 내버려두는 것은 누군가가 범할 수 있는 최악의 오류임을 덧붙이기 위한 것에 지나지 않았다. 역사가 제프리 파커(Geoffrey Parker, 1943년~현재)는 더 멀리 나아갔다. 근대 초에 존재하던 전쟁법에 대해 이야기하면서 그는 그것을 "잔학행위의 에티켓(the etiquette of atrocity)"이라 불렀다.

사실, 전쟁에서 법의 역할이 결정적인 세 가지 이유가 존재한다. 첫째, 적어도 키케로(Cicero) 시절부터 인식되어온 것처럼, 전쟁은 비단 적들 간의 무장투쟁에 지나지 않는 것이 아니다.—혹자는 전쟁이 주로 그것으로 이루어진 것도 아니라 말할 것이다. 그것은 적들 간의 무장투쟁이지만, 그것은 또한 법적인 상태이기도 하다. 이는 그것이 공식적으로 선포되었기 때문이거나, 홉스가 말하는 것처럼, 그것의 존재가 "충분히 알려졌기" 때문이다.[3] 전쟁에서는 통상적으로 금지된 많은 행동들—무엇보다도 살인—이 갑자기 합법적인 —심지어 바람직한— 것이 된다. 이론적으로, 그리고 많은 경우 실제적으로도, 적대행위가 전혀 없을 때에도 전쟁의 상태가 적어도 한동안은 존재할 수 있다. 그 훌륭한 예가 1939~1940년의 이른바 "가짜전쟁(the Phony War)"이다. 9개월 동안 제각각 수백만 명을 헤아리던 두 군대—

❖ 이 부분에 대한 원문은 善用兵者, 先修理仁義, 保守法制, 自為不可勝之政이다. 저자의 이해와는 달리, 사실 이 문장은 손자의 『병법』에 등장하지 않는다. 이는 『병법』에 등장하는 문장인 善用兵者, 修道而保法, 故能為勝敗之政에 대한 두목(杜牧)의 주석이다. ─역주

프랑스군과 독일군—는 서로 대적하면서 단 한 발도 교환하지 않았다. 그것이 그들의 나라가 전쟁에 임하고 있던 게 아님을 의미한다고 볼 수 있을까?

둘째, 손자가 인정하듯이, 법의 필요성은 조직적·집단적인 일로서의 전쟁의 본질로부터 파생된다. 1인으로 구성되는 군대는 법을 필요로 하지 않는다. 그러나 일정 정도 규모를 갖춘 군대는 그것을 상당히 필요로 한다. 누가, 무엇을, 왜 수행할 수 있게 허용되는지—또는 그럴 것으로 추정되는지—에 대한 규칙이나 적어도 분명한 합의가 있어야 한다. 누구의 명령에 따라서, 어떤 상황 아래에서, 어떤 수단으로, 어떤 목적을 위해 그럴 수 있는지, 그리고 간단히 말하자면 누가 훈장을 받아야 하고 누구는 처형되어야 하는지에 대해 규정되어야 한다. 다른 규칙들은 법적 상황이 변화하는 방식을 좌우한다. —즉, 전쟁이 어떻게 개시되며 어떻게 종결되는지를 다룬다. 전쟁법은 이러한, 그리고 무수한 다른 질문에 대한 답을 제공하거나 그러려고 시도한다. 그것은 전쟁이란 무엇이며 그것은 어떻게 수행되어야 하는지에 관한 원형을 제공함으로써 그것을 갖고 있는 이들로 하여금 모든 것을 처음부터 생각해내야 할 필요성을 제거해준다.

그와 같은 규칙을 갖고 있지 않거나, 그것을 준수하지 않는 모임이나 집회는 —그것을 무엇이라 부르든지 간에— 애초에 군대가 아니다. 우리가 보는 바와 같이 그것은 합동적인 행동을 취할 수 없는 군중이나 무리이다. 정신없이 설쳐대는 사람들을 가진 그러한 조직은 —대부분은 아니라 할지라도 많은 경우에— 어떤 종류의 행동도 취할 수 없다. 그와 같은 군중은 정책의 도구로 기능할 수 없으며, 효과적인 도구가 되는 것은 말할 나위도 없다. 많은 경우 그것은 다른 누군가에게뿐 아니라 그것을 결성한 이들에게도 위험하다.

전쟁법이 불가결한 세 번째 이유는 다음과 같다. 구약성경은 우리에게 하나님은 이스라엘 사람들에게 아말렉 사람들(Amalekites)에 대한 영원한 전쟁을 수행하라고 말씀하셨다고 말해준다. 아말렉 사람들은 이스라엘 사람들이 이집트로부터 탈출하고 있을 때 그들을 배후에서 기만적으로 공격하여 약하고 무력한 이들을 죽였던 사막에 거주하는 종족이었다. 나중에 하나님은 사울 왕에게 "지금 가서 아말 렉을 쳐서 그들의 모든 소유를 남기지 말고 진멸하되 남녀와 소아와 젖 먹는 아이 와 소와 말, 낙타와 나귀를 죽이라"고 명령했다.[4] 그때서야 전쟁이 종결될 것이었 다. 하나님의 눈에 그와 같은 종결에 이르는 데 실패하는 것은 처벌받을 수 있는 범죄였다.

그러나 그것은 예외적인 것이었다. 전쟁이 극한으로 치닫지 않는 2개의 이유가 존재한다. 이타적인 것도 마음이 여린 것도 아니다. 두 가지 이유 모두 자신의 이 해에 확고하게 뿌리내리고 있다. 첫째, 대부분의 승자들은 분별이 있다. 수감 중인 재소자가 예절 바르게 행동하면 조기 석방이 약속되는 것처럼, 자비와 좋은 처우 를 약속함으로써 적들도 항복하도록 권고될 수 있다. 이렇게 하는 것은 승리하는 진영으로 하여금 사상자와 노력을 절약시켜줄 것이다. 둘째, 예를 들어 부상당한 적을 보살펴줌으로써 군대들은 운명이 자신들에 반하는 경우에 호혜를 기대할 수 있다. 압도적으로 대다수의 경우에, 생존자들이 처우되는 방식에 관한 결정은 어 떻게 해서든 이루어지고 실행되어야 할 것이다. 게다가, 항복은 적과 소통할 수 있 는 상호적으로 이해된 모종의 방법이 존재할 때만 가능하다. 그렇지 않으면, 모든 전쟁은 "절대적"이게 되어 영원히, 또는 적어도 대립하는 진영의 모든 이들이 죽을 때까지 지속될 것이다.

이러한 고려들뿐 아니라 다른 문제들에 존재하는 많은 유사한 고려들도 왜 전 쟁법이 역사만큼이나 오래되었는지를 설명해준다. 지구 상 가장 단순한 사회들 중 일부인 호주 원주민 부족이 이러한 일을 행했던 방식을 고려해보았을 때, 전쟁 을 규칙들로 둘러싸고자 했던 가장 초기의 시도는 그것을 몇 개의 서로 다른 종류 로 나누는 것이었다. 북부 호주의 아넘랜드(Arnhem Land)에 살던 먼진족(Murngin) 은 6개나 되는 서로 다른 형태의 전쟁을 가지고 있었으며, 그 전쟁들은 제각각 이 름을 가질 만큼 충분히 구별되었다.[5] 각 전쟁은 서로 다른 목적을 위해, 서로 다른 적에 대해 사용되고, 상이한 일단의 관습적 규칙에 의해 지배를 받는 것으로 추정되었다. 일부 형태는 치명적이었으며, 다른 것들은 그보다 훨씬 덜해 게임으로 가장 잘 묘사되기도 했다. 일부 경우에 규칙들은 누가 승리하고 누가 패배했는가를 결정하기 위해 "승점(victory points)"을 규정하기도 했다.

구약성경으로 돌아가 보면 우리는 그와 다소 유사한 체계를 발견하게 된다. 가장 극단적인 형태의 전쟁은 이스라엘 사람들이 그들의 유전적인 적(敵)인 아멜렉 사람들에 대해 수행한 전쟁이다.[6] 그러나 이것은 구약성경에서 언급된 세 가지 종류의 전쟁 중 하나에 불과했다. ─그리고 가장 덜 흔한 것이었다. 다른 두 가지는 "(성스러운) 계명에 의한 전쟁(milhemet mitzvah)"과 "허용된 전쟁(milhemet reshut)"이다. 위대한 마이모니데스(Maimonides)✦를 포함하는 일련의 유대인 학자들은 그에서 더 나아가 "계명에 의한 전쟁"을 몇 개의 하위유형으로 나누었다.[7] 각 유형은 특정 대리인이나 집단에 의해서만 서로 다른 목적을 위해 서로 다른 적에 대해 선포될 수 있었다. 각각은 또한 종결에 이를 수 있거나 종결해야 하는 서로 다른 지점을 가지고 있었다.

로마에 대항한 유대인의 마지막 주요한 봉기가 진압되었던 서기 135~137년과 이스라엘이라는 현대 국가가 건국된 1948년 동안에는 어떤 시점에도 유대인의 군대가 존재하지 않았기 때문에 그러한 문제는 가라앉고 말았다. 그러나 이스라엘이 건국되자마자 문제의 법들이 랍비들 사이에서뿐 아니라 랍비와 새로운 국가의 세속적인 마음을 가진 당국들 간에서도 격렬한 논쟁의 주제가 되었다. 이 문제가 중요해진 것은 다른 대부분의 발전된 국가들과는 달리 이스라엘은 국가와 종교 간의 구별을 인정하지 않는다는 사실 때문이었다. 그 주민의 상당한 일부는 정통 유대교도이다. 그들 중에는 적지 않은 이들이 랍비의 권위를 국가의 권위보다 높게 여긴다. 그 결과, 이러한 문제를 무시하는 이스라엘의 정치인이나 고위 지위관은

✦ 스페인에서 태어난 유대인 철학자이자 율법학자로서 유대인들에게는 "제2의 모세"로 알려져 있다. ─역주

위험을 각오하고 그렇게 해야 한다. 일단의 법들을 준수하는 것은 그를 국내적으로나 국제적으로나 다른 이와의 충돌에 처하게 만들 수 있다.

많은 다른 이들은 상이한 종류의 법칙에 의해 지배되는 상이한 종류의 전쟁 또한 인정했다. 대부분의 법규는 종교에 뿌리를 두었으며, 그들이 믿는 신에 따라 서로 다른 적들 사이에서 구별되었다. 그러나 휴고 그로티우스(Hugo Grotius, 1585~1645년)**를 기점으로 세속적인 법률이 그 자리를 넘겨받기 시작했다. 점점 더 종교적 교리와, 훨씬 뒤에는 인종과 피부색에 대해서도 무관해진 그것은 모든 국가와 사람에게 적용될 수 있을 것으로 추정된 "보편적"인 기준들을 규정하려고 시도했다. 가장 오래된 법들은 관습적이었으며 성문화되어 있지 않았다. 뒤이은 것들은 성문화되었다. 일부는 나중에 다른 국가들에게도 확장되는 상호협정에서 유래된 것이었다. 결국 그것들 중 다수는 처음에는 국제연맹, 나중에는 국제연합의 보호하에 놓이게 되었다.

마지막으로, 그러나 못지않게 중요한 점은 전투가 많은 사람들로 하여금 난폭해지게 만들 수 있으며 그렇게 한다는 점이다. 그러한 일이 호메로스의 가장 위대한 영웅 아킬레우스(Achilles)에게 발생했다. 『일리아스』의 초반부에서 아킬레우스는 남성 중에 남성으로 표현된다. 그는 유창하고, 자존심이 강하며, 성미가 급하나 인정미가 있다. 나중에 그는 자신의 절친한 친구인 파트로클로스(Patroclus)의 죽음에 격노한 나머지 괴물이 되고 만다. 모든 것에 눈과 귀를 닫아버리고 끔찍한 분노에 휩싸여 있던 그는 (그 작품 전체에 걸쳐) 유례가 없을 정도의 살육의 광란을 지속한다. 목숨을 살려주기를 거절하는 그의 잔혹성은 끔찍하다. 희생자의 피로 넘쳐나던 스카만드로스(Scamander) 강이 강둑을 무너뜨리고 그를 물에 빠지게 만들 정도였다.

❖❖ 델프트에서 태어난 네덜란드의 국제법학자. 법률가, 행정관, 외교관으로도 국제적으로 활약했다. 국제법에 처음으로 이론적 체계를 수립하여 "국제법의 아버지"로도 불린다. ─역주

아킬레우스의 격노는 머지않아 소진되었다. 10년간의 전쟁 동안에 그것은 한두 시간 이상 지속될 수 없었는데, 이는 우리의 호르몬이 설정한 것이었다. 머지않아 슬픔이 자리 잡았다. 그것은 그의 마음을 부드럽게 만들어 그로 하여금 관습을 따르고, 몸값을 받아들이며, 자신의 가장 강력한 적에게 정중한 장례를 허용해주게 했다. 그때서야 그는 "부드러운 뺨을 가진" 여성—즉, 브리세이스(Briseis)—의 돌봄 가운데 먹고 마시며 위안을 찾으라는, 자신의 어머니가 했던 충고를 따를 만큼 정돈이 되어 있음을 느꼈다.[8] 그녀의 도움으로 그의 인간애로의 재통합이 마침내 완결되었다.

그처럼 광란적인 순간을 제외하면 모종의 법에 의해 지배되지 않는 전쟁의 측면은 발견하기 어렵다. 그것이 통치자와 지휘관들이 늘 법률 자문관들을 자신의 주위에 두는 이유이며, 그와 같은 자문관들이 그 주제에 대해 무수한 책들을 저술했던 이유이다. 그런 법을 인정하기를 거절하는 이들조차도 그것의 중요성에 대해서는 익히 이해하고 있다. —그렇지 않다면 왜 그것을 애써 통렬히 비난하겠는가?

2. 전쟁권(*Ius ad Bellum*)

주지하듯이, 부족민들—구약성경의 그들이나 호주 원주민들이나 할 것 없이—은 때때로 전쟁 전반을 지배하는 단일한 법규가 아니라 서로 다른 많은 법규의 맥락에서 생각했다. 각 법규는 서로 다른 이유로 서로 다른 사람들에 대해 서로 다른 방식으로 수행되는, 서로 다른 종류의 전쟁에 적용되었다. 그와 대조적으로, 서구의 법적 전통은 모든 전쟁에 적용될 수 있는 단일한 법체계를 만들어내는 데 목표를 두었다. 가장 기본적인 차이는 한편의 '전쟁(을 수행할 수 있는)권'인 *ius ad bellum* 과 다른 한편의 '전쟁에서의 권리'인 *ius in bello* 간의 그것이다.❖ 약 1500년경부터 유럽의 팽창은 이러한 전통을 대부분의 세계에 확산시켰다. 그것이 우리가 이

곳에서 그것을 살펴보고자 하는 이유이다.

전쟁권은 두 가지의 가장 기본적인 물음을 다룬다. 첫째는 누가 전쟁을 수행할 권리를 가지고 있으며 누구는 그렇지 못한가 하는 것이다. 둘째, 누군가가 그러한 권리를 갖고 있음을 추정해보았을 때, 우리는 무엇이 그가 수행하는 전쟁을 정의로운 것으로 만들어주는가를 물어야 한다. 전자의 물음과 관련하여, 모든 종류의 정체를 통괄하는 이들과 같은 정체의 단순한 구성원들에 해당하는 이들 간에는 늘 기본적인 차이가 존재했다. 전자는 전쟁을 선언하고 그것을 수행할 수 있는 권리를 가졌지만 후자는 그렇지 못했다. 그럼에도 그들이 무력에 의존하는 경우에는 두 가지의 가능성이 존재했다. 그들이 무력을 통치자들을 향해 조준했을 경우 그것은 반란이나 내전이 되었다. 서로 간에 그것이 사용되면 그것은 범죄가 되었다. 그 어느 경우이든지 간에 그것의 사용은 처벌을 불러왔다. ―그러나 통상적으로 처벌은 범죄의 경우보다 반란의 경우에 더 혹독했다.

1576년에 프랑스의 법학자 장 보댕(Jean Bodin)은 유명한 『국가에 관한 6권의 책』에서 "주권"이라는 용어를 대중화했다.[9] 어느 누구에게도 충성을 다할 의무가 없으며 그들보다 높은 세속의 인물이 없는 통치자들은 군주로 불렸다. 충성의 대상이 있으며 그러한 상급자가 있는 이들은 그렇게 불리지 않았다. 다른 어떤 이들과는 달리 군주가 보유한 최우선적이고 가장 중요한 권리는 법을 정하는 권리였다. 두 번째는 전쟁을 선포하고 그것을 정책의 도구로 사용할 수 있는 권리였다.

문제는 봉건제의 많은 측면이 여전히 살아 있었다는 점이다. 유럽은 서로 다른 정체들―일부는 군주정이었는데, 그들은 절반 또는 3분의 1이나 4분의 1에 지나지 않았다―의 엄청나게 복잡한 망으로 구성되어 있었다. 각각은 서로 다른 권리와 책무를 가진 한 사람 또는 ―그보다 훨씬 덜 흔하게― 사람들에 의해 통치되었다. 고대 그

❖ 통상적으로 *Ius ad Bellum*은 '개전할 수 있는 권리'를 의미하며, *Ius in Bello*는 '전쟁(수행)법'을 의미한다. 전자는 전쟁선포의 정당성, 후자는 전쟁행위의 정당성(jus in bello)과 관련된다. ―역주

리스의 폭군 살해에서 힌트를 얻은 일부 개신교 신학자들은 전쟁과 반란 간의 구별을 폐지하려 하기도 했다. 그들은, 참신(True God)을 섬기며 압제에 저항하는 신민들은 그들의 통치자에 대해 전쟁을 할 수 있는 권리가 있다고 주장했다. 그 결과, 그러한 차이가 온전히 적용되는 데는 시간이 걸렸으며, 훨씬 더 많은 학문적 노력―특히 그로티우스의 그것―을 필요로 했다. 1650년 이후에야 주권에 대한 보댕의 시각이 일반적으로 받아들여졌다. ―이는 그의 저작들이 더 이상 읽히지 않았다는 사실에서 분명해진다.

1750년경 어느 시점에 프로이센의 프리드리히 2세는 스스로를 "국가의 제1종복(從僕)"으로 불렀다.[10] 이 진술이 암시해주듯이 이제는 주권의 속성을 통치자로부터 그가 이끄는 정체로 전이시키는 경향이 점점 더 커졌다. 일부 정체들은 다른 정체들보다 빠르게 이에 착수했다. 그러나 19세기 중반에 이르면 아직 그러한 변화를 달성하지 못한 정체들은 후진적이거나 전제적인 것, 또는 그 두 가지 모두인 것으로 널리 간주되었다. 1945년까지는 그 문제가 묻혀 있었다. 1919년 국제연맹의 창설과 1929년 켈로그-브리앙 조약(Kellogg-Brian Pact)의 체결로부터 시작하여 전쟁을 선언하고 그것을 수행할 수 있는 주권국가의 권리를 제한하려는 몇몇 시도가 이루어졌다. 뒤이은 사건들이 보여주듯이 그리 성공을 거두지는 못했다.

상황을 변화시킨 것은 제2차 세계대전이었다. 1945~1948년의 다양한 전범재판에서 기소된 이들의 일부는 "침략적"인 전쟁의 개시와 수행의 책임을 물어 기소되었다. "침략적"이라는 말의 정확한 의미는 결코 정의되지 않았다. 그러나 분명한 시사점은 주권국가―그 통치자들이 자신들이 뜻한 바를 행동으로 옮겼을 때 독일과 일본이 주권국가임을 의심한 이는 아무도 없었다―라 할지라도 "방어적"인 전쟁을 수행할 권리만 가질 뿐이라는 점이었다. 이 원칙은 국제연합헌장에 담겼으며, 훗날 몇 차례에 걸쳐 재확인되었다. 그에 호응하여 국가별로 전쟁을 담당하는 부서, 청, 또는 부(部)를 폐지하기 시작했다. 그들의 자리는 "방어적"인 부서, 청, 부가 차지했다. 새로운 조직들은 그들이 3개의 군종 ―육군, 해군, 공군― 모두를 포함했다는 점에서 이전의 그것들과 달랐다. 그것을 제외하면 그러한 변화는 거의 순전하게 겉치레에 불과했다. 전쟁은 전쟁을 남겨놓았으며, 그 안에서 벌어지는 활동들도 마찬가지였다.

다른 방식으로 변화는 엄청난 함의를 갖고 있었다. 수천 년 동안 전쟁은 통치자들과 정체들이 그들 간에 영토를 주고받는 주요한 —많은 경우 거의 유일한— 도구였다. 이제는 그러한 모든 전쟁이 방어적인 것이 되었거나, 어쨌든 그것을 시작한 이들에 의해 방어적인 것으로 선언되었다. 이에 따라 영토를 정복하거나 병합하기 위한 무력의 사용은 더 이상 용납되지 않게 되었다. 분명 이곳저곳에서 여전히 그러려고 시도하는 국가는 존재했다. 그 가장 좋은 예가 이스라엘이다. 1967년에 그들은 선제전쟁(preemptive war)❖을 개시했다. 그 결과는 시나이 반도, 예루살렘, 서안, 골란 고원의 점령이었다. 1979~1982년에 시나이 반도는 이집트에게 반환되었다. 나머지는 이스라엘의 통치 아래 남아 있지만, 다른 어떤 단일한 국가도 이를 인정하지는 않고 있다.

이러한 시기 동안에 선보인 전쟁권에서의 또 다른 변화는 다음과 같다. 스위스의 법학자 에머리히 바텔(Emmerich Vattel, 1714~1767년)의 시대부터 늘 점령을 당한 사람들에게는 점령자들에 맞서 봉기할 수 있는 권리가 존재하지 않는다고 추정되었다. 그럼에도 그들이 그러는 경우, 그들은 "전쟁법"—실상은 보통 전혀 법을 의미하지 않았다—에 따라 다뤄질 수 있었다. 그 대신 "군사적 필요"가 허락하는 한 그들과 그들의 재산은 전쟁의 가장 끔찍한 공포로부터 면제되는 것으로 생각되었다. 이제 침략적인 전쟁과 방어적인 전쟁 간의 구별이 확립되고 병합이 금지됨에 따라 다른 이들에 의해 그 땅을 점령당한 이들도 그러한 권리를 갖게 되었다.

❖ 선제전쟁은 예방전쟁(Preventive war)과 구별된다. 전자는 상대방의 도발 징후가 농후할 때 먼저 전쟁을 일으키는 경우를 의미하는 반면, 후자는 상대방의 도발 징후가 없어도 잠재적으로 아측에 위협이 된다고 판단되면 먼저 공격을 개시하는 경우를 의미한다. ―역주

심지어 제2차 세계대전 동안에도 추축국에 점령당한 국가들에서 발생한 많은 "레지스탕스" 운동은 법에 호소했다. 그 결과, 점령당했던 국가들 자체의 식민지 신민들이 1940년대 말과 1950년대 동안에 그들에 대해 그와 유사한 방법을 사용하기 시작했을 때 그들은 그에 대적하는 게 매우 어렵다는 점을 발견했다. 지금까지 주권적인 정치형태로 온전히 인정을 받은 "해방운동"은 —있다면— 매우 소수에 지나지 않는다. 비록 점점 더 그 구성원들은 범죄자로 취급받기보다는 일반적인 범죄자들이 갖지 못하는 종류의 권리를 부여받고 있지만.

그것이 이야기의 끝은 아니었다. 1990년에 미국은 안전보장이사회에 이라크에 대해 공세를 취할 수 있도록 허락해줄 것을 요청하여 그것을 받아냄으로써 전례를 세웠다. 전쟁을 승인하는 권한은 점점 더 개별 국가에서 국제연합 안정보장이사회로 넘겨졌다. 이사회가 동조하지 않는 경우에는 필요한 엄호를 제공하기 위해 "유사(類似) 입장을 가진 국가들의 연합(Coalition of the Willing)"을 사용할 수 있었다. 간략히 말해, 국가들이 전쟁으로 치달을 수 있는 권리의 일부를 잃게 되면서 갖은 종류의 다른 조직들이 게임에 가담하기 시작한 것이다. 그들은 국가들이 소유했던 것과 동일한 권리를 주장하거나 자신들을 국가보다 상위에 위치시켰다. 총체적으로 보았을 때 이러한 변화들은 결코 중요성이 덜하지 않았다.

누가 전쟁을 수행할 수 있는 권리를 가지고 있는가에 대한 물음에는 또 다른 물음이 얽혀 있었는데, 그것은 전쟁을 정당하게 만드는 것은 무엇인가 하는 것이다. 원칙적으로는 전쟁을 수행할 수 있는 권리를 가진 이들만이 정당한 방식으로 그렇게 할 수 있다. 그 반대, 즉 그와 같은 사람이나 당국에 의해 수행되는 모든 전쟁은 정당하다는 논리는 적용되지 않는다. 『아이네이스(Aeneid)』에서 베르길리우스(Virgil)는 2개의 구분된 내세를 가지고 있는 것처럼 보인다.[11] 하나는 정당한 전투를 벌이는 이들을 위한 것이요, 나머지 하나는 그렇지 못한 이들을 위한 세상이다.

이전의 로마법을 들어보자. 성 아우구스티누스(서기 354~430년)는 전쟁을 절대적인 필요성이 있을 경우에만 치러져야 하는 악(惡)으로 묘사했다.[12] 정의로운 전쟁은 인간의 죄스러운 본성이 아니라 선량한 의도에서 기인해야 했다. 마지막으로, 그러나 못지않게 중요한 점은, 그것이 사악한 사람들—특히 동료 인간들에게뿐 아니라 하나님에게도 해를 끼치는 이단들—을 죽이기 위해 사용되는 경우에는 그 전쟁이 정의롭다는 점이다. 약 9세기 뒤에 위대한 학자 성 토마스 아퀴나스(Sir Thomas Aquinas)가 그 문제를 다뤘다. 첫째, 전쟁은 이득이나 —오늘날 우리가 말하는 것처럼— '이해(利害)'를 위해 수행되지만, 선량하고 정당한 목적을 위해 그래야 했다. 악을 처벌하거나 다른 수단에 의해서는 바로잡을 수 없는 잘못을 교정하는 것처럼. 둘째, 정당한 전쟁은 선량한 의도와 함께 시작되어야 하기 때문에 그러한 의도를 상쇄시켜 버리거나 무색하게 만들어버릴 정도로 잔혹한 방식으로 싸우거나 극단적으로 수행되지 말아야 한다. 훨씬 뒤에 이러한 생각은 '비례성'으로 알려지게 되었다. 원래의 기독교적 포장을 벗겨낸 두 가지의 주장 모두가 여전히 살아 있으며 건재하다. 1990년경부터 미국을 필두로 하는 "서구"는 일련의 개입전쟁들 전반을 정당화하기 위해 특히 첫 번째 주장을 사용했다.

간략히 말해, 전쟁권은 지극히 중요하다. 전쟁을 수행할 수 있는 권리를 가진 이와 그렇지 않은 이 —그에 따라 정당한 전쟁과 정당하지 못한 전쟁을 수행하는 이— 간의 구별을 제외한다면 사회는 강도들의 무리와 구별되지 않고 존재하지 못할 것이다. 손자는 이러한 용어를 사용하지 않은 게 사실이다. 그러나 그는 정당한 전쟁은 통치자와 그의 신민들 간의 조화에 기초하며 —앞서 설명한 것처럼— 하늘의 호의를 누리는 것으로 주장하는 것처럼 보인다. 우리는 부당하게 시작되었거나 잔혹하게 수행되는 정의롭지 못한 전쟁을 하늘은 축복하지 않을 것으로 안전하게 추정할 수 있다. 그런 점에서 이는 나쁜 정의일 수도 있지만 좋은 정의일 수도 있다.

서문에서 언급했듯이, 클라우제비츠는 한쪽으로 제쳐놓았을 뿐이다. (비록 그는 그렇게 말하지는 않았지만) 그에게는 힘이 곧 권리이다. 그러한 시각은, 그것이 부당하다는 점을 분명히 알거나 느끼는 명분을 위해 자신의 목숨을 위험에 빠뜨릴 준비가 되어 있는 사람이나 군인은 역사의 초기부터 없었다는 사실과 충돌된다. 기율과 선전—특히 종교에 기초하는 선전—이 전쟁을 위해 사회를 동원하는 데 큰 역할을 할 수 있음은 사실이다. 그러나 기율은 한 병사의 지휘관들이 그에게 할 수 있는 그 어떤 일도 적이 하려는 일보다 나쁘지는 않을 것이라는 사실과 대립한다. 그리고 선전(宣傳)에 책임이 있는 이들은 사람들이 믿게 되는 일, 그들이 집중적으로 그것을 믿을 수 있는 정도, 그리고 무엇보다도 그들이 그렇게 믿게 되는 기간에는 한계가 있다는 점을 깨닫게 될 것이다. 그런 점에서 클라우제비츠의 접근법—그의 후계자들은 이를 뻔뻔스럽게도 "현실주의적"이라 불렀다—은 결코 현실주의적이지 않았으며 여전히 그렇다.

3. 전쟁에서의 권리(*Ius in Bello*)

전쟁이 적합한 권위체에 의해 정당한 명분을 위해 수행된다고 가정한다 해도 그것을 수행하는 데 모든 것이 허용되는 것은 아니다. 가장 초기부터 전쟁의 수행에서는 수많은 일들이 금지되거나 어쨌든 관례화되지 않았다. 그러한 모든 것을 합해 그러한 금지는 '전쟁에서의 권리'로 알려졌다. 원래 문제의 권리(*ius*)는 관습이나 종교, 또는 양자 모두에 깊이 새겨져 있었다. 나중에 그것은 다른 모든 종류의 법에 합류하여 어느 모로 보나 공식적이고 정교해졌다. 여기서 우리가 할 수 있는 일이라고는 그것이 다루는 주제들을 보여주는 매우 적은 예들을 제공해주는 것뿐이다.

어떤 것들은 결단코 허락되지 않았다. 가장 중요한 것은 맹세, 약속, 조약을 위반하여 기만적으로 수행되는 기습공격이다. 휴전이 깨졌을 때, 또는 자비를 얻었던 포로들이 다시 무기를 들었을 때, 또는 한 진영에 속한 투사들이 다른 진영에 속하는 것처럼 했을 때도 마찬가지이다. 그와 같은 일이 금지된다는 사실이 그것들이 이루어지지 않음을 의미하는 것은 아니다. 그것이 의미하는 바는, 그 기원이 어떠하며 그것이 뭐라 불리든지 간에 그것들은 언제나 전쟁법에 반하는 것으로 이해되었다는 점이다. 그것들을 범하는 이들은 처벌될 수 있었으며, 기회가 허락될 때 처벌되었다. 많은 경우 이는 아무도 생각할 수 없었을 정도로 가장 잔인하고 끔찍한 방식으로 이루어졌다.

불행하게도 그와 같은 조치들은 때때로 책략, 전략, 기습과 구분하기 어렵다. 특히, "특수" 임무에 임하는 특공대는 상대방을 호도하고 그들을 기습하기 위해 적의 군복이나 ―군복이 존재하기 전에는― 적의 휘장을 착용하곤 했다. 예를 들어, 일부 중세 학자들은 복장을 바꿔 입는 행위를 금지하는 『신명기』 22장 5절이 불의의 습격을 감행하기 위해 여성인 척하는 남성들에게도 적용되는지를 궁금해했다. 이러한 문제들이 늘 그 문제를 정당한 방식으로 다루려는 시도를 방해했다. 지구 상에서 전쟁이 치러지는 한 그것들은 계속해서 그렇게 할 가능성이 크다.

금지된 일의 수―이는 역사적 상황을 반영하며 시간의 흐름에 따라 변화했다―는 너무 많아 여기서는 몇 가지만 언급할 수 있을 뿐이다. 신성한 물건, 건물, 장소가 어떻게 취급될 것으로 추정되었는지의 문제를 들어보자. 그리스인들은 이러한 측면에서 관용적이었다. 신이 내린 형벌―때때로 이는 인간에 의한 처벌의 도움도 받았다―이 따른다고 위협하여 신전들―이것들에는 많은 경우 보물들이 완비되어 있었다―은 침범하면 안 되는 것으로 되어 있었다. 로마인들은 훨씬 더 나아갔다. 그들은 적들의 신을 취해 로마로 가지고 왔다. 아나톨리아의 여신 키벨레(Cybele), 이집트의 여신인 이시스(Isis), 페르시아의 신 미트라(Mithra)와 같은 모든 신이 로마에 숭배자들을 보유하고 있었다. 유교와 불교는 그렇게까지는 안 되었을 수 있지만, 일반적으로 그것들은 마찬가지로 관용적이었다.

유일신 종교들은 다르게 행동했다. 구약성경에서 이스라엘인들과 그 적들 간의 모든 전쟁은 자동적으로 그들의 각 신을 개입시켰다. 모든 종류의 성스러운 물건이 가장 좋은 표적이 되었다. 선지자 사무엘은 성궤(Holy Ark)를 블레셋인들에게 빼앗겼다는 소식을 듣고 의자에서 떨어져 목이 부러져 현장에서 죽었다.[13] 승리를 거둘 때마다 이스라엘인들이 가장 먼저 한 일은 그 적들의 신을 철저하게 멸절하는 것이었다. 기독교도들이나 무슬림이나 할 것 없이 마찬가지로 행하곤 했다.

느지막이 30년전쟁에서도 신교도들과 구교도들은 규칙적으로 서로의 예배처소를 훼손했다. 그들은 그것들을 차지해 다시 축성할 수도 있었고 그렇지 않을 수도 있었다. 1650년경부터 세속화의 확산은 변화를 불러왔다. 점점 더 예배처소는 남겨두는 경향이 생겨났다. ―결국 하나님이 인간사에 개입하지 않는다면 신성한 장소나 물건을 훼손하거나 파괴하거나 병합하는 게 무슨 소용이 있겠는가? 나중에는 그리스와 로마에서 매우 좋은 전리품으로 간주되었던 귀중한 미술품들도 면제권을 제공받았다. 서구에서 신, 그의 건물, 그의 하인들은 여전히 특권을 만끽하고 있다. 종교가 훨씬 더 심각하게 받아들여지곤 하는 이슬람 세계에서는 그렇지 않다. 이러한 일들이 다뤄지는 방식은 두 문명 간의 관계에서 중요하고도 점점 더 큰 문제가 되고 있다.

이 문제에 연계된 문제가 적 사망자에 대한 처리의 문제이다. 특히 ―그러나 부족전쟁에만 국한된 것은 아니었다― 시신은 훼손되곤 했다. 목표는 굴욕을 주고(주거나) 죽은 적으로 하여금 내세에 들어가지 못하게 하는 것이었다. 아마도 가장 나쁜 형태의 굴욕은 식인행위였던 것으로 보인다. 일부 설명에 따르면 ―비록 그것이 실제로 발생했는지는 논의의 여지가 있지만― 패배를 당한 적은 요리되고, 삼켜지며, 소화되고, 배설되었다. 고대 그리스에서 통상적인 관행은 패배한 적으로 하여금 사망한 자들의 시신을 수습해 매장할 수 있게 허용하는 것이었다. 훨씬 뒤인 20세기 동안 적의 시신은 몇몇 국제조약의 주제가 되었다. 그것들은 등록, 매장, 친지에 대한 통지, 사망한 병사의 개인 소장품의 처분 등과 같은 문제에 대해 규정했다. 적십자의 후원 아래 그러한 문제들을 관리하기 위해 특별한 조직들이 설립되었다.

누구를 생포할 수 있는가 하는 문제와 포로는 어떻게 처우되어야 하는가 하는 문제는 유사한 문제를 낳았다. 주지하듯이 전쟁이 패배자들 사이에서 단 1명의 지도자, 부하, 남성, 여성, 어린이만 죽이면서 끝나는 경우는 없다. 전쟁을 수행하는 사회의 종류, 그리고 또한 관습에 따라 서로 다른 해법이 채택되었다. 지도자들은 1급 표적이 되곤 했다.—로마군은 전투에서 적 지휘관을 죽인 지휘관들을 위한 특별한 메달을 가지고 있었다. 생포된 이들은 많은 경우 전시되고, 그 신체가 훼손되며, 고문을 당한 후 죽음에 처해졌다.

그들의 통상적인 운명은 포룸(Forum)❖이 내려다보이는 80피트 높이의 타르페아 절벽(Tarpeian Rock)❖❖에서 내던져지는 것이었다. 그것을 모면한 이들 중 1명이 팔미라(Palmyra)의 여왕인 제노비아(Zenobia, 서기 267~274년경 재위)였다. 제노비아는 아우렐리아누스(Aurelian) 황제에 반역해 반란을 일으켰으나 격파당했다. 4세기 초의 역사가 트레벨리우스 폴리오(Trebelius Pollio)는 그녀가 적어도 부분적으로는 "믿기지 않을 정도의 성적 매력"을 통해 살아남았다고 말한다. 다른 시대의 다른 지도자들은 그들이 배상금을 지불할 때까지 더 또는 덜 안락한 환경에서 구금되어 있었다. 또 다른 시대에는 사람들이 다소간에 신성불가침인 것으로 간주되어 생포된 사람들은 거의 석방되었다. 이러한 일은 먼저는 엘바 섬에서 나폴레옹에게, 다음으로는 그의 조카인 나폴레옹 3세가 1870년 스당(Sedan)에서 생포된 뒤에 발생했다.

부족사회들은 거의 항상 성인 남성 포로들을, 때로는 섬뜩한 방식으로 죽였다. 그러나 그들은 많은 경우 여성들—특히 젊고 아름다운 여성—과 어린이들은 살려두어 전리품으로 취급했으며, 결국에는 그들을 자신들의 사회에 합류시켰다. 보다 강력한 형태의 정부를 갖고 있는 보다 발전된 정체들도 보통 그들의 전례를 따랐다. 그러나 그들은 남성들을 죽이는 대신 노예화할 수도 있었다. 그리스나 로마나 할 것 없이 당연히 그렇게 했다. 중세 동안에는 포로에 대한 처우가 그들의 사회적

❖ 고대 로마에서 도시를 중심으로 형성된 일종의 광장을 의미한다.—역주
❖❖ 이탈리아의 수도 로마의 카피톨리노 언덕에 있는 수직 절벽으로서 로마 공화정기에 처형 장소로 이용되었다.—역주

지위를 반영했다. 기사들은 배상금을 위해 구금되었으며, 그것을 제공하리라는 명예를 건 맹세가 있을 경우 석방될 수도 있었다. 명예도 금도 갖고 있지 못했던 평민들은 죽음을 당할 가능성이 더 컸다.

느지막이 1618~1648년에도 군대들은 여전히 민간인들을 포로로 삼곤 했다. 부유한 남성들은 그들로 하여금 배상금을 지불하도록 하기 위해 생포되었다. 부유한 여성도 같은 목적을 마음에 두고 생포되었다. 게다가 가난한 여성은 성적인 목적을 위해 생포될 수 있었다. (덜 흔하기는 하지만 부유한 여성도 그랬던 것으로 보인다.) 독일 조각가 레온하르트 케른(Leonhard Kern)이 조각한 작은 입상(立像)은 손이 뒤로 묶인 발가벗겨진 여성을 보여준다.[14] 그녀는 그에게 칼끝을 겨누고 있는 스웨덴 병사에 의해 끌려가고 있다. 이 모든 것은 현장 지휘관의 명령, 또는 적어도 그의 방조로 이루어졌다. 고위 지휘관들도 눈을 감고 말았는데, 그렇지 않았다면 그와 같은 일이 그처럼 자주 발생하지는 못했을 것이다.

전투원과 비전투원 간의 구분을 정립하는 것 이상의 일을 한 사람은 다시 한 번 그로티우스였다. 1660년경부터 군복의 채택은 두 집단을 훨씬 더 쉽게 구별할 수 있게 만들었다. 민간인뿐 아니라 부상자, 질병자, 포로의 처우에 대해서도 규정하고 있는 조항들을 포함하는 최초의 쌍무조약들이 마련되었다. 나중에 그것들은 특히 1868년부터 1909년간―상트페테르부르크 선언(St. Petersburg Declaration)에서 시작하여 1899~1907년의 헤이그협약(Hague Convention)을 거쳐 1909년의 제네바협약(Geneva Convention)에 이르는―에 작성된 전쟁법으로 체계화되었다. 그 뒤에는 1949년 제네바협약이 이러한 집단들에게 제공되는 보호를 증가시켰다.[15] 그것은 또한 보호를 확장하여, 제3자에게로 확대되거나 그들의 개입을 불러오는 경우를 포함하여 내전까지 포함시켰다. 1970년경부터 페미니즘이 대두되면서 더 많은 변화가 뒤따랐다. 이전에 여성들은 그들이 속한 집단에 따라 남성들과 동등한 권리를 누렸다. 이제는 그들이 그들을 생포한 이들이나 동료 포로들이 자행하는 성폭력으로부터 "각별히 보호"될 것이었다. 임신 여성과 엄마들도 특정의 특권을 누리게 되었다.

지면(紙面)의 제약으로 인해 '전쟁에서의 권리' 또는 ─현대식 표현을 사용하면─ 국제인도법에 의해 다뤄지는 다른 모든 문제들을 다루려고 할 수는 없다. '전쟁권'처럼 그것은 정치적 긴요 사항, 경제적 필요성, 문화와 관습, 그리고 적의 성격에 의해 좌우된다. 그것이 결정적으로 중요한 데는 두 가지 이유가 있다. 첫째, 크건 작건 간에 '전쟁에서의 권리'가 준수되지 않으면, 그리고 승리가 의미하는 바가 분명하게 정의되지 않으면 모든 전쟁은 끝장을 볼 때까지 수행되어야 할 것이다. 그렇게 하는 것은 사상자와 손실되는 전리품의 맥락에서 볼 때 고비용적인 것이 될 것이었다. 둘째, 그 법을 위반하고 적을 학대하는 이는 ─비록 늘 드문 경우이기는 했지만─ 자기 자신의 편에 의해서나 ─포로가 되었을 때는─ 적에 의해 처벌될 것으로 기대할 수 있다.

다른 모든 종류의 법과 같이 '전쟁권'과 '전쟁에서의 권리'는 때때로 ─혹자는 빈번하게라고 하기도 한다─ 위반된다. 최근까지도 희생자들이 의지할 수 있는 불편부당한 법정이 없었다는 사실은 도움이 되지 않았다. 오늘날까지도 문제의 법정─헤이그에 있는 국제사법재판소─ 은 그다지 강력하지 못하다. 그러나 그것이 ─설령 이론적으로나 실제적으로 그것이 매우 사소하고 안전하게 무시될 수 있다 할지라도─ 개별적으로나 총합적으로 보았을 때 법이 중요하지 않다는 점을 의미하지는 않는다. 키케로는 전쟁법은 우리 인류를 보존하는 것을 의미한다고 썼다.[16] 그것은 우리로 하여금 야수와 같은 방식으로 전쟁을 수행하지 못하게 할 뿐 아니라 전쟁으로 하여금 우리를 야수로 변모시키지 못하도록 하려 한다. 인간이 임하는 모든 활동 중에 전쟁은 우리로 하여금 우리가 누구이며 우리가 무엇인지를 망각하게 만들 가능성이 가장 크다. 그것이 바로 전쟁은 모종의 재판과 모종의 법의 적용을 받아야 할 필요성이 있으며, 늘 그래온 이유이다.

제11장

비대칭전

1. 사물의 원칙(b)

이 책의 서문에서 언급했듯이 비대칭전이라는 용어는 두 가지의 서로 다른 것을 의미할 수 있다. 그것은 각각 서로 다른 문명에 속하는 정체 간에 수행되는 전쟁을 지칭할 수 있다. 예를 들어 이는 그리스인들이 페르시아인들과 싸웠을 때, 처음에는 아랍인들이 그다음에는 몽골인들이 유럽을 침공했을 때, 무슬림 무굴인들이 힌두교와 불교를 믿는 인도를 장악했을 때, 그리고 유럽이 다른 대륙들로 팽창했을 때 발생했다. 그러나 "비대칭전"이라는 용어는 어느 한 진영이 다른 진영보다 훨씬 약하거나 강하여 통상적인 전략의 규칙으로는 경쟁이 되지 않는 2개의 서로 다른 진영 간의 전쟁 또한 의미할 수 있다. 여기서는 이러한 순서로 그 두 가지 문제가 다뤄질 것이다.

손자에게는 전쟁이 단일한 문명 내에서 이루어진다는 생각이 훨씬 더 당연하게 여겨졌다. 이것은 그의 저작 전반에 걸쳐 매우 분명하게 드러나는, 작전수행에 있어서의 독특한 맞대응적인 특성을 설명하는 데 중요한 역할을 수행한다. 분명 일부 군대는 다른 군대에 비해 나았다. 그들의 지휘관들은 자신들의 인간애와 공정성을 기르고 법과 제도를 유지시켰다. 결과적으로 그들은 자신들의 장병, 주민, 그리고 하늘과 조화를 잘 이루었다. 보다 잘 조화를 이룬 그들은 정치적·군사적 상황에 대한 보다 나은 이해를 갖고 있었다. 그들은 손자가 상당히 강조하는 어려운 문제인 첩자들 또한 더 잘 다룰 수 있었다. 그들의 기동과 방책 또한 더 정교했으며, 지역적 상황과 당면한 목적에 더 잘 부합했고, 보다 성공적이었다.

일부 현대 숭배자들까지도 언급했듯이, 진정한 창의성은 발견하기 어렵다. 독자적인 신이 존재하지 않는 중국 문명과 같은 문명에서는 역사가 불가피하게 더 큰 역할을 수행했다. 그 이유 때문에, 그리고 또한 기술적 변화가 매우 느리게 진행되었기 때문에 고대인들은 전쟁을 포함하는 모든 것에 대해 더 잘 알았다. 『병법』의 페이지들을 채우고 있는 규칙, 방책, 장사의 비결 각각은 태곳적부터 존재했다. 충분한 호의와 노력이 주어지면 누구든지 그것들을 선택하고 연구하며 통달할 수 있었다. 손자 자신을 포함하여 많은 학자 겸 군인들은, 그들이 가르칠 수 있고 이러한 일들을 토의할 수 있는 추종자들을 보유하고 있었기 때문에 더욱 그랬다. 그들은 또한 써줄 곳을 찾아 한 궁정에서 다른 궁정으로 떠돌아다녔다. 종종 그들은 서로를 알게 되기도 했다. 그 결과, 우리는 끊임없이 X를 하고 있는 A와, Y를 함으로써 그에 대응하고 있는 B, 그리고 Z를 함으로써 대응자에 대응하고 있는 A 등을 발견하게 된다. 고수들의 생각을 정교화하던 뒤이은 논평자들은 전쟁을 마치 하나의 대국(對局)이나 체스인 양 제시하기도 한다. 그러나 실제적인 지형에서만 실제 장애물(자연적인 것과 인공적인 것)과 실제 무기, 실제 병력, 실제 피 흘림이 추가된다.

그와 같은 방법들은 약 2세기 반 후에 진(秦)이라는 국가가 우세해져 중국을 통일할 때까지 중국의 다양한 국가들에 의해 서로 싸우는 데 사용되었다. 동일한 방법들을 사용하는 지휘관들이 "야만족"에 맞서 얼마나 잘 싸웠는지는 우리가 알지 못한다. 그럼에도 손자와 그의 많은 추종자들이 야만족들의 특성에 주의를 기울이는 것과 그들에 대해 전쟁을 수행하는 것이 어떻게 다른 전역들과 구별되는지를 언급하는 데 실패한 것이 뒤이은 중국 군사사상 상당 부분의 특징이 되고 말았다. 야만족들은 언제나 가난하고 수적으로도 소수였다. 물질적으로나 문화적으로나 그들은 강력한 중국 문명 겸 국가와 경쟁할 수 없었다. 그러나 반복적으로 그들은 후자를 압도하고 정복하는 데 성공했다. 오늘날까지도 "중화(中華)" 또는 "천하(天下)" 주민들이 "강대국 자폐증(Great Power Autism)"[미국의 전략가이자 전문가인 에드워드 러트왁(Edward Luttwak, 1942년~현재)의 표현이다]으로 고통을 당하는 것으로 이야기 된다.[1] 그들은 자신들의 기반으로부터 내려와 다른 사람의 입장에 서보기를 꺼린 다. 클라우제비츠를 비롯하여 전쟁에 대한 많은 다른 저술가들도 이러한 종류의 비대칭전을 고려하는 데 실패했다.

이제 비대칭전의 두 번째 형태, 즉 한 진영이 다른 진영에 비해서 훨씬 약해 통 상적으로는 그들 사이에 경쟁이 있을 수 없는 전쟁에 주의를 돌려 고려해보자. 클 라우제비츠에게 유리하게도 그는 그것에 대해 몇 페이지를 할당했으며, 그것들은 실로 훌륭하다는 점이 언급되어야 한다.[2] 그러나 그가 사용하는 *Volksbewaffnung* 이라는 용어를 통상적으로 "무장한 인민(the people in arms)"으로 번역하는 것은 오 류이다.✤ 그것의 진정한 의미는 "인민을 무장시키기(Arming the People)"이다. 그 것에 대해 다루는 장에 앞선 장의 "국가의 내부로 퇴각하기"라는 제목이 암시해주 듯이, 클라우제비츠가 염두에 두었던 모델은 러시아에서의 1812년 전역이었다. ― 그는 이른바 "독일인 군단"의 일원으로서 그 전역을 목격했다. 훗날 그는 당시에 "작은 전쟁(little war)"으로 알려졌던 것에 대해 강의했다. 두 경우 모두에 정부는 그 국민들을 아우르고 그들을 소집해 자신들의 나라를 침공한 외국군대와 맞서 싸 워 그들을 축출하는 것을 돕게 했다. 어느 경우에도 자국의 정부에 맞서 봉기한 반

✤ 예를 들어 마이클 하워드(Michael Howard)와 피터 파렛(Peter Paret)은 *Volksbewaffnung*을 "무장한 인민(the people in arms)"으로 번역한다. ―역주

군들의 문제는 존재하지 않았다.—클라우제비츠의 사례들과는 대조적으로, 정부는 그들을 무장해제 시키기 위해 온갖 수단을 다 쓸 수 있었다.

『병법』에서 그 문제는 한결 더 분명하게 드러났다. 여기서 테러리즘, 게릴라 반군활동—간략히 말해 오늘날 우리가 "준재래식(sub-conventional)" 무장분쟁이라 부르는—의 존재는 인정되지 않는다. 모든 것은 하나의 국가, 1명의 통치자, 1명의 지휘관, 같은 종류의 다른 군대와 맞서고 있는 하나의 군대의 맥락에서 표현된다. 왜 그래야 하는지는 말하기 어려운데, 이는 분명 앞서 말한 전쟁의 형태들이 전쟁 자체만큼이나 오래되었기 때문이다. 손자가 출생하기 오래전에도 중국은 그 이후 흔히 그랬던 것만큼이나 그러한 전쟁들에 가담해왔음에 틀림없다. 한 가지 설명은 유교사회인 중국이 늘 자신을 통치의 구조와 방법이 하늘에 의해 지시되는 거대한 단일가족이라고 간주했기 때문이라는 것이다. 무기를 들고 황제에 맞서 봉기함으로써 우주의 질서를 교란하는 이들은 삶에 대해 보다 개인주의적인 접근법을 갖고 있는 서구에서보다 훨씬 더 범죄자로 간주되었다. 이러한 시각에 입각해보면 그런 전쟁은 반도들과 싸우는 문제라기보다 그들을 개처럼 사냥하는 문제였다.

게릴라("작은 전쟁")라는 용어가 시사하듯이, 강자에 맞서는 약자에 의한, 그리고 약자에 맞서는 강자에 의한 비대칭전이 종종 간과되어버린 이유는 그것들이 더 큰 전쟁들에 의해 가려져 버렸기 때문이다. 결국, 전쟁을 의미하는 라틴어인 *bellum*은 결투를 의미하는 *duellum*으로부터 파생된다. 클라우제비츠가 그의 책 첫 페이지에서 '전쟁은 다름 아닌 결투이다'라고 이야기했을 때, 그는 단순히 그에 앞선 많은 이들이 사용했던 구절을 반복하고 있었다. 그러나 결투는 늘 그것을 행하는 이들 간의 특정한 종류의 균형을 암시한다. 불균형이 너무 컸을 때 전투는 불필요할 뿐 아니라 불가능하다. 그러나 한편에는 코끼리가 있고 다른 편에는 하루살이가 있을 때 어떤 일이 발생할까?

우리가 이야기했듯이, 이 장은 두 가지 서로 다른 종류의 비대칭전을 다룬다. 첫째—문명 간 전쟁—는 서로 다른 문명에 속하는 정체들 간에 수행된다. 둘째는 강자에 맞서 약자에 의해, 그 역으로 약자에 맞서 강자에 의해 수행된다. 그러한 두 가지의 비대칭적인 형태는 갖은 종류의 방식으로 결합될 수 있다. 그것들을 중요하게 만드는 것은 1945년부터는 그것들이 압도적인 대다수의 전쟁을 구성했다는 사실이다. 단언컨대 전 세계적인 정치적 삶을 형성하는 데 그것들이 수행한 역할은 군사사와 —그보다 더 가능성 있게는— 군사사적 서술의 중추를 오래전부터 형성해온 남아 있는 소수의 문명 간 "재래식" 전쟁(즉, 문명 내에서 치러지는 전쟁)의 역할보다 훨씬 크다. 그것은 장차 더 커질 가능성이 크다. 그러한 사실을 무시하고 "여기에서는 그런 일이 발생할 수 없어요"라며 가장하는 이들은 스스로를 속이고 있는 것이다. 자신들의 머리를 모래에 처박은 그들은 뒤에서 발길질을 당할 위험을 감수하고 있는 것이다.

2. 문명들의 전쟁

전쟁법이 진정으로 얼마나 중요한지는 단일한 문명 내에서가 아니라 서로 다른 문명들 간에 수행되는 전쟁을 생각해보면 분명해진다. 그렇게 하면서 우리는 다른 매우 많은 것들처럼 전쟁도 상당 정도 어떤 "객관적" 상황이 아니라 그것을 수행하는 이들의 마음에 의해 지배됨을 발견하게 된다. 실제로 혹자는 각 문명의 구성원들은 의도적이거나 그렇지 않게 자신들만의 "전쟁 전통"을 창조해낸다고 주장한다. 일부 전통은 관습적이며, 다른 것들은 성문화되어 있다. 그것들은 왜 싸워야 하며, 무엇을 위해 그래야 하는지 등—간략히 말하자면, 어떤 것은 전쟁으로 간주되고 어떤 것은 그렇지 않은지—을 정의한다.

동일한 문명에 속한 교전국들이 이러한 문제에 대해 암묵적 또는 명시적으로 모종의 공통적인 기반을 발견할 수 있는 것은 당연하다. 서로 다른 문명에 속한 이들은 그렇지 않다. 동일한 일단의 법을 인지하고 있지 못하는 그들은 설령 그들이 원해도 그러한 법 내에 머무를 수 없다. 역사적으로, 많은 사람들이 우리 모두를 포괄하는 공통의 인간성에 대한 근대적 생각에 동의조차 하지 않고 자신들을 유일한 인간으로 간주했다. 달리 말해 그들에게는 다른 공동체나 정체에 대해 수행되는 모든 전쟁이 원칙적으로는 문명 간 전쟁이었던 것이다.

일부 문명의 사람들은 전쟁이 다소간의 공식적인 선언과 함께 개시될 것을 요구했던 반면, 다른 이들은 그렇지 않았다. 일부는 식별이 되도록 전사들이 군복을 착용할 것을 요구하는 반면, 다른 이들은 그와 같은 일을 들어본 적도 없었다. 전쟁 전통이 해야 하는 또 다른 일은 자비를 요청하고 받는 것에 관해 두 진영이 소통할 수 있도록 하는 것이다. 오늘날에는 백기가 그러한 목적을 위해 보편적으로 사용된다. 이전에는 각 문명에 속한 사람들이 이 문제에 대해 자신들만의 생각을 갖고 있었다. 기원전 198년의 키노스케팔라이(Cynoscephalae) 전투에서 팔랑크스 전투대형으로 밀집되어 있던 마케도니아 병력은 짧지만 치명적인 칼을 들고 덤벼드는 로마군단의 병사들을 맞아 스스로를 방어할 수 없었다. 한 시점에서 마케도니아 병력은 창을 들어올려 곧추세움으로써 자신들이 할 수 있는 유일한 방식으로 항복을 시도했다. 그리스 세계의 병력을 처음 마주한 로마군은 그 신호를 이해하지 못했다.[3] 누군가가 그들에게 설명해줄 때까지 그들은 계속해서 적들을 살육했다.

서로 꽤나 가깝게 살고 있던 마케도니아군과 로마군이 이러한 방식으로 서로를 오해할 수 있었다면 교전국들 사이에 지리적·문화적 거리가 더 큰 경우에는 얼마나 더 하겠는가? 유럽의 제국주의적 팽창기를 생각해보자. 몇 세기 동안 백인들은 세계 도처의 다른 인종들과 접촉했다. 많은 경우 그 결과는 총체적인 상호 몰이해였다. 아메리카의 "인디언"들에게 싸우지 않고 죽음을 당하지 않기 위한 조건으로 기독교로의 개종을 요구했던 스페인 정복자들(conquistadores)의 예를 들어보자. 전열의 앞에 서서, 누군가가 못 박힌 모습을 보여주는 십자가를 흔들면서 이상한 몸짓을 하고 이상한 말을 중얼거리는 검은색 옷을 입은 무리를 바라보던 인디언들이 어떤 생각을 했을지는 기록되어 있지 않다. 그들은 능히 낯선 이들이 미쳤다고 생각했을 수 있다. 반대로 낯선 이들은 인디언들을 "신앙을 받아들일 수 있을 만큼의 자연적인 판단력뿐 아니라 개종과 구원을 위해 필요한 다른 덕목들도 이행할 수 없는 사람들"로 생각했다. 교전행위가 발생했으며, 나머지는 역사 그대로다.

계속해서 팽창해가던 유럽인들은 점점 더 자신들의 전쟁법과 오스만, 아랍, 인디언, 중국, 일본, 아프리카인 들의 그것을 차별화하는 상당한 간극을 알게 되었다. 그것이 1750년경부터 유럽인들이 자신들의 법률을 성문화하고 그것을 "국제법"이라고 부르기 시작한 한 가지 이유였다. 그럼에도 오해는 넘쳐났다. 2002년에 아프가니스탄에 도착한 미군은 많은 성인남성들이 거의 당연하게 무장하고 있음을 발견했다. 그들은 무기를 들고 있을 뿐 아니라 그것을 발사해 아들의 출생, 결혼식 등을 축하하기도 했다. 얼마나 많은 "무고한 자들" 또는 ―오늘날 알려진 바로는― "비전투원들"이 이러한 오해로 목숨을 잃는 대가를 치렀던가? 그리고 얼마나 자주, 파티를 하러 가는 비전투원이라 주장하던 반군들이 점령군을 향해 자신들의 무기를 돌렸단 말인가?

그조차도 문제의 표면만을 긁어내고 있을 뿐이다. 1648년경부터 발전된 유럽 내의 전쟁들을 예로 들어보자. "열강"에 의해 서로에 대해 수행된 전쟁들은 상대적으로 주요한 정치적·경제적 문제들을 둘러싼 통치자들 간의 분쟁으로부터 발전되는 경향이 있었다. 이러저러한 경우에 그러한 문제들 중 다수는 대다수의 주민들에게 한두 발자국 멀리 떨어진 곳에서 간접적으로만 영향을 주었다. 싸우다 죽은 이들 중 다수―심지어 그 대부분―는 전쟁의 이유를 묻지 않았으며, 전쟁의 실체에 대해서는 가장 희미한 생각밖에 갖고 있지 못했다. 소련 작가 일리야 에렌부르크(Ilya Ehrenburg, 1891~1967년)는 제1차 세계대전기 프랑스와 독일의 병사들을 언급하면서 "자유, 혹은 철, 혹은 석탄, 혹은 악마가 그것을 알고 있다"고 말했다.[4]

문명 간 전쟁은 다르다. 그것은 앞서 언급한 것과 같은 문제들을 포함할 수 있지만, 문명 간 전쟁에서는 서로 다른 삶의 방식 간의 충돌 또한 목도된다. ―그리고 종종 그렇게 했다. 고(故) 새뮤얼 P. 헌팅턴(Samuel P. Huntington)은 "서로 다른 문명의 사람들은 신과 인간, 개인과 집단, 시민과 국가, 부모와 어린이, 남편과 아내 간의 관계에 대해 서로 다른 시각을 갖고 있을 뿐 아니라, 권리와 책임, 자유와 권위, 평등과 위계의 상대적인 중요성에 대해서도 시각이 상이하다"라고 말했다. 이러한 차이는 수세기에 걸친 산물이다. 그것은 빠른 시일 내에 사라지지 않을 것이다. 그것은 정치적 이데올로기와 정치체제들 간의 차이보다 훨씬 더 본질적이다.[5]

가장 민감한 문제는 성(sex)과 젠더(gender)를 포함하는 문제들이다. 일부 문명의 사람들은 동성애나 남색을 아무 문제가 없는 것으로 본다. 다른 사람들은 그것들을 혐오한다. 수천 년 동안 여성 할례를 실행했던 일부는 그것을 신성한 의미로 간주한다. 다른 이들은 그것을 흉물스러운 것으로 생각한다. 아니면 서구와 이슬람 세계 간의 대조에 주목해보자. 서구에서 여성은 오래전부터 그들이 원하는 대로 쏘다니며 행동할 수 있는 상대적인 자유를 누렸다. 이슬람 세계에서 여성들은 은둔을 강요받거나 그렇게 되는 것을 선택했다. 그들은 머릿수건을 쓰고 집에서 머물렀으며, 낯선 이들을 만나는 것을 방해받거나 그들을 만나지 않는 것을 선호했다. 아랍-이스라엘 분쟁의 첫 몇 십 년(약 1900~1948년)은 이러한 차이를 매우 잘 보여준다. 아랍인들은 유대인 여성들의 독립성을 좋아하지 않았는데, 그들은 유대인 여성들이 반나체로 뛰어다닌다고 주장했다. 그들은 아랍 여성들이 유대인 여성들을 따라 할까 봐 두려워했다. 반면에 많은 유대인들은, 기회만 주어지면 아랍인들이 자신들 공동체의 여성들에게 행할 수 있다고 느끼고 있던 일에 대해 두려워했다.

밀접한 상호적인 친분은 그와 같은 차이를 경감시킬 수 있다. 그러나 그것은 그러한 차이를 악화시킬 수도 있다. "세계화"도 그것의 중요성을 경감시키지 못한다. 그와는 대조적으로 대규모 이주는 많은 경우 그러한 차이를 "선진" 국가들—이곳에서는 오래전에 그러한 차이를 극복한 것으로 생각되었다—로 유입시킨다. 어떤 면에서 보면 이러한, 그리고 그와 유사한 문제들은 —적어도 베스트팔렌조약(1648년)이 유럽의 종교전쟁들을 종속시킨 이후의 시대에서는— 유럽과 서구의 통치자들이 오래전부터 전쟁으로 치달았던 세속적인 이유들보다 덜 "심각"하다. 이러한 문제들은 국가들을 삶과 죽음(영적 죽음이 아닌 한) 간의 선택에 직면하게 만들지 않는다. 한편, 그것들은 훨씬 더 많은 사람들에게 영향을 미친다. 그리고 많은 경우 훨씬 더 집약적이고 사적인 방식으로 그렇게 한다.

삶에 있어서의 가장 기본적인 것들에 대한 그와 같이 서로 다른 태도는 가장 작은 불꽃이 불을 붙이게 될 불쏘시개로 변모될 수 있다. 일단 전쟁이 발발하면 각 진영은 적을 구분하고, 그가 하려고 하는 것을 이해하며, 그와 싸우는 게 힘들다는 점을 발견할 것이다. 무엇이 옳으며 무엇이 그렇지 않은가, 무엇이 허용되며 무엇이 그렇지 않은가에 관한 가장 기초적인 생각들은 증발해버리고 만다. 다시 한 번 그것이 문명 간 전쟁이 그토록 흔히 극한까지 치러졌던 이유가 된다. 이해가 결여되어 있는 곳에서는 다른 진영을 폭력만이 무릎 꿇게 만들 수 있는 짐승으로 보는 경향이 있을 것이다. 만약 우리가 적을 미치광이로 보면 그는 미치광이가 될 것이다. 만약 우리가 적을 증오하고 경멸하면 낮 뒤에 밤이 따르는 것처럼 분명하게 그는 반대로 우리를 증오하고 경멸할 것이다.

서로 다른 문명은 상이한 목표, 전략, 그리고 무엇이 승리를 구성하는가에 관한 상이한 인식을 초래할 것이다. 한편, 전쟁은 두 진영 모두로 하여금 서로를 연구하고 서로를 모방하도록 강제하기 때문에 그것은 시간이 경과하면서 그러한 차이가 줄어들게 만들 수도 있다. 그러나 많은 피가 뿌려지기 전에는 그렇게 되지 못한다. 핵무기도 이러한 문제들로 하여금 그 중요성을 잃게 만들지는 못했다. 핵무기는 단순히 핵무기이며, 억제는 억제이고, 강압은 강압이라는 게 일부가 믿듯이 자명한 게 아니다.[6] 실제로 만약 상이한 문명의 영향 위에 성장하고 교육된 지도자들이 이러한 것들을 서로 다르게 보지 않았다면 그것은 기적일 것이다. 상이한 지리, 전통, 국가목표, 그리고 그것을 달성하기 위한 전략은 그러한 문제를 악화시킬 수 있다. 결국, 그러한 지도자들이 다른 문명의 지도자들에게 보내는 의도적이거나 우연적인, 구두에 의한 것이나 그렇지 않은 "신호"들은 오해될 가능성이 크다. 이 문제를 탐색하기 위해 설계된 워게임에서 그들은 거의 항상 그랬다.

다행히도 비록 위험을 제거하지는 못하지만 그것을 감소시키는 것으로 보이는 세 가지의 요소가 작동하고 있다. 첫째, 핵무기를 만드는 것은 느린 과정으로서 소요되는 엄청난 비용에 의해 흔히 더 느려지곤 한다. 공개적으로 가용한 정보들은, 총력전에 의해 추력을 얻은 미국만이 5년이 채 되지 않는 기간에 그렇게 했음을 가르쳐준다. 실로 매우 엄격한 방법을 활용하고 있는 소련은 약 7년이 걸렸다. 훨씬 더 작고 −많은 경우− 덜 발전한 나머지 모든 국가는 약 10년, 때로는 그 이상의 기간이 걸렸다. 그들이 진정으로 그것에 집중했을 때에도 그랬다. 당시 총리 줄피카르 알리 부토(Zulfikar Ali Bhutto)가 그 국민들에게 핵폭탄을 건조하기 위해 "풀을 뜯어먹을 것"이라고 약속했던 파키스탄이 그랬다.[7] 그리고 −대부분이 그랬듯이 − 외부로부터 원조를 받았을 때에도 마찬가지였다. 책임자들은 사태를 충분히 생각할 수 있는 많은 시간을 가지고 있었다. 게다가 그들의 눈앞에 있는 전임자들의 경험을 바탕으로 그럴 수 있었다.

둘째, 셸링이 언급하듯이, 전략 전반에서와 마찬가지로 핵 억제와 강압의 게임에서도 시간은 −『병법』에서 그토록 두드러지게 나타났던− 일종의 맞대응 상황을 정확히 조성해낼 수 있다. 교전이 길어질수록 상대들이 흡사해질 가능성도 더 커진다. 축구와 야구가 축구 겸 야구(foot-basketball)로 병합될 것이다. 2012~2013년 이란을 둘러싼 대소동이 다시 한 번 보여주었듯이, 가장 위험한 시점은 하나의 국가가 비핵국가에서 핵국가의 지위로 옮겨 갈 무렵이다. 그렇게 되면, 시간이 경과함에 따라 상호이해−때로는 "계산 가능성(calculability)"으로 알려진다 − 는 개선될 것이다. 1945년 이후의 역사가 우리에게 판단을 허락하는 한에서 보면, 적어도 핵전쟁이 발발하지 않았다는 점에서는 상호이해가 개선되었다고 볼 수 있다.

셋째−가장 중요하다− 는 순전한 두려움이다. "승자"와 패자를 막론하고 살아 있는 자들은 오히려 죽은 자를 부러워하게 될 정도로 끔찍한 홀로코스트에 대한 두려움 말이다. 억제나 강압을 위해 핵무기를 "사용"하고자 하는 이라면 누구에게나 필요한 첫 번째 것은 실제적인 것이든 허구이든 간에 겁 없음이다. 그러나, 반복해서 말하지만, 히로시마 이후로 핵무기에 대한 두려움은 감소되지 않고 증가된 것으로 보인다. 알카에다와 그와 유사한 조직의 지도자들은 차치하고서라도 북한과 이란의 지도자들이 어떻게 그 문제를 볼지는 우리가 알지 못한다. 그러나 우리는 과거에 핵무기는 가장 절대적이고 호전적이며 편집증적인 독재자들인 스탈린과 마오쩌둥조차도 두 번 생각하게 만들었다는 점을 알고 있다. 그들이 그러한 무기를 확보하기 전이거나 그 이후이거나 할 것 없이 이는 사실이었다.[8]

그렇다 할지라도 램프는 깨지고 말았다. 우리가 지니와 함께 사는 법을 배우지 않으면 지니가 우리 모두를 죽일 것이다.

3. 강자에 맞선 약자, 약자에 맞선 강자

조미니는 자신의 가장 중요한 책 『전쟁술 개요』의 서두에서 전쟁은 정부에 의해 그 정체의 이름으로 만들어진다고 말한다. 사실, 우리가 보았듯이, 그들이 살았던 시대에서도 그것은 사실이 아니었다. 역사 전반은 말할 것도 없다. 많은 부족민들은 어쨌든 그 용어의 현대적인 의미 내에서는 정부를 가지고 있지 못했다. 다른 많은 경우에도 정체나 연방국, 또는 국가의 형태를 갖고 있지 못한 조직들이 서로, 또는 문제가 되는 정체와 싸웠다.

이런 조직들을 구성한 이들은 보통 갖은 종류의 나쁜 이름―그중에서는 "반도(叛徒)"가 덜 나쁜 이름 중 하나였다―으로 불렸다. 그러나 그것이, 그들은 조직이며 그들은 비단 사적인 이익을 위해서가 아니라 정치적 목표를 달성하기 위한 수단으로서 폭력을 사용했다는 사실을 변화시키지는 못한다. 다른 전사들처럼 그들은, 설령 그들이 소속되어 살아가는 정부의 법은 아니라 할지라도 보다 높은 모종의 명분, 법, 또는 진리에 따라 정당하다고 느꼈다. 그러한 명분, 법, 또는 진리를 위해 그들은 많은 경우 "질서 있는 군대"에 속한 상대들보다 더 기꺼이 자신의 목숨을 위험에 빠뜨릴 준비가 되어 있었다. 종종 그들은 상당한 대중적 지지를 누리기도 했다.

비록 보다 작은 규모에서 일부 개조를 거쳐 이루어지지만, 대체로 그와 같은 전쟁들은 전략의 원칙을 따른다. 상대보다 훨씬 더 약한 가운데 그러한 전쟁을 수행하는 이들에게 첫 번째 규칙은 늘 공공연한 전투를 회피하는 것이었다. 투쟁을 장기화하기 위해 애쓰면서 그들은 산, 습지, 삼림, 그리고 그보다 덜하게는 사막과 같이 험난한 지형에 은신했다. 그렇게 한다는 것은 꽤 큰 나라와, 반군/게릴라/테러리스트들이 지원을 받을 수 있는 통로가 되는 개방된 국경의 존재를 시사했다. 그들은 또한 사람들 사이에 분산함으로써 스스로를 숨길 수도 있었다. 사실 사람들의 지지를 얻으며 그들 안으로 사라질 수 있는 그들의 능력은 그들의 단일한 자산들 중 가장 중요한 것이었다.

처음부터 끝까지 게릴라들과 그 유사한 이들의 첫째 목표는 늘 시간을 얻는 것이었다. 적이 진격했을 때 그들은 퇴각했다. 적이 퇴각했을 때 그들은 진격했다. 진격하면서 그들은 적의 보다 취약한 연결점에 초점을 두었는데, 적들을 화나게 만들며, 놀라게 만들고, 급습하며, 괴롭히고, 파리 떼에 의해 말이 광란의 상태로 빠져드는 것처럼 미치게 만들려고 했다. 그러고는 그들은 사라지고 말았다. 그와 같은 방법을 사용하면서 그들이 적으로 하여금 맹목적으로 타격을 가해 민간인과 비전투원들을 죽이고 주민들로 하여금 반군의 대오에 합류하게 만들도록 할 수 있다면 훨씬 더 바람직했다. 이 모든 것은 집중적인 선전, 심리전, 그리고 주민들을 끌어들이고 통제하기 위해 고안된 정치적 조치들을 동반하는 가운데 이루어졌다.

때때로 ―그들이 무엇이라 불리든 간에― 반도들은 그들의 목적을 달성하는 데 성공했다. 아마도 그보다 더 흔하게는 그들이 진압을 당함으로써 1500년경부터 근대 영방국가들이 등장할 수 있게 해주었다. 그러나 제1차 세계대전 이후 어느 시점부터는 완전히 분명하지는 않은 이유들 때문에 균형이 기울어지기 시작했다. 첫째, 1921~1926년의 리프반란(Rif Rebellion) 동안 모로코에서 발생했던 일처럼,

프랑스와 스페인과 같이 건재한 식민국가들은 자신의 신민들을 억압하는 게 훨씬 더 힘들어졌음을 발견했다. 이제 그것은 수십만 명의 병력과, 스페인의 경우에는 독가스 사용을 포함해 수년간의 장기적인 전쟁을 요구했다. 결코 부드러운 마음을 갖고 있지 않았던 히틀러 치하 독일군조차도 자신들이 점령한 국가들 중 다수에서 다양한 저항운동들을 진압할 수 없었다.

그 뒤에는 댐이 파열되고 말았다. 핵확전에 대한 두려움 때문에 국가 간 전쟁은 감소했다. 그것의 자리는 내전이 차지했다. 그와 같은 전쟁에서 핵무기는 그 강력한 위력과 효과의 지속성 때문에 대부분 적합하지 않다. 그러한 영향을 체감한 첫 번째 주체는 제국주의 열강들이었다. 식민지를 보존하려던 그들은 반란을 일으킨 신민들에 대해 수많은 전역을 수행했다. 전쟁들 중 일부는 너무나 야만적이어서 집단학살에 가까웠다. 그러나 보람 없이 제국주의자들은 차례대로 떠날 수밖에 없게 되었다.

베트남에서 미군과 아프가니스탄에서 소련군도 그보다 낮지 않았다. 1990년경부터 개시된 전쟁 이외의 작전 또는 평화유지작전 —또는 무엇이라 부르던지 간에— 중 상당수가 어떤 식으로든지 성공하지 못했다. "선진" 서구국가들만이 실패한 것도 아니었다. 중국 국민당정부는 공산당을 진압하는 데 실패했다(1927~1949년). 동티모르에서 인도네시아(1975~1999년)와 캄보디아에서 베트남(1978~1990년)도 마찬가지였다.

비대칭전의 새로운 중요성을 가장 잘 보여주는 것들 중에는 법적인 변화가 존재한다. 역사의 대부분 기간에 전사와 반도 간에는 엄격한 구분이 이루어졌다. 전사는 적어도 일부 권리는 가지고 있지만, 반도는 그렇지 못한 것으로 추정되곤 했다. 이제는 "주민들이 식민지배와 외국의 점령에 맞서, 그리고 자결(自決)의 권리를 행사함에 있어 인종주의적인 체제에 맞서 싸우는 무장분쟁을 포함"하기 위한 다양한 국제협정들—특히 제네바협정서에 대한 1977년 추가의정서 1의 제1조 (4)항—이 체결되었다. 그 결과는 —적어도 어느 정도는— 국가를 위해 싸우는 이들과 그것에 맞서 싸우는 이들 간 차이의 제거였다.

당연히 각 국가는 어쨌든 국가에 맞서 봉기한 이들은 범죄자에 다름 아니라고 주장했다. 수십 개의 경우들 중 두 가지만 들자면, 케냐에서 영국인들은 마우마우단(Mau Mau)을, 그리스 이스라엘인들은 팔레스타인 사람들을 그렇게 다뤘다. 이는 법의 적용을 극도로 고르지 못하게 만들었다. 비록 전반적으로는 법의 역할이 증가하고 있었지만 말이다. 한편, 지휘관과 장병들은 시중에 나와 있는 수많은 작은 장치들 중 하나*에 의해 촬영당할 위험에 계속적으로 처해졌다. 다른 한편, 지금처럼 그것이 그들의 모든 움직임을 기록할 것으로 기대할 수 있게 되기 전에는 그런 적이 없었다. 미군이 아프가니스탄에서 전쟁을 수행하는 동안에 아프가니스탄 사람 1명이 죽음을 당할 때마다 책임을 부여받은 장교는 적어도 5페이지 분량의 양식을 채워야 했는데, 거기에는 사망자의 자세와 복장에서부터 주위 온도에 이르기까지 모든 것이 상술되어야 했다.[9] 그의 뒤에는 일단의 법률가들과 준비를 갖춘 워드프로세서들이 말 한 마디와 글자 한 자에 덤벼들려고 준비하고 있었다.

이러한 전쟁들 중 그 어느 것도 동일하지는 않았다. 그럼에도 그것들은 공통점을 갖고 있었다. 그 대부분은 국가와 그들의 정규 군대에 의해 분명 처음에는 비참한 무리나 갱으로밖에 묘사될 수 없었던 이들에 대해 수행되었다. 군법을 갖고 있지 못했던 그들은 공식적인 기율을 강제할 수 없었다. 그들은 그 구성원들의 헌신과, 필요한 경우에는 거칠고 즉흥적이며 때로는 극도로 가혹한 재판의 결합에 거의 유일하게 의존했다. 그들은 공식적인 사법권을 갖고 있지 못했기 때문에 필요한 경우에는 본보기를 세워야 했다. 그들은 충분한 수(數)도, 경험도, 훈련도, 무기도, 돈도 가지고 있지 못했다. 1964~1979년 로디지아 전쟁(Rhodesian War)의 한 시점에 짐바브웨아프리카민족동맹(Zimbabwe African National Union)은 너무 가난하여

❖ 카메라를 의미한다. —역주

런던에 소재한 그들의 대표부는 전화세도 납부할 수 없었다.

그러나 문제의 "무리"와 "갱"은 모종의 이점을 누렸다. 작은 규모를 갖고 있는 그들의 재정적·군수적 요구는 제한적이었다. 그들은 기민했으며 민간주민들 사이로 숨을 수 있었다. 그들이 누렸던 가장 중요한 이점은 약자로서 그들의 지위였다. 그것은 그들에게 가용한 모든 수단을 사용하는 것 외의 아무런 선택지도 제공해주지 않았다. 그것은 다시 그들에게 선택지를 갖고 있던 강자들에게는 없었던 특정의 자유를 제공해주었다. 달리 말하자면 그들은 자신들의 사회에서나 이방인들 사이에서나 할 것 없이 가슴과 마음에 더 잘 영향을 미칠 수 있었던 것이다. 심지어 그들이 전쟁법을 어겼을 경우에도 마찬가지였다. 그러한 법이 입안되는 데 그들은 참여한 바 없었으며, 그것은 그 누구보다도 그들과 같은 전투집단을 각별히 돕기 위해 제정된 것이었다.

예를 들어 그들은 인질을 삼거나 전투원과 비전투원 간의 구분을 무시할 수 있었다. 이러한, 그리고 그 외의 이점들이 1944~1948년의 영국 위임통치에서 벗어난 팔레스타인의 유대인들부터 아프가니스탄의 탈레반에 이르는 이러한 대부분의 운동들이 다소간에 자신들의 목표를 달성해냈던 이유를 설명하는 데 도움을 준다. 그것도 훨씬 더 강력한 상대들이 행할 수 있었던 일들에도 불구하고 목표를 달성해낸 것이었다.

상대들에게도 변명이 없을 수는 없었다. 많은 패배한 지휘관들은 반군 또는 반도, 또는 게릴라, 또는 테러리스트들이 국경 너머로부터 받은 지원을 언급했다. 일부는 지침을 제공하는 데 실패한 정치인들을, 다른 이들은 대중적 신뢰를 손상시킨 언론을 비난했다. 많은 경우 그들은 "협력의 부재"에 대해 말함으로써 비난을 누군가에게 또는 다른 무엇에게 전가했다. 재래식 전쟁을 위해 고안된 지휘계통은 너무 크고 너무 번거로웠다. 이제 여기저기서 타오른 투쟁의 성격은 고위장교들로 하여금 세밀한 지휘관리에 임하고, 서로의 일에 간섭하며, 부하들의 업무를 마비시키도록 조장했다. 정보와 작전은 충분히 통합되지 못해 대응시간이 길어지게 만들었다. 그렇지 않은 경우에는 "전략적 하사(strategic corporal)"✛의 문 앞에 패배가 놓여 있었다. 많은 경우 군사적 기량뿐 아니라 정치적·사회적·문화적·심리적 적합성까지도 요구하는 환경에서 그의 역량은 그에 미치지 못했다. 그는 과도하게 대응하거나 전혀 대응하지 않았다.

이러한 요인들 중 다수가 이러한 다수의 전쟁에 수반되었다. 소수는 그러한 전쟁들 모두를 괴롭힐 수 있었다. 그러나 가장 중요한 것은 늘 무시되고 만다. 약자에게는 실패조차도 그것이 대중화된다면 성공이다. 그것은 그가 여전히 그곳에 존재함을 증명해준다. 강자에게는 성공조차도 실패이다. 만약 그의 병력이 적을 죽이면, 그들은 범죄적일 뿐 아니라 역효과적이기도 한 잔혹성으로 인해 비난을 받을 것이다. 만약 그들이 반대로 죽음을 당하도록 스스로를 내버려 둔다면 그들은 무능함으로 비난을 받을 것이다. 어떤 방식으로든지 결과는 조사와, 적어도 처벌의 위협이 될 것이다. 처벌에 대한 두려움은 모든 이들로 하여금 항상 나머지 모든 이들을 속이게 만들 것이다. 베트남전이 매우 잘 보여주었듯이, 점진적으로 모든 이들—징집병, 장교, 고위 지휘관, 언론, 대중여론, 정치인 할 것 없이—의 사기가 꺾이게 될 것이다.

시간이 흐르면서 약자와 싸우는 강한 군대는 약해지고, 그 반대의 경우도 발생한다. 이러한 점에서 전쟁은 정책/정치가 아니라 스포츠의 연속이다. 무엇을 해야 할까? 여기서 우리는 두 전역에 임한 두 군대에 초점을 둠으로써 그 문제를 다루고자 한다. 각각은 고유의 방식으로 그 문제를 피하는 데 성공했으며, 결과적으로 승리자로 등장했다. 첫 전역은 하페즈 아사드(Hafez Assad) 대통령이 1982년 시리

✛ 미국 해병대사령관 찰스 크루락(Charles Krulak) 대장에 의해 제시된 '3개 영역 전쟁(The Three Block War)' 개념에서 등장한다. 현대적인 임무환경은 고도로 복잡하고 빠르게 변화하기 때문에 시간이 결정적으로 중요한 정보들을 보다 잘 활용하여 의사결정 과정에 유기적으로 기여할 수 있게 하려면 지휘계통의 과감한 하향이 요구된다. 그러한 하향 현상은 결국 분대의 규모를 지휘하는, 부사관 중 최저계급인 하사에게까지 이어진다. —역주

아에서 수행한 전역이다. 당시 그의 체제는 점증하는 반대에 직면해 그 장래가 밝아 보이지 않았다. 반대의 일부는 그와 그의 주요한 협력자들이 사랑받지 못하는 소수분파인 알라위 파(Alawites)의 구성원이었다는 사실과 관련 있었다. 또 부분적으로는 시리아의 세속적 성격에 대한 이슬람의 반대와도 관련되어 있었다. 설상가상으로 1976년 이후 아사드의 전력의 다수는 레바논에서 내전에 가담해오고 있었다. 1982년 초에 레바논 역시 이스라엘의 침공으로부터 위협받고 있었다.

모든 아랍국가에 지부를 갖고 있던 무슬림형제단은 잘 조직되고 효과적인 테러리스트 전역을 감행했다. 아사드의 체제가 해체되고 그 자신의 목숨도 위협을 받게 되자 그는 필사적인 조치에 의존했다. 반란의 중심지는 하마(Hama)라는 도시였다. 격렬한 탄압전역이 한창일 때 아사드의 형제인 리파트(Rifat)가 지휘하는 1만 2000명의 병사들이 하마를 포위했다. 그들은 한 가옥 한 가옥씩 도시 전체를 샅샅이 뒤지고 체포를 자행하기 시작했다. 그들이 그렇게 함에 따라 약 500명의 무자헤딘(*mujahidin*) 또는 '성스러운 전사들'이 반격을 개시해 약 250명의 민간 공무원, 경찰 등을 죽인 것으로 알려졌다.

그 봉기는 리파트와 하페즈에게 그들이 기다려왔던 구실을 제공해주었다. 하마를 포위하고 있던 그들의 병력은 그들의 가장 강력한 무기인 중포(重砲)에 주로 의존하여 사격을 가했다. 1만 명에서 3만 명에 이르는 사람들—그들 중 다수는 여성과 어린이들이었다—이 죽음을 당했다. 그러한 살육 자체보다 훨씬 더 중요한 사건이 뒤따랐다. 사과하기는커녕 리파트는 그와 그의 부하들이 얼마나 많은 사람들을 죽였는지 질문을 받았을 때 그 수를 의도적으로 과장했다. 그에 대한 보상으로 그와 그의 부하들은 진급했다. 생존자들은 그 주민들 위로 무너져 내린 건물들과 시체로 가득 찬 참호들에 대한 끔찍한 이야기들을 뱉어냈다. 그 뒤 수년 동안 그 도시의 거대한 모스크가 있었던 곳을 지나는 사람들은 눈길을 돌리고 몸서리를 쳤다.

이전에 시리아는 반복적인 쿠데타를 경험했었다. 이제 그들은 30년간의 평화를 만끽했다. 5개의 기본적인 원칙들이 승리에 기여했다. 첫째, 그러한 일격은 비밀리에 준비되었다. 그것이 이루어졌을 때 그것은 벼락처럼 가해졌다. 둘째, 그것이 시작된 곳에서는 적으로 하여금 은신처로부터 나오도록 유혹하기 위해 미끼가 사용되었다. 셋째, 매우 강력했다. ―너무 약한 것보다는 너무 강한 게 낫다. 넷째, 그것은 단기적으로 이루어졌다. 다섯째이자 가장 중요한 점은, 그것이 공개적으로 양해 없이 이루어졌다는 점이다. 그러나 세계에서 가장 강력한 일격이 다른 진영의 모두를 제거하지는 못할 것이다. 대부분은 아닐지라도 영향의 상당 정도는 심리적인 것이다. 사과는 죽음을 당한 비전투원에 대한 유감을 표명함으로써 그러한 영향을 약화시킬 것이다. 아마도 치명적으로 그럴 것이다.

두 번째 전역은 북아일랜드에서 있었던 그것이었다. 아일랜드에서의 "소란"은 그 섬을 장악하려 시도했던 첫 번째 잉글랜드 군주인 헨리 2세(1154~1189년 재위)까지 거슬러 올라간다. 1969년 1월에 소란은 다시 한 번 발생했다. 폭탄이 송전탑과 양수기와 같은 일부 기간구조들을 허물어뜨리고 대치하는 시위자들이 거리에서 서로 싸움을 벌이면서 그러한 소동은 순식간에 확전되었다.

이 지점부터 상황은 더욱 악화되었다. 하룻밤 동안의 "전투"(벨파스트, 1969년 8월 14~15일)에서 4명의 경찰과 10명의 민간인이 죽음을 당했으며 145명의 민간인이 부상을 당했다. 재산피해 또한 방대했다. 1971년 1월부터 8월까지만 해도 311회에 이르는 폭격으로 100명이 넘는 부상자가 발생했다. 1972년에 폭격횟수는 1000회 이상으로 증가했다. 아일랜드공화군(IRA)도 북아일랜드에서 영국 내부로 작전을 확대했다. 1972년 1월 30일의 "피의 일요일"에는 그 절정에 이르렀다. 그날 런던데리(Londonderry)에서 시가전을 처리하려던 군의 시도로 13명이 사망했다.

이와 같은 방식으로 일이 계속되도록 허용되었다면 북아일랜드를 지키려던 영국의 시도는 ―다른 많은 경우가 그랬듯이― 분명 완전한 패배로 끝나고 말았을 것이다. 이러한 일이 발생하지 않았고 결과가 통상적인 패턴을 따르지 않았다면, 그러한 노력으로부터 배울 만한 무엇인가가 존재한다. 여기서 우리는 자기 자신의 경험과 다른 이들의 그것으로부터 배웠던 영국 육군이 하지 않았던 일에 초점을 맞출 것이다.

첫째, 그들은 행진하거나 폭동 중에 있는 군중을 향해 다시는 결코 사격하지 않았다. 폭동이나 시위가 얼마나 폭력적이든지 간에 그들은 덜 폭력적인 수단을 활용하기를 선호했기 때문에 훨씬 더 적은 수의 사상자가 발생했다. 둘째, 그들은 다시는 결코 공격을 격퇴하고 보복을 가하기 위해 탱크, 병력수송 장갑차량, 포와 같은 중무기들을 사용하지 않았다. 셋째, 그들은 다시는 결코 통행금지 시간을 설정하거나 가옥을 날려버리거나 하는 등의 집단적인 처벌을 가하지 않았다. 그 대신 그들은 주민들을 괴롭히는 자가 아니라 그들에 대한 보호자로서 스스로를 자리매김했다. 그렇게 함으로써 그들은 봉기가 확산되는 것을 막았다. 넷째이자 가장 중요한 점은 군이 대부분 법의 테두리 내에 머물렀다는 점이다.

때로는 이러한 규칙이 침해되기도 했다. 법률을 위반하지 않은 경우에도 심문기술은 충분히 위협적일 수 있었다. 시민적 자유에 대한 분명한 위반이 존재했다. 고문과 무고가 정보를 끌어내고 유죄판결을 얻어내기 위해 사용되었다. 외국에서 확인되어 추적된 아일랜드공화군의 몇몇 알려진 지도자들은 처형의 방식—훗날 "표적사살(targeted killing)"로 알려졌다—으로 총살되었다. 그럼에도 전반적으로 그러한 규칙들을 따르던 영국군은 격분하기를 거부했다. 심지어 테러리스트들이 여왕의 삼촌인 79세의 마운트배튼 경(Earl of Mountbatten)을 그의 요트에서 폭살시킨 후에도 그랬다. 심지어 그들이 폭탄을 설치해 대처(Mrs. Thatcher) 수상이 연설하기로 되어 있던 호텔의 일부를 무너뜨린 후에도 그랬다. 그리고 심지어 수상의 관저(10 Downing Street)에서 내각회의가 벌어지고 있을 때 그들이 박격포 몇 발을 쏜 뒤에도 그랬다.

영국이 거둔 성공의 이면에 있었던 진정한 비밀은 무쇠 같은 자기통제였다. 마키아벨리가 언급했듯이, 다른 어떤 힘의 사용도 그것에 노출되는 이들에게 그처럼 인상적이지는 않다. 특정 종류의 사회에 뿌리를 두고 있는 자기통제의 표상은 인내, 전문직업주의, 그리고 기율이다. 전사자 명단을 살펴보면 이러한 주장이 확인

될 것이다. 대부분의 대반군작전에서 목숨을 잃는 "질서 있는 군대"의 병사는 1명당 적어도 반군 10명을 죽인다. "부수피해"를 고려해보면 차이는 훨씬 더 크다. 그와는 대조적으로 북아일랜드에서의 투쟁은 3000명을 죽음으로 내몰았다. 그중 약 1700명이 민간인이었으며, 그들 거의 모두는 테러리스트 폭탄의 희생자였다. 남아 있는 1300명 중 1000명은 영국 병사들이었으며, 테러리스트는 300명에 지나지 않았다. 영국의 한 장교는 내게 "그것이 바로 우리가 아직도 그곳에 있는 이유"라고 말했다.

첫 번째 방법은 무력의 사용을 극대화하는 반면, 두 번째 방법은 그것을 최소화한다. 그런 면에서 그것들은 상반된 것이다. 그러나 그것들은 공통점 또한 갖고 있다. 즉, 두 경우 모두에 정규군은 시간이 사기를 저하시키는 방향으로 작용하지 못하도록 하기 위해 극히 중요한 요소로서 시간의 중요성에 초점을 두었다는 사실이 그것이다. 시리아 육군은 전역이 시작되기 거의 직전에 그것을 종결지음으로써 그렇게 했다. 영국군은 자신들의 전력으로 하여금 이완되지 않도록 함으로써 동일한 효과를 달성했다. ―이러한 접근법은 "용맹한 자제(courage restraint)"라 불렸다. 그러나 ―종종 그랬듯이― 사람들이 일관되게 따라갈 수 있는 경로를 갖고 있지 못하다면 어떤 일이 발생할까? 2004년 ≪워싱턴포스트(Washington Post)≫는 머리기사를 통해 이라크에서 미군의 대반군작전에 대해 언급하기를 그들이 "살육으로부터 친절로", 그리고 다시 그 반대로 전환했다고 말했다.¹⁰ 그렇게 함으로써 그들은 지침 없이 방치되었고 아군 병력의 사기를 저하시켰을 뿐 아니라 적을 고무시키고 말았다.

군사적 조치만으로는 이러한 종류의 비대칭 투쟁을 결판내기에 충분하지 않다. 비정규전력 또는 게릴라, 또는 테러리스트들은 주민들을 자신들의 편으로 끌어들여야 하며, 그렇지 못하면 그들은 승리할 수 없다. 대반군작전 요원들은 반군들로부터 "바다"―마오쩌둥은 반군들이 이 안에서 "헤엄을 친다"고 말한다―를 박탈할 수 있도록 주민들을 통제하고자 한다. 양 진영 모두에게 이것은 문제의 "바다"에 대한 우수한 정보를 요구한다. 그러한 정보는 주민들에게 그 기원을 두고 있는 비정규 전력이 그 상대들—특히 그들이 외국인들인 경우—보다 획득하기 쉽다. 다음으로 그들은 그러한 주민들을 자신들의 편으로 끌어들이기 위해 선전과 협박을 사용한다. 양 진영 모두 서로에게 그 동맹을 박탈하며, 그들을 매수하고, 그들을 분열시키며, 가능하다면 그들의 분파들이 서로 등을 돌리게 만들려고 시도한다. 모든 종류의 비정규전력이 획일적인 블록을 형성하지는 않기 때문에, 그들은 그러한 기술에 특히 취약하다.

이러한 방법들 중 어느 것에 의해서도 결판이 나지 않는 전역은 소멸될 수 있다. 반군들이 대중여론을 자신들의 편으로 끌어들이는 데 실패하거나(실패하고) 자원을 소진했을 때 특히 그렇다. 그렇지 않으면 그것은 확전되어 공공연한 전쟁으로 진화되고, 전략의 통상적인 원칙에 적용을 받는 전면적인 내전—마오쩌둥은 이를 "세 번째 단계"라고 불렀다—으로 변모할 수 있다. 비록 —많은 경우— 앞서 언급된 과정들은 시간으로 하여금 게릴라들에게는 유리하게, 적에게는 불리하게 작동되도록 만들지만. 그러한 과정들은 게릴라들로 하여금 그러한 단계가 도달하기도 전에 우세를 차지할 수 있게 만들어준다. 미국의 정치인 헨리 키신저(Henry Kissinger, 1923년~현재)의 말을 빌리자면, 게릴라들은 패배하지 않는 한 승리한다. 그들의 상대는 승리하지 않는 한 패배한다.[11]

마지막 요점은, 반군들이나 대반군작전 요원들에게나 할 것 없이 그와 같은 분쟁에서는 정치가 압도하여 군사적 분쟁을 집어삼킴으로써 심지어 가장 낮은 수준에서도 그것과 구분할 수 없게 만든다는 점이다. 이런 방식으로 비대칭전은 총력전의 거울이미지가 된다. 총력전에서는 전쟁이 매우 압도적이게 되어 사태의 정치적 측면을 집어삼킴으로써 그것과 구분할 수 없게 만든다. 두 형태의 전쟁 모두 전쟁이란 진정 무엇인가에 관한 클라우제비츠의 유명한 금언을 보여준다. 그것은 보편적인 진리가 아니라 특정한 사례이다. 그것은 2개의 극단 사이에 서 있다.

관점과 전망: 변화, 연속성, 그리고 미래

1. 변화

역사적으로 말해 전쟁이 경험한 변화는 충분히 중요하다. 그러나 군사적 변화는 혼자 힘으로 진행될 수 없으며, 그렇게 하지도 않는다. 그것은 수많은 경제적·사회적·문화적 요소들에 뿌리를 두며, 반대로 그러한 요소들에 영향을 주기도 한다. 그것이 그러한 변화를 예측하는 것이 엄청나게 복잡하고, 많은 경우 거의 불가능한 이유이다.

가장 중요한 변화들의 일부는 조직의 분야에서 발생했다. 우리는 최초의 전사들이 어떤 이들이었는지 알지 못한다. 그러나 우리는 그들이 꽤 느슨한 부족집단으로 조직되어 있었다는 점을 알거나 안다고 생각한다. "농업혁명"과 그것이 등장하는 것을 도왔던 보다 중앙집권적이고 보다 위계적인 정체와 함께 시민군, 봉건 소집기사(그 구성원들은 토지사용권에 대한 대가로 전투에 참가했다), 용병, 그리고 상비군이 등장했다. 서로 다른 종류의 부대들이 이러저러한 방식으로 결합되어 나란히 싸우곤 했는데, 이런 방법은 그들의 응집력이나 신뢰성에 도움이 되지 못했다.

프랑스혁명은 고대 도시국가들과 그 뒤를 이른 중세의 정체들이 오래전에 포기해버렸던 일반 징집의 원칙을 다시금 도입시켰다. 50년 뒤 철도의 등장은 정부와 국가들로 하여금 예비전력을 동원하기 위한 체계를 정립하게 함으로써 징집을 보완할 수 있게 해주었다. 이러한 체계는 두 차례의 세계대전과 그 너머까지도 여전히 사용되었다. 절정기에 그것은, 그러한 체계를 보유하고 있는 일부 국가들이 주민의 거의 10%에 이르는 전력을 창설하고 그들이 몇 년 동안 야전에 머물 수 있게 해주었다. 1970년경부터 다시 한 번 상황은 변했다. 문화적·사회적·기술적·경제적 변화는 징집병과 예비군의 역할을 감소시킨 반면, 직업적인 군대의 역할은 증가시켰다.

이러한 다양한 형태를 지닌 조직의 발전이 보다 단순하고, 덜 중앙집권적이며, 덜 위계적인 조직을 항상 배제하며 이루어진 것은 아니었다. 만약 그것이 적합하다면, 문제의 형태들이 대규모적이고 영구적이며 고비용적인 군대를 창설할 수 있는 여력이 없는 국가들에 의해 채택되었다. 1500년경부터는 신흥 근대국가들의 군대가 우위를 차지하게 되어 1914~1945년에 이르면 그러한 소수 국가들이 사실상 전 세계를 서로 나눠 갖고 있었다. 그들에 맞서 그들을 멈추게 할 수 있는 유일한 군대는 같은 종류의 다른 군대들뿐이었다. 미래에도 그러한 상황이 계속될지는 지켜보아야 한다.

다음으로는 경제적 발전이다. 가장 단순한 부족사회는 경제적인 비용이 거의 없이 전쟁을 수행할 수 있었다. 이는 그들에게 보다 안정적인 사회에 비해 엄청난 이점을 제공해주었으며, 느지막이 서기 1650년에도 그 일부가 여전히 국제정치에서 중요한 역할을 수행할 수 있었던 이유를 설명하는 데도 도움을 준다. 그럼에도 일반적으로 경제적 힘과 군사적 힘은 비례적인 모습을 보여주었다. 다른 조건들이 동등하다면, 사회가 부유할수록 병사들이 훈련받고 유지되며 무장할 수 있는 여력도 나아졌다.

산업혁명의 시작은 부유한 사회와 가난한 사회, "문명인"과 "야만인" —한때 그렇게 불렸다— 간의 간극이 엄청나게 커지게 만들었다. 어느 시점에서는 이런 간극이 너무 커서 보유한 자원의 작은 일부만을 사용하는 전자가 후자를 거의 즉각적으로 압도할 수 있었다. 그 뒤로는 간극이 좁혀졌지만 사라지지는 않았다. "선진" 국가들은 여전히 대부분의 "개발도상" 국가들을 봉쇄와 침공으로 위협할 수 있다. 그 반대는 불가능하다. 그러나 그것을 넘어서면 부(富)가 한 정체의 군사력에 보탬을 주는 것이 아니라 그것을 손상시키게 되는 상한치가 있을까? 과거는 그렇다는 점을 시사한다. 미래에 관해서는 시간이 말해줄 것이다.

셋째, 기술적 변화이다. 시간이 흐름에 따라 무기, 무기체계, 그리고 다른 종류의 장비는 그 위력, 속도, 사거리, 정확도가 눈부시게 증가했다. 전신의 발명으로부터 최신의 센서, 데이터 링크, 컴퓨터에 이르기까지 정보를 수집하고 전파하며 처리하는 능력은 훨씬 더 빠르게 성장했다. 이러한 모든 능력은 외견상 한계가 없는 듯이 계속해서 증가하고 있다. 일부 무기는 세계를 날려버릴 수 있다는 두려움으로 인해 사용될 수 없을 만큼 강력해졌다.

1914년경에 기술적 변화는 군수에서의 혁명을 야기했다. 이전에 군수적으로 가장 중요한 요구 사항은 먹을 것과 여물이었다. 다음에는 전장이 기계화됨에 따라 다른 종류의 보급품에 대한 요구가 급증했다. 새롭게 요구된 많은 항목들은 매우 특화된 것들이었다. 지방에서 그것들을 모으는 것은 불가능했다. 이것은 다시 기지, 병참선, 수송이 전에 없이 중요해지게 만들었다. 역으로, 모든 종류의 테러리스트, 게릴라, 반군 들이 벌인 작전들이 많은 경우 성공을 거둔 한 가지 이유는, 유명한 "쌀 한 줌(handful of rice)"이라는 말이 보여주듯이, 그들의 군수적 요구가 비교적 보잘 것 없었기 때문이다.

과거에 반복적으로 기술은 전쟁으로 하여금 추가적인 환경으로 확장되어갈 수 있게 해주었다. 육지로부터 바다로, 해표면으로부터 해저로, 공중으로, 우주로, 사이버공간으로. 기술이 없다면 바다, 해저, 공중, 우주에서의 전쟁은 가능하지 않았을 것이다. 사이버공간은 존재하지도 않았을 것이다. 미래전은 추가적인 환경과 차원으로 확장될까? 이에는 전례가 존재한다. 1905~1915년에 알베르트 아인슈타인(Albert Einstein)은 기존의 3개 차원에 네 번째 차원을 추가했다. 추가적인 게 기다리고 있을 수 있다. 한 편 이상의 19세기 소설들이 묘사했던 종류의 지하가 그것일까? 아니면 생각이 한 사람에게서 다른 사람에게로 기적적으로 전해지는 통로가 되는 천상이 그것일까?

그것은 짐작일 뿐이다. 그러나 한 가지는 분명하다. 새로운 환경과 차원이 발견되거나 구성되면 기술이 그것을 "무시무시한 이슬(ghastly dew)"로 채우는 것은 시간문제일 뿐일 것이다. ─시간이 오래 걸리지도 않을 것이다.[1] 그것은 영국 시인 테니슨 경(Lord Tennyson, 1809~1892년)이 공중의 정복을 예견하면서 "하늘 한복판"에서 퍼부어지는 것으로 보았던 것이었다. 실제로 어떤 새로운 환경에 대한 인간의 정복은, 그 안에서 전투가 벌어지고 그것이 끝날 때까지는 불완전한 것으로 남아 있게 된다는 생각이 존재한다.

원래 전쟁을 위해 사용되었던 도구들은 사냥을 위해 사용되었던 것들과 동일했다. 나중에 두 가지는 구분되었다. 먹을 것을 확보하는 원천으로서 사냥이 행하는 역할이 감소하면서 군사기술이 앞서게 되었다. 고대 동안에 풍차, 수차와 같은 비(非)유기적인 에너지원들이 발명되었다. 그러나 그것들은 지리적 공간에 고정되어 있었고 야전에서는 사용할 수 없었다. 그 결과, 군사기술은 최상의 민간기술에 뒤처지기 시작했다. 사태가 다시 한 번 변화하게 만든 것은 산업혁명, 특히 내연기관의 등장이었다.

1890년경부터 연구와 개발이 장기적이고도 잘 조직화된 과정으로 변모하면서 대규모 투자 덕택에 군사기술은 민간기술을 앞서기 시작했다. 라이트 형제가 자신들의 첫 번째 소비고객으로서 군에 주의를 돌린 것은 우연이 아니었다. 1980년경 마이크로칩의 발명은 다시 한 번 방정식을 변화시켰다. 민간시장을 위해 민간회사들에 의해 만들어진 장치들이 종종 세계 도처의 많은 군대들─가장 현대적인 군대들 중 일부를 포함하여─이 보유한 장치들보다 더 나았다. 이러한 혁명은 시작에 불과했다. 그 완전한 영향은 향후 수십 년 동안에 드러날 것이었다.

군사기술이 변화함에 따라 교리와 훈련방법 등에서의 변화 또한 수반되었다. 많은 경우 그것은 또한 군대들로 하여금 다른 방식으로 계획을 수립하며, 다른 방식으로 전개하고, 다른 방식으로 작전을 수행하며, 다른 방식으로 싸우게 만들었다. 사실, 용어 또한 변화되어야 할 정도로 그렇게 되었다. 오랫동안 잊었던 전략이라는 용어가 1780년경에 다시금 발굴되었던 것도 그런 것이었다. 그리스적 용법을 상실한 '전략'이라는 용어는 전쟁의 보다 높은 수준의 작전을 묘사하기 위해 사용되기 시작했다.

전략과 함께 다른 많은 용어들—몇 가지만 언급하자면, 기지, 목표, 병참선, 내선과 외선—도 쓰이게 되었다. 나중에는 대전략이 추가되었다. 일부는 전략과 전술 간에 또 하나의 층, 즉 작전을 끼워 넣기도 한다. 변화는 또한 지상전투(ground battle)와 같은 다른 용어들의 의미 또한 변하게 만들었다. 수세기 동안 그것은 두 진영의 주력 간 대규모적인 충돌을 의미했다. 이제는 그러한 전력들이 너무 분산되어 좀처럼 서로 만나지 못하며, 지상전투라는 용어는 거의 소규모 접전을 의미한다.

1945년에 최초의 핵무기가 폭발했다. 그날보다 군사사, 나아가 아마도 역사 자체에서 발생했던 그 어떤 것도 그처럼 중요하지는 못했다. 그 이후 발생했던, 또는 앞으로 발생할 것처럼 보이는 어떤 일도 그처럼 중요하지는 않다. 처음으로 인류는 이른바 "전면전쟁으로 발전할 위기(wargasm)"에 의해 스스로를 파괴시킬 수 있는 상황을 만들어냈다. 그 후에는 확전에 대한 두려움이 주요 국가들 간의 주요 전쟁을 종식시켰을 뿐 아니라, 이러한 효과는 연못 위의 잔물결처럼 그들로부터 외부로 확산되었다. 그와 같은 전쟁은 한편에서는 억제에 의해, 다른 한편에서는 강압에 의해 대체되었다. 불안정성은 특정 종류의 안보를 낳았다. 그러나 핵무기가 결코 사용되지 않을 것이라는 보장은 존재하지 않는다. 핵무기가 사용될 수도 있다. 그런 일이 발생하면 우리는 실로 다른 세계로 진입해 있을 것이다.—여전히 세계라는 것이 존재할 것이라고 추정한다면.

전쟁법에서의 변화는 허다하고 중요했다. 패배당한 진영의 많은 이들—아마도 대부분—이 처형당했던 시절이 있었다. 그런 경우, 여성과 어린이가 기대할 수 있었던 최상의 것은 살아서 노예가 되는 것이었다. 다른 사회들은 남성들을 죽음으로 내모는 대신 노예로 삼았다. 고대 그리스인들과 로마인들보다 더 체계적이고 대규모적으로 그렇게 했던 이들은 없었다. 때때로 전쟁법은 계급적 구분을 반영했다. 다른 경우에는 계급이 비교적 덜 중요했다. 1700년 이후의 시기는 부상당한 이들은 고유의 권리를 갖게 되는 별도의 범주를 형성한다는 생각을 낳았다. 나중에는 사망한 자들까지도 일부 권리를 획득했다.

클라우제비츠를 포함하는 일부는 전쟁법의 중요성을 경시하는 경향을 보였다. 키케로와 같은 다른 이들은 그것을 강조했다. 현대적인 기준으로 보자면 로마 전쟁의 많은 측면이 야만적이었다는 점은 신경 쓸 필요가 없다. 부분적으로 그것은 관점의 문제이다. 키케로는 법률가, 그리고 클라우제비츠는 군인이었다는 점은 우연이 아니다. 법에 대한 존중은 측정하기 어려운 것으로 악명이 높다. 그럼에도 그것이 측정될 수 있는 한 최근의 발전, 특히 카메라의 편재성과 정보가 기록되고 전파되기 쉬워진 것은 법의 역할이 커지게 만들었다고 생각하는 데는 일리가 있다. 이러한 방향을 보여주는 주요한 신호는 2002년 헤이그에서 국제사법재판소가 설립된 것이었다. 역사상 처음으로 그것은 전쟁범죄를 재판할 수 있으며, 그렇게 하고 있는 영구적인 포럼을 제공해주었다. 많은 면에서 그것이 할 수 있는 바에 관한 관심이 커져 가고 있다.

재래식 전쟁이 쇠퇴하면서 강자가 약자에 대해, 약자가 강자에 대해 수행하는 전쟁의 횟수와 중요성이 증가하고 있는 것으로 보인다. 때가 이르면 그것은 다른 형태의 비정규전과 더불어 과거의 분쟁뿐 아니라 그것을 치르기 위해 사용되었던 군대들 또한 대체할 수 있다. 그 결과는 새로운 종류의 조직일 것이다. 헤즈볼라와 알카에다—두 조직 모두 종교적·군사적·경제적·자선적, 그리고 특히 범죄적인 측면을 보유하며, 두 조직 모두 현대 기술에 능숙하다—가 그 원형의 일부가 될 수 있다. 그럼에도 우리는 미래전에 대해 말하기 전에 변화하지 않은 전쟁의 측면들을 먼저 살펴보아야 한다.

2. 연속성

군사적이거나 민간적인, 혹은 조직적이거나 기술적인 변화가 모든 시간, 모든 장소에 걸쳐 균등하게 진행되는 것은 아니다. 만약 그렇다면, 이번에 그것은 매우 느리게 움직일 것이다. 전쟁이 페달에 발을 얹음으로써 이번에는 그것이 상당히 가속될 것이다. 일부 정체들은 수천 년 동안이나 자신들의 기존 전쟁형태를 고집하는 채 남아 있었다. 다른 정체들은 깜짝 놀랄 정도의 방향과 속도로 반복적으로 그것을 변화시키곤 했다. 그러한 과정의 이면에 있는 가장 중요한 추진력은 앞에서 언급한 그네효과였다. 전쟁이라는 삶과 죽음의 투쟁 속에서 선택은 냉혹하다. 적을 따라잡고 가능하다면 추월하기까지 하기 위해 변화하거나, 아니면 무참한 패배를 당하거나 할 뿐이다.

그럼에도 상당히 많은 것들이 변화하지 않았거나 변화할 것처럼 보이지도 않는다. 첫째는 전쟁의 원인이다. 그것에 대해서는 다음 섹션에서 더 다루어질 것이다. 그다음으로는 전쟁의 가장 기본적인 특성이다. 거기에는 전략의 규칙에 적용을 받는, 또는 받아야 하는, 두 진영 간의 투쟁으로서의 전쟁의 본질이 포함된다. 아울러 확전을 지향하는 경향이 있어 통제를 어렵게 만드는 전쟁의 폭력성과 정책(어떻게 정의하든지 간에)—이것이 없으면 전쟁은 의미 없는 일이자 대상이 없는 일이 되고 만다—의 도구로서 전쟁의 역할도 이에 포함된다. 범죄와는 달리 전쟁은 받아들여질 수 있는 것으로 간주되고, 전부는 아니지만 그것을 수행하는 사회의 일부뿐 아니라 많은 경우 적에 의해서도 찬사를 받을 수 있는 것으로 간주된다는 사실과, 그것은 개인적 활동이 아니라 집단적인 활동이라는 사실도 이에 포함된다.

전쟁이 가하는 도전과 그것이 전쟁을 수행하는 이들에게 제기하는 요구는 변화하지 않는다. 가장 중요한 도전은 상부에 있는 이들에게 지워지는 책임이다. 다음으로는 불확실성, 마찰, 그리고 고역(*Strapazen*)이다. 가장 거대한 도전인 급작스럽고 잔인한 죽음에 대한 두려움도 포함된다. 전쟁이 처음 시작되었던 이후로 이러한 것들 중 어느 것도 조금도 변화하지 않았다. 전쟁이 그대로 남아 있는 한 그 어떤 것도 변하지 않을 것이다. 이러한 고역에 대처하고 그것을 극복하는 데 필요한 자질과 과정도 마찬가지이다. 용기, 결의, 응집력, 조직, 훈련, 기율, 리더십, 즉 요약하자면 전투력과 같은 것이 바로 그것이다.

물론, 현대의 모든 군대에서 적의 화력에 직접적으로 노출되는 병력의 비율은 19세기 중반부터 감소되어왔다. 오늘날 많은 이들이 수천 마일 떨어져 있는 곳에서 "전투"에 "참가"하고 있다. 일부는 컴퓨터의 프로그램을 짜서, 다른 이들은 미사일을 발사하거나 드론을 운용함으로써 그렇게 하고 있다. 그들은 냉방기가 돌아가는 방―그 일부는 직접적인 핵타격에 의해서만 허물 수 있을 정도로 깊은 지하에 위치하고 있다―에 앉은 채 그렇게 한다. 그들은 제어판을 관찰하며 제어장치를 조작한다. 이 모든 것이 그 자신들에게는 가장 경미한 위험조차도 유발하지 않으면서 이루어진다.

이러한 사실들은 몇 가지 불편한 물음을 제기한다. 특히 드론 운용자가 임하고 있는 활동이 진정한 전쟁인가? 그게 아니면 그것은 첨단기술에 의한 도살에 지나지 않는 것일까? 만약 그렇다면 그것은 도덕적으로나 사법적으로나 어떻게 정당화될 수 있을까? 전쟁은 그 인간적 요소를 잃어버리고 말 것인가? 처음 2개의 물음에 대한 해답은 논의의 여지가 있다. 세 번째 물음에 관해서는 해답이 부정적인 것으로 보인다. 경험이 보여주듯이, 드론과 그 친척뻘인 로봇을 보유하고 있으며 그것을 사용하는 진영이 그렇지 못한 이들과 싸워 승부를 가리지 못하는 일도 불가능하지는 않다. 이슬람국가(IS)가 2006년에 처음으로 이름을 떨치기 시작한 이래 미국이 성공하거나 실패했던 사례를 살펴보는 것만으로도 이는 확인할 수 있다.

사회들이 전쟁으로 치달을 때 스스로 설정하는 주요한 목표들 중 하나는 언제나 자원을 획득하는 것이었다. 그것은 사냥과 목초지 또는 물에 대한 접근법의 형태를 취할 수도 있고, 여성과 어린이, 또는 노예, 또는 농경지, 또는 지하자원, 또는는 저장된 금은, 또는 다수의 다른 것들일 수도 있다. 그와 같은 염원은 여전히 건재하며, 내전에서는 특히 그렇다. —그렇다고 내전에서만 그러는 것은 아니다. 21세기 초의 경우처럼 "자원"과 "기후" 전쟁에 대한 이야기는 많이 존재한다. 일부는 물 부족이 무장분쟁을 야기할 것으로 믿는다. 다른 이들은 에너지 또는 특정의 희소하나 결정적으로 중요한 원료의 맥락에서 더욱 이야기한다. 자원의 종류는 다양하며, 의심의 여지 없이 계속 다양할 것이다. 그러나 경제적 요소는 예전처럼 중요하게 남아 있다.

약 1830년부터 군사기술은 사나운, 그리고 가속적인 속도로 발전해왔다. 그것을 갖고 있지 못하거나 그것의 열등한 버전을 갖고 있던 이들에 대해 사용된 기술은 엄청나게 강력하고 그 보유자들에게 엄청난 이점을 제공해준다. 그러한 이점은 너무나 거대하여 한동안은 저항할 수 없는 것처럼 보였다. 영국의 작가 힐레어 벨록(Hilaire Belloc)은 유럽과 나머지 세계 간의 간극이 절정에 달했던 1900년경의 식민전쟁에 대해 언급하면서 "모든 것을 고려해볼 때, 우리는 맥심 기관총을 가지고 있고, 그들은 그렇지 못하다"라고 말했다.[2] 기술의 영향은 그와 유사한 가용한 기술을 가진 적에 대해 사용되면 늘 훨씬 더 제한적이게 되었다. 그것이 제한되었던 한 가지 이유는, 지금도 여전히 그렇듯이 다른 요소들이 그 중요성을 여전히 갖고 있었다는 사실이다.

게다가, 클라우제비츠가 말하듯이, 전략의 기본적인 원칙은 그것이 사용하는 도구보다는 그 자체의 성격에 지배된다. 그것이 기술이 그러한 원칙에 상당한 영향을 주는 데 실패한 이유를 설명해준다. 손자가 25세기 전에 썼던 단 한 문장도 철지난 것이 되어버리지 않은 이유 또한 설명해준다. 무엇보다도 이는 폭넓게 말해 그가 개진한 원칙들은 그가 다루지 않은 환경인 바다에서의 전쟁뿐 아니라 심지어 그가 상상할 수 없었고 그렇지도 않았던 공중, 우주, 사이버공간에서의 전쟁에도 적용할 수 있다는 사실에 의해 드러난다.

핵무기는 어떤가? 피상적으로는 그것이 모든 것을 변화시킨 것처럼 보인다. 특정 과학공상 소설가들은 자신들이 계속해서 전쟁에 대해 글을 쓰려면 핵무기를 금지하는 것이 필수적이라고 생각했을 정도로 그렇게 보였다. 그러나 그것이 이룬 바에는 한계가 존재한다. 핵무기의 거대한 그림자 아래에서는 상당히 많은 것들이 일상처럼 지속된다. 영국의 기갑전 개척자이자 군사전문가였던 풀러가 1946년에 말했던 것처럼, 도시들을 없애버리겠다는 위협으로는 전쟁을 없앨 수 없다. 보복을 불러올 뿐인, 도시들을 없애버리는 것으로는 훨씬 더 그렇다. 전쟁은 유연하고도 창의적인 야수이다. 마음대로 모습을 바꾸는 전설 속 존재처럼 그것은 그 기본적인 성격을 버리지 않고도 스스로 적응할 것이다.

전쟁법은 많은 중요한 변화를 경험했다. 그러나 그것의 필요성은 그렇지 않았다. 종래와 같이 지금도 전쟁은 많은 것이 금지되는 상황에서 그것들이 수용되고, 지시되며, 권장되는 상황으로의 급격하고도 —많은 경우— 급작스러운 전환을 포함한다. 종래와 같이 지금도 누구에게 그것을 수행할 수 있는 권리가 있는지, 누구에게는 그렇지 않은지, 누구의 명령에 따라, 어떤 상대에 대해, 어떤 이유로, 어떤 목표를 가지고, 어떤 수단과 방법으로 그럴 수 있는지를 정의하는 게 필요하다. 간략히 말하자면, 무엇이 전쟁으로 간주되고 무엇은 그렇지 못한지를 정의할 필요가 있다. 그러한 제한 내에 머무르는 이들은 훈장을 받을 자격이 있으며, 그것을 위반하는 이들은 처벌받아야 한다. (때때로 그렇게 되곤 한다.) 연령과 성별을 막론하고 포로의 권리에서부터 테러리스트의 권리에까지 이르는 무수한 실제적인 문제들이 대두되며 해결되어야 할 필요가 있다.

전쟁법이 실제로 얼마나 중요한지, 그리고 그 영향은 얼마나 큰지는 전에도 그랬듯이 쟁점으로 남아 있다. 2세기와 2천 년이 각각 지났음에도 클라우제비츠나 키케로의 주장은 여전히 유효한 게 사실이다. 이러저러한 이유로 법(법률가)에 의해 손이 뒤로 결박당한 군대는 자신들보다 약한 상대에게조차도 패배당하는 것으로 최후를 맞을 수 있다. 그것은 '필요성은 법에 의해 제약을 받지 않는다'는 원칙에 입각하여 작전을 수행하는 후자는 해야 할 일을 하는데 자유롭게 느끼거나 실제로 자유로워 그것을 행하기 때문이다. 한편, 그 병력으로 하여금 법을 고려하지 않고 무엇이든지 할 수 있도록 허락하는 정체는 야수들의 무리로 변모되고 말 것이다. 때가 이르면 그것은 정체이기를 멈추게 될 것이다.

반복하자면, 핵확산과 대규모 재래식 전쟁의 쇠퇴는 비대칭전의 첫 번째 종류, 즉 강자가 약자에 대해, 그리고 약자가 강자에 대해 수행하는 전쟁의 빈도와 중요성이 커지게 만드는 것으로 보인다. 두 번째 종류, 즉 문명 내 전쟁은 늘 존재해왔다. 그와 같은 전쟁은 가장 사적인 문제들에 초점을 둔다. 그것들은 종교적이거나 사회적이거나 문화적이거나 심리적이다. 섹스와 번식과 같은 진화론적 압박도 포함될 수 있다. 그것이 그러한 전쟁들은 늘 각별히 파괴적이고 야만적이었으며, 여전히 그러한 이유이다.

3. 전쟁에 미래는 있는가?

"전쟁에 미래는 있는가?"는 1973년 10월에 ≪포린어페어스(Foreign Affairs)≫에 발표된 에세이의 제목이었다. 바로 그 달에, 20년을 통틀어 가장 거대하고 현대적인 욤키푸르 아랍-이스라엘 전쟁이 발발했다. 그로부터 채 1년도 지나지 않아 쿠데타가 발생해 포르투갈의 독재정부가 타도되었다.✦ 이전에 포르투갈은 식민지들—앙골라와 모잠비크—에서 발생한 봉기들을 진압하려고 시도하고 있었다. 그 결과, 두 국가 모두에서 내전이 발생했는데, 그것은 수십 년 동안 지속되었으며 수십만 명의 목숨을 희생시켰다.

조금도 기죽지 않고, 뒤를 이은 저자들은 계속해서 그 주제를 다뤘다. 소수는 똑같은 제목을 사용했다. 1973년의 에세이가 결코 최초의 것도 아니었다. 일찌감

✦ 1974년 4월 25일의 카네이션혁명을 의미한다. —역주

치 1580년대에 보댕은 『역사이해를 위한 쉬운 방법』**에서 오늘날까지도 입에 오르내리는 많은 주장을 개진했다. 전쟁을 종식시킬 수 있기를 희망하던 이들은 자신들이 그 끝이 다가오고 있음을 알 수 있다고 생각했는데, 여기에는 경제학자 프리드리히 리스트(Friedrich List, 1789~1846년)와 노먼 에인절(Norman Angell, 1872~ 1967년, 그의 노력을 인정받아 노벨상을 수상했다)이 포함되었다. 철학자 존 스튜어트 밀(John Stuart Mill, 1806~1873년)과 허버트 스펜서(Herbert Spencer, 1820~1903년), 인류학자 마거릿 미드(Margaret Mead, 1901~1978년, 1940년에 전쟁은 "발명품"에 지나지 않는다고 주장했다)도 마찬가지였다.[3] 매번 그들의 희망은 내팽개쳐지고 말았다.

21세기 초에 통계들은 일반인이 전쟁에서 죽을 확률은 이전 시기보다 덜해졌음을 보여준다. 그것이 보다 평화로운 세상의 도래 때문이 아니라 역사에 전례가 없을 정도의 인구폭발에 기인한 것일 수 있다는 점을 제외하고는 이는 아주 좋은 소식일 수 있다. 게다가 전쟁은 늘 그 중간에 ―그 기간과 완전성에는 다소간의 차이는 있지만― 끊김을 경험하는 주기적인 행동이었다. 기원전 1400년경 이래 전적으로 평화로운 시기는 통틀어 10%도 되지 않는다고 주장되었다. 때문에 허락된 모든 일시적인 중단―누가 그 이유를 알 수 있으랴?―은 잠정적인 것일 수 있다. 주식거래소를 살펴보라. 각 거품이 차례차례 더운 공기로 채워질 때마다*** 전문가들은 이번에는 다르다고 말한다. 다음번 급락이 그렇지 않음을 증명해줄 뿐이다.

일찌감치 1890년대에 철학자 스펜서는 전쟁을 노예제와 비교했다. ―두 가지 모두 자유교환이 아니라 강압에 기초했다. 그렇기 때문에 그는 전쟁은 머지않아 노예제를 따라 역사의 쓰레기통으로 들어가고 말 것이라고 주장했다. 그러나 노예

** 원 제목은 *Methodus ad facilem historiarum cognitionem*으로서, 크레벨드는 *An Easy Method for the Study of History*로 옮기고 있으나 '역사이해' 또는 '역사인식'의 문제를 다루고 있는 것으로 보는 게 더 적절하다. ―역주

*** 주식거래에서 '거품'은 단기간에 과열되어 오른 종목을 의미한다. '더운 공기로 채워진다'는 것은 주가가 상승세를 타는 것을 의미한다. ―역주

제는 사라지지 않았다. 21세기 초 세계에 존재하는 노예는 약 3000만 명이다. 소년과 소녀들이 납치되기 때문에 일부 경우에 전쟁은 노예제를 재확립시킨다. 소년들은 전투원이나 노동자로 활동하고, 소녀들은 하인, 첩, 또는 매춘부로 일하게 된다. 게다가 전쟁처럼 노예제의 역사도 오래되었다. 방대하게 다양한 형태를 겪은 노예제는 정의하기 매우 어렵다. 많은 국가에서 "이주노동자"는 그의 여권을 빼앗기고 노예제와 그리 다르지 않은 조건 아래서 살아간다. 심지어 그들은 사거나 팔 수 있었으며, 몇몇 경우에는 합법적으로 그랬다. "임금노예"라는 용어는 스스로를 변호한다. 만약 우리가 이러한, 그리고 다른 많은 강제노동의 형태를 고려한다면, 세계 도처에 있는 노예들의 수를 보여주는 수치는 훨씬 더 커질 것이다.

게다가 전쟁은 언제나 의도적인 행동으로서, 정책/정치의 파생물이다. 국가 간 재래식 전쟁을 언급하는 클라우제비츠의 금언이 암시해주는 것처럼, 전쟁과 정치 간의 구분선은 꽤 분명할 수 있다. 아니면, (다른 이유로 인해) 총력전과 반군활동/대반군작전에서 공히 발생하는 것처럼, 그것이 거의 존재하지 않을 수도 있다. 어떤 방식으로든 전쟁을 없애는 한 가지 방법은 그것이 더 이상 정책/정치의 목표에 기여하지 못하도록 만드는 것이다. 전쟁의 주요한 두 가지 목표는 늘 두려움을 완화시키고 탐욕을 만족시키는 것이었다. 두려움과 탐욕은 다시 상대적인 힘-군사적·정치적·경제적인-에 있어서의 변화에 자극을 받는다. 역사는 별것이 아니다. 시간이 흐름에 따라 그것은 두려움이나 유혹, 그리고 때로는 두 가지 모두를 증가시키거나 감소시킨다. 홉스의 시대처럼 "불편부당한" 방식으로 논쟁을 판결 지을 수 있는 최상급 법정은 존재하지 않는다. 가장 약한 "주권" 정체들이 아니라 누구에게나 그 결정을 강제할 수 있을 만큼 충분히 강력한 국제경찰은 말할 나위도 없다.

18세기 말의 칸트와 페인에서부터 현대의 일부 정치학자들까지 이르는 많은 이들이 민주국가들이 서로 싸우는 것을 꺼리는 데 대해 썼다. 정도의 차이는 있지만 그것은 사실일 수 있다. 그러나 민주국가들은 분명 비민주국가들에 대항해서나 그러한 나라에서 싸우기를 꺼리지 않았다. 때때로 그들은 그렇게 하는 것이 자신들의 책무라고 주장했다. 1990년대로 거슬러 올라가 보면 대부분의 국가들이 민주국가로 되어가는 과정에 있으며 역사는 종언한 것처럼 보였다. 그러나 소련의 붕괴가 가져다준 10년간의 영예는 금세 끝나고 말았다. 작동되기를 멈춘 적이 없는 것으로 추정되던 권력정치가 다시금 포효하기 시작했다. 물론, 핵으로 인한 대재앙에 대한 두려움은 독재자들에 의해 지배되는 국가들을 포함하여 주요 국가들 간의 주요한 전쟁을 여전히 가로막았다. 그러나 그러한 두려움이 세계의 다른 많은 장소에서 보다 작은 많은 전쟁을 막을 수는 없었으며, 그렇게 하지도 않았다.

역사적으로 보았을 때 많은 전쟁이 부를 획득할 목적으로 개시되었다. 그것이 그들의 원래 의도였는지를 막론하고, 전쟁으로부터 이득을 취한 통치자와 정체의 목록은 고대 중동의 군주국들로부터 시작하여 두 차례 세계대전 시의 미국과 함께 종결된다. 부시 대통령의 개입 결정이 없었다면 후세인의 1990년 쿠웨이트 침공은 매우 수익성이 있는 것으로 입증되었을 것이다. 어떤 남동아시아의 통치자가 작고 다소간에 무방비상태인 브루나이 술탄국(Sultanate of Brunei)을 정복하기로 결심한다면, 그 일은 분명 훨씬 더 수익성이 있을 것이다.

설령 대부분의 국가 간 전쟁이 더 이상 경제적으로는 수익성이 없다고 추정할지라도 그것이 다른 혜택을 낳을 가능성은 여전하다. 니체가 썼듯이, 승리는 영혼을 위한 최고의 치유법이다.[4] 그것은 승자의 억제력을 증가시킬 수 있고 또 그렇게 하여 그들로 하여금 공격에 덜 취약해지게 만든다. 예를 들어 1982년에 아르헨티나에게 승리를 거둔 후 영국에게 그러한 일이 발생했다. 이론적으로 말하자면, 현대 통치자들은 그들이 자신의 국가를 위해 수행하는 전쟁으로부터 개인적인 이득을 취하지는 않는 것으로 가정된다. 그러나 그들이 이득을 취하고자 의도했든지 안 했든지 간에 실상은 그들은 많은 경우 분명 이득을 얻는다. 재정적인 맥락에서가 아니라도 위신의 강화와 관직에 대한 자격의 획득을 통해 그들은 이득을 취한다. 마거릿 대처(Margaret Thatcher)는 때마침 포클랜드 침공과 그에 대한 그녀의 대응이 없었다면 재선되지 못했을 수 있다. 25년간의 격렬한 전쟁 뒤인 1970년대 동안 하노이에도 복부비만의 부유한 이들이 존재했다.

그러나 누가 전쟁은 국가들 간에 수행되어야 한다고 말하는가? 적어도 1945년 이후로 가장 유혈적인 다수의 전쟁을 포함하는 압도적으로 많은 전쟁은 국가들 내부에서 수행되었다. 때때로 정부들은 비국가 조직들과 싸웠으며, 반대의 경우도 있었다. 때로는 갖은 종류의 비국가 조직들이 서로 싸웠다. 빈털터리였던 다양한 집단과 조직의 우두머리들이 대단히 부유해지는 경우도 꽤 많았다. 팔레스타인해방기구(Palestinian Liberation Organization)의 설립자이자 오랜 기간 지도자였던 야세르 아라파트(Yasser Arafat, 1929~2004년)는 수백만장자로 사망한 것으로 이야기된다. 앙골라 게릴라 지도자인 조나스 사빔비(Jonas Savimbi, 1934~2002년)도 그랬던 것으로 이야기된다. 급료를 지급받으며(지급받거나) 주변 사회들을 약탈하던 다수의 추종자들도 전쟁에서 생계를 꾸릴 수 있는 좋은 길을 찾았다. 일부는, 국가에 봉사하면서 국가가 길가에 버린 부스러기들로 생존해야 했던 이들보다 형편이 나을 수 있다. 그것이 그와 같은 전쟁이 많은 경우 최대한 장기화되는 이유의 하나이다. ─ 그러한 전쟁을 수행하는 이들은 그것을 최대한 장기화할 이유가 다분하다.

우리는 이제 가장 성가신 질문과 마주한다. 우리 본성의 선한 천사는 어디서 찾을 수 있을까? 그것은 이미 세력을 다 확대해버린 것일까, 아니면 확대해가고 있는 중일까? 만약 그렇다면, 우리 내에서 발생하는 변화가 전쟁을 종결에 이르게 할까? 우리가 더 낫고, 더 친절하고, 더 온유하고, 덜 탐욕스럽고, 덜 잔인해져 가고 있다는 생각은 계몽주의시대 말기의 산물이다. 실러는 1785년의 『환희의 송가(Ode to Joy)』에서 "모든 인간이 형제가 될 것"이라고 썼다. 4년 뒤에 프랑스혁명이 발생하여 유럽을 피의 강에서 익사하게 만들었다.

살육은 1815년에 끝나지도 않았다. 1854~1860년 중국에서의 태평천국의 난(2000만~3000만 명이 사망했다), 1861~1865년의 미국 남북전쟁, 1864~1870년의 파라과이, 아르헨티나, 우루과이 간의 전쟁(전투원의 수로 보자면 현대사에 가장 치명적인 전쟁이었다), 그리고 오스트리아-프로이센과 프랑스-프로이센 전쟁이 닥칠 것이었다. 19세기 말과 20세기 초의 일부 식민전쟁들—특히 콩고에서 벨기에의 전쟁과 나미비아(Namibia)에서 독일의 전쟁—은 전체 주민을 완전히 파괴하고 말았다. 다음으로는 러일전쟁, 두 차례의 발칸전쟁, 제1차 세계대전, 중일전쟁["난징의 강간(The Rape of Nanking)" 포함], 에티오피아에서 이탈리아의 전쟁, 스페인 내전, 제2차 세계대전이 들이닥쳤다. 1945~2013년에만 해도 약 200회의 전쟁이 있었다. 가장 중요한 전쟁으로는 중국내전, 한국전쟁, 비아프라(Biafra, 나이지리아) 전쟁, 알제리 전쟁(두 차례 별개의 전쟁이 있었다), 베트남, 앙골라, 모잠비크, 스리랑카, 르완다, 수단, 자이르(Zaire)에서의 전쟁이 있었다. 아프가니스탄, 차드(Chad), 이라크(두 차례), 시에라리온, 소말리아, 유고슬라비아에서 있었던 보다 작은 전쟁과 대학살은 말할 것도 없다.

지난 2세기를 돌아다보면 전쟁의 종식에 대한 예견보다 흔했던 한 가지는 전쟁 그 자체였다. 그리고 이 목록은 스탈린의 대공포시대(Great Terror), 홀로코스트, 대약진정책, 문화대혁명, 캄보디아의 킬링필드는 포함조차 하지 않는다. 몇 번이고 트럼펫이 울렸다. 몇 번이고 사람들—그 대부분은 일반적이고 행실이 바른 이들로서 다른 사람들과 별반 다르지 않았다—의 무리가 그에 반응해 문명의 허울을 벗어던졌다. 지옥문을 지키는 개들이 반복적으로 놓이고, 이루 말할 수 없는 범죄들이 자행되었다.—그것은 때로는 저변에 깔린 합리적인 목적을 가지고, 그러나 때로는 순전한 사디즘에 의해 조장된 것이었다. 20세기 동안 이른바 "정치적 살해(politicide)"에 의해 사망한 이들의 수는 어림잡아 2.5억 명에 이른다. 그럼에도 불구하고 도덕적 진보를 여전히 믿는 이들은 실로 용감한 이들에 틀림없다.

역사를 통틀어 가장 거대하고 가장 치명적인 전쟁은 강대국들이 서로에 대해 수행하는 전쟁이었다. 전 세계 인구에 비해 전쟁에서 사망한 이들의 수가 사실 감소했다면, 그것은 주로 그와 같은 국가들 간의 주요한 전쟁이 거의 멸종되어버린 까닭이다. 그것은 천사의 간섭이 아니라 전쟁은 그 자연적인 경과를 따르게 되면 확전될지 모른다는 순전한 두려움 때문이다. 역사에 전례가 없는 홀로코스트로 끝날 수도 있고, 역사가 극적인 종말에 이를 수도 있었다.

그러나 이상의 목록이 보여주듯이, 핵무기가 막을 수 없는 많은 형태의 전쟁이 존재한다. 이른바 "개발도상"의 세계에서는 하루도 모종의 크고 작은 새로운 무장 분쟁이 발생하지 않는 날이 없다. 문제의 전쟁들 중 다수는 이러저러한 목표를 추구하는 지도자들에 의해 개시되었다. 그럼에도 그것은 장기화되면서 수단과 목적 간의 구별은 상실되고 마는 경향을 보였다. 비단 국가뿐 아니라 자신들의 투자를 보호하거나 이윤을 얻으려는 회사들까지도 포함하는 외부적 행위자들이 개입했다. 용병들도 개입했다. 많은 경우 그 결과는 엄청나게 복잡하고, 굉장히 유혈적이고 파괴적이며, 계속해서 변화하지만 거의 영구적인 늪이다. 그러한 늪은 지도자, 추종자, 비전투원 들을 빨아들이며 그들에게 피신처를 허락하지 않는다. 행위자는 희생자가 되고, 희생자는 행위자가 된다. 양자는 모두 민간주민들을 약탈하며, 저항하려 하는 이들을 죽인다. 30년전쟁에서처럼 전쟁과 범죄가 뒤섞이게 된다. 오히려 그와 같은 분쟁의 중요성은 증가하고 있다. 이 점에 대해서는 자이르(1987년~), 시에라리온(1991~2003년), 소말리아(1991년~), 아프가니스탄(1981~1988년, 2002년~)이 좋은 사례이다. 2016년의 리비아, 시리아, 이라크도 마찬가지이다.

대부분의 "선진" 세계에서는 상황이 다르다. 그들의 정부는 자신들의 주민을 억제하기 위해 트위들덤과 트위들디(Tweedledum and Tweedlee) 쌍둥이,❖ 즉 그들의 사회적 서비스와 치안기관들을 사용한다. 결코 총성 한 번 들어본 적이 없는 대부분의 사람들은 전쟁을 많은 관중이 보는 경기로 간주할 정도이다. 그것이 진정으로 의미하는 바를 그들은 상상할 수 없다. 전쟁에 직면하여 그들은 자신들의 눈과 귀를 닫아버리곤 한다. 그러나 전쟁에 영향을 받지 않을 정도로 "선진적"이고, 부유하며 동질적이고 내실 있는 국가가 존재할까? 그와 같은 것이 존재한다면 기후변화는 어떻게 될까? 경제적 위기의 과거, 현재, 미래는 어떠할까? 옳든 아니든

❖ 『거울나라의 앨리스(Through the Looking-Glass and What Alice Found There)』에 등장하는 캐릭터들이다. ─역주

차별받고 있다고 느끼는 소수집단은 어떻게 될까? 사람들이 가장 가까이 두고 가장 소중히 여기는 것들을 포함하는 경우가 많은 서로 다른 문화 간의 마찰은 어떻게 될까? 품위, 민주주의, 다양성, 평등, 공평, 환경, 건강, 인간성, 도덕성, 안전, 그리고 정치적 정당성의 이름으로 우리의 손과 발을 구속하는 무수한 법들은 어떻게 될까? 법의 수가 많아질수록 그것을 위반하는 이들의 수도 더 커진다는 노자의 금언은 더 이상 적용되지 않게 될까?[5] 그리고, 경험이 보여주듯이, 이러한 불만들과 그와 유사한 것들을 통합하여 가시관으로 엮어내어 사회의 머리에 씌울 수 있는 종교적 차이는 어떻게 될까?

다시 한 번 베이컨의 말을 빌리자면, "선동과 소란(seditions and troubles)"은 부족한 적이 결코 없었으며 앞으로도 그럴 것이다.[6] 그것들에 대해 심판할 수 있는 세계 법정은 어디에도 보이지 않는다. 때문에 분명 일부의 건(件)은 계속해서 무력의 힘을 통해 해결될 것이다. 그것은 전쟁이 계속해서 인류를 영원토록 괴롭힐 것이라는 점을 의미할까? 반드시 그렇지는 않다. 물론 정치―한편에서는 국제적 무정부상태, 다른 한편에서는 공동체 내부의 구조적 결함―가 큰 역할을 수행한다. 그럼에도 가장 기본적인 수준에서 전쟁은 우리의 충동과 감정을 먹고 산다. 그것들 중 주요한 것은 증오, 공격성, 분노, 보복심, 그리고 니체가 "권력의지(will to power)"라 부르는 것이다. 그 모든 것은 진정으로 교차되며, 그 모든 것은 우리 자신에게 되돌아온다.

그러한 충동과 감정이 우리의 영혼으로부터 지워질 수 있다면 통치자와 정체들은 전쟁으로 가는 것이 불가능함을 발견하게 될 것이다. 그것이 내과 의사, 정신과 의사, 정신약리학자, 뇌과학자, 유전학자들의 집단이 그러한 충동과 감정을 개조하고, 전환시키며, 억제하고, 나아가 제거하려고 시도하는 한 가지 이유이다. 그들은 성공이 없었던 것도 아니라고 주장한다. 날마다 많은 국가에서 임신 동안 발견된 신체적·정신적 결함으로 인해 무수히 많은 태아들이 낙태되고 있다. 시험결과가 그들이 "호전적"인 유전자를 갖고 있는 것으로 보여준다는 이유로 태아들이 죽음을 당하는 날이 올까?

태아들이 영향을 받는 유일한 집단도 아니다. 정신에 이상이 있는 많은 이들뿐 아니라 일부 범죄자들도 통상적으로 전기적·화학적·호르몬적인 치료를 경험하고 있다. 나노기술에 기초한 추가적인 치료법이 등장하고 있다. 일부는 자발적인 것이며, 어떤 것들은 그렇지 않다. 국가에 따라 다르기는 하지만, 전체 인구의 4분의 1에서 2분의 1을 형성하는 어린이들이 그 바짝 뒤에 자리 잡고 있다. 목표는 그들의 감정과 분위기를 사회에 적합하게 만드는 것이다. 즉, 적소에 적임자를 배치하는 것이다. 다음은 누구일까?

그러나 전쟁은 우리 본성의 가장 나쁜 부분만을 반영하는 것일까? 레닌은 클라우제비츠에 대해 쓴 글에서 공격자는 언제나 평화를 원한다고 썼다.[7] 그는 우리나라를 점령하고 우리의 자유와 재산을 빼앗기를 원하며, 우리가 저항을 시도하는 경우에는 우리를 죽이려고 한다. 그것이 그가 그토록 자주 자신이 싸우려고 온 것이 아니라고 주장하는 이유이다. 히틀러는 먼저 그가 단치히(Danzig), 폴란드, 스칸디나비아, 저지대 국가들, 프랑스, 발칸, 러시아를 원했다는 점을 제외하면 평화를 원했다. 그에 앞선 이들이나 그를 뒤이은 다른 많은 이들도 그랬다.

캐나다의 가수 겸 작곡가인 레너드 코헨(Leonard Cohen, 1934년~)❖은 "그들이 국경 너머로 밀고 들어갔을 때/ 나는 항복하도록 경고 받았네/ 나는 그럴 수 없었지"라고 노래했다. 따뜻한 가정을 지키는 것이 그토록 나쁜 일인가? 우리는 언제나 다른 쪽 뺨도 내밀어야 하는 것일까? 일부 기독교, 힌두, 불교 분파 들은 죽이는 것보다 죽음을 당하는 것을 선호했다. 예수, 성 프란체스코, 마하트마 간디(Mahatma Gandhi)가 그랬다. 종교운동들은 그들이 그들을 둘러싸고 있는 더 큰 사회들에 의해 보호를 받는다고 느꼈기 때문에 그렇게 할 수 있었다. 앞의 세 지도자들의 경

❖ 저자의 이해와는 달리 코헨은 2016년 11월 7일에 미국 로스앤젤레스에서 82세로 사망했다. ─역주

우, 그들이 모종의 조직화된 정체를 책임지고 있었다고 가정해보자. 그런 경우에 그들의 행동은 영웅적이기는커녕 —반역적인 것은 아니라 할지라도— 범죄적인 것으로 간주될 수 있었다. —그렇게 되었을 게 거의 확실하다.

　전쟁은 악한 것이다. 그러나 그것은 전적으로 악하며, 그것만이 악한 것일까? 그보다 더 나쁜 것이 존재하지 않을까? 불의는 어떤가? 박해는 어떤가? 전쟁을 피하기 위해 에이브러햄 링컨은 노예제가 계속되도록 허락했어야 할까? 영국은 1940년에 히틀러의 제안을 받아들이고 강화를 체결했어야 할까? 자유와 존엄은 문제가 되기를 중단해야 할까? 생존과 평안이 삶의 유일한 목표가 되어야 할까? 우리는 얼마나 그것들의 이름으로 우리 자신이 규제되기를 허락해야 할까? 우리는 우리의 몸과 마음이 재가공되도록 해야 할까? 전쟁이 우리 자신을 극단까지 시험하는 일에 우리의 일, 우리의 용기, 우리의 갈망을 내어 몰지 않을까? 고통을 감내하고 희생하며 —다른 길이 없을 때는— 무언가를 위해 또는 다른 누군가를 위해 죽고자 하는 의지가 생겨나는 원천이 되는 사랑은 어떠할까? 이러한 우리의 최상의 자질들은 어떻게 될까? 그것들을 저장할까? 그렇다면 우리가 그것들을 필요로 할 때가 있을까? 그것들을 배양하지 않으면 우리가 쉽게 패배당하는 것은 아닐까? 마지막으로, 우리 안의 악과 선은 서로 얽혀 있기 때문에 악을 억누르기 위해 사용되는 방법들은 선과도 관련되지는 않을까?

　우리의 동의가 없는 가운데, 그리고 우리가 인지하지도 못하고 있는 가운데 이미 우리의 모든 발걸음과 모든 말은 관찰될 수 있다. 우리의 생각과 감정 또한 통제되게 했어야 할까? 꼭두각시가 되는 것은 평화적인 삶을 위해 지불할 가치가 있는 대가인가? 전쟁이 없는 인류는 어디쯤에나 있을까? 아마도 『멋진 신세계』와 『1984년』이 혼합된 곳에? 이것들은 각 사회와 각 사람이 스스로 결심해야 하는 질문이다. 우세한 여론의 분위기가 여전히 그러한 질문들을 던질 수 있도록 허락하는 한 그렇다.

　무시무시한 전쟁 속으로의 우리의 여행은 여기서 끝나고 완성된다.

주

서문

1 "전쟁은 국가에게 지극히 중요한 일이다," Sun Tzu, *The Art of War*, S. B. Griffith, trans. Oxford, Oxford University Press, 1963, p.63.

2 C. von Clausewitz, *On War*, M. Howard and p. Paret, eds., Princeton, NJ, Princeton University Press, 1976, p.76.

3 Quoted in N. D. Wells, "In the Support of Amorality."

4 Karl Demeter, *The German Officer-Corps in Society and State, 1650-1945*, New York, Praeger, 1965, p.67.

5 J. V. Stalin to L. Z. Mekhlis, 1942, quoted in https://en.wikipedia.org/wiki/Lev_Mekhlis. xx

6 Clausewitz, *On War*, p.147.

7 "숙독하고 또 숙독하라," *Napoleon's Military Maxims*, W. E. Cairnes, ed., Mineola, NY, Dover, 2004, p.80.

제1장

1 *Iliad*, 5.583.

2 *Correspondence Letters between Frederic II and M. de Voltaire*, Th. Holcroft, ed., London, G. J. G. and J. Robinson, 1809, p.7.

3 Quoted in Ling Yuan, *The Wisdom of Confucius*, New York, Random House, 1943, pp.157-158.

4 Th. Hobbes, *Leviathan*, London, J. Palmenatz, ed., Collins, 1962, p.135.

5 *Isaiah*, 5.26.

6 *Iliad*, 2.355.

7 Genghis Khan. See on this D. L. Hartl, *Essential Genetics: A Genomic Perspective*, Boston,

Jones & Bartlett, 2011, pp.159-160. http://news.nationalgeographic.com/news/2003/02/0214
_030214_genghis.html

8   *Iliad*, 11.169.

9   E. Hemmingway, *For Whom the Bell Tolls*, London, Arrow, 2004, p.243.

10   J. Glenn Gray, *The Warriors*, New York, harper & Row, 1970, p.56.

11   "Great fun" and following quotes: J. M. Wilson, *Siegfried Sassoon, The Making of a War
     Poet*, London, Duckworth, 1998, pp.179-180, 221, 268, 291, 317, 319, 510.

12   W. Taubman, Kruschchev: The Man and His Era, New York, Norton, 2003, p.211.

13   Sun Tzu, *The Art of War*, pp.6-7.

제3장

1   Clausewitz, *On War*, p.148.

2   R. Hofmann, *German Army War Games*, Carlisle Barracks, Pa, Army War College, 1983, pp.
     29-30.

3   Livy, *Roman History*, viii.1.

4   Clausewitz, *On War*, pp.87-88.

5   절대전쟁: Clausewitz, *On War*, p.78.

6   Quoted in R.-D. Mueller and G. R. Ueberschaer, *Hitler's War in the East*, New York,
     Bergahn, 2002, p.104.

7   Clausewitz, *On War*, p.583.

8   D. Pietrusza, *The Rise of Hitler & FDR*, Washington DC, Rowman & Littlefeld, 2016, p.150.

9   G. S. Patton, *War as I Knew It*, New York, Fontana, 1979, p.120.

10   Clausewitz, *On War*, p.583.

11   Clausewitz, *On War*, p.115.

12   Josephus Flavius, *The Jewish War*, Book 3 Chapter 5.

13   Plato, *Laws*, 796, and 830c-831a.

14   R. Hoess, *The Commandant*, New York, Duckworth, 2012, locs. 266-71.

제4장

1   각 맘루크 병사는 프랑스 병사 3명을 책임질 수 있었다. Quoted in B. Colson, ed.,
     Napoleon on the Art of War, Oxford University Press, 2015, p.81.

2   "The Rise of the Staff in the Western Way of War," MilitaryHistoryOnline.com., at http://.
     com/general/articles/westernwayofwar.aspx

3   M. de Saxe, *Reveries on the Art of War*, Mineola, NY, Dover, 2007, pp.36-38.

4   Plato, *Republic*, 460B.

5   G. H. von Berenhorst, *Betrachtungen ueber die Kriegskunst*, Leipzig, Fleischer, 1797, vol.2, pp.424-425.

6   *Wenn die Soldaten* ··· H. Dollinger, ed., Munich, Brueckmann, 1974, p.61. 번역은 저자가 했다.

7   Th. Campbell, ed., *Frederick the Great*, His Court and Times, London, Colburn, 1848, vol. p.138.

8   Quoted in J. B. Vachée, *Napoléon en Campagne*, Paris, Legaran, 1900, p.195.

9   *Henry V*, III.1.

제5장

1   Heeresdienstvorschrift 300, *Truppenfuehrung*, Berlin, Mittler, 1936, p.1. 번역은 저자가 했다.

2   J. Clement, *The Lieutenant Don't Know*, Philadelphia, Pa, Casemate, 2014, p.249.

3   Sun Tzu, *The Art of War*, p.72.

4   B. Davies, *Empire and Military Revolution in Eastern Europe*, London, Continuum, 2011, p.69.

5   *CIA Handbook*, Washington DC, 2014, p.249.

6   Sun Tzu, *The Art of War*, p.145.

7   Tacitus, *Annales*, 3.9.

제6장

1   H. von Moltke, "Ueber Strategie"(1871), in *Militaerische Werken*, Berlin, Mittler, 1891, vol.2, part 2, p.293.

2   Quoted in Colson, ed., *Napoleon on the Art of War*, p.83.

3   Sun Tzu, *The Art of War*, p.77.

4   F. W. Lanchester, "Mathematics in Warfare," J. R. Newman, ed., *The World of Mathematics*, New York, Simon and Schuster, 1956, vol.4 pp.2138-2157.

5   Napoleon on War, at http://www.napoleonguide.com/maxim_war.htm

6   Moltke, *Militaerische Werke*, vol.3, part 2, p.163.

7   J. Jackson, *The Fall of France*, Oxford, Oxford University Press, 2003, p.9.

8   Clausewitz, *On War*, p.204.

9   N. Machiavelli, *The Prince*, Harmondsworth, Penguin, 1969, p.99.

10 De Saxe, *Reveries*, p.121.

11 B. H. Liddell Hart, Strategy, London, Faber & Fabwer, 1954, 여러 쪽에.

12 A. von Schlieffen, "Cannae Studien," *Gesammelte Schriften*, Berlin, Mittler, 1913, vol.1, p.262.

13   D. MacArthur, Reminiscences, Annapolis, Md, Naval Institute Press, 1964, p.264.

14   Machiavelli, *The Prince*, p.133.

제7장

1   A. Hitler, speech of 28.4.1939, at http://comicism.tripod.com/390428.html

2   Francis Bacon, "Essays Civil and Moral," in *The Works of Francis Bacon*, B. Montague, ed., London, Care & Hart, 1844, vol.1 p.39.

제8장

1   시의 전문은 아래에서 접할 수 있다. http://www.theaerodrome.com/forum/showthread.php ?t=2774

2   H. G. Wells, *The War in the Air*, London, Bell & Sons, 1907.

3   J. M. Stouling, "Rumsfeld Committee Warns against 'Space Pearl Harbor,'" *SpaceDaily*, 11.1.2001, at http://www.spacedaily.com/news/bmdo-01b.html

4   예를 들어 R. C. Molander, A. Riddle, and P. A Wilson, *Strategic Information Warfare*, Santa Monica, Ca, RAND, 1996을 볼 것.

5   이에 대해서는 다음을 참조할 것. K. Zetter, "An Unprecedented Look at Stuxnet, the World's First Digital Weapon," Wired, 11.3.2014, at http://www.wired.com/2014/11/countdown-to-zero-day-stuxnet/

6   Clausewitz, *On War*, pp.198-199.

7   다음을 볼 것. Steele, "The 10 Most Disturbing Snowden Revelations," *PC News*, 11.2.32014, at http://www.pcmag.com/article2/0,2817,2453128,00.asp

제9장

1   Plutarch, *Life of Pyrrhus*, 21.8.

2   "A Canticle for Leibowitz." Lippincott & Co., Philadelphia, Pa., 1960.

3   1983년 3월 23일의 "별들의 전쟁" 연설은 아래에서 볼 수 있다. http://www.atomicarchive.com/Docs/Missile/Starwars.shtml

4   Federation of American Scientists, *Status of World Nuclear Weapons* 2015, at http://fas.org/issues/nuclear-weapons/status-world-nuclear-forces/

5   이 장에서 묘사되는 다양한 전략들에 대해서는 L. Freedman, *The Evolution of Nuclear Strategy*, New York, St. Martin's, 1984를 볼 것.

6   R. M. Gates, Duty: Memoirs of a Secretary at War, Kindle Edition, 2014, loc. 10752.

7   Permissive Action Links. See, on them, Anon, "Principles of Nuclear Weapon Security and Safety," 1997, at http://nuclearweaponarchive.org/Usa/Weapons/Pal.html

8   The Kargil War. See V. P. Malik, *The Kargil War*, New Delhi, IDSA, 1999.

제10장

1   Sun Tzu, *The Art of War*, p.88.

2   Clausewitz, *On War*, p.76.

3   Hobbes, *Leviathan*, p.143.

4   사무엘상 15장 3절.

5   W. Lloyd Warner, *A Black Civilization*, New York, Harper, 1937, pp.174-177.

6   민수기 31장과 32장.

7   A. Grossman, "Maimondies and the Commandment to Conquer the Land," 17.9.2013, at
     https://avrahambenyehuda.wordpress.com/2013/09/17/maimonides-and-the-commandm
     ent-to-conquer-the-land/

8   *Iiad*, 24.26.

9   J. Bodin, *On Sovereignty*, J. H. Franklin, ed., Cambridge, Cambridge University Press,
     1992, pp.1-126.

10   Frederick II, *Réfutation de Machiavell, in Oeuvres*, Berlin, Decker, 1857, vol.8, pp.169 and
     298.

11   Virgil in the *Aeneid*, book VI.

12   St. Augustine and St. Thomas Aquinas, F. H. Russell, *The Just War in the Middle Ages*,
     Cambridge, Cambridge University Press, 1975, pp.16-39, 258-291.

13   사무엘상 25장.

14   입상(立像)의 모습은 아래에서 볼 수 있다. https://www.google.co.il/search?hl=en&site=im
     ghp&tbm=isch&source=hp&biw=1097&bih=559&q=Leonhard+Kern+&oq=Leonhard+Kern
     +&gs_l=img.12..0i30l2.2137.2137.0.4484.1.1.0.0.0.0.129.129.0j1.1.0....0...1ac.2.64.img..0.
     1.129.pClFHpCcoMQ#imgrc=CcVZAb8TuOFWNM%3A

15   1949년 제네바협약의 조문은 아래에서 볼 수 있다. https://www.icrc.org/en/war-and-law/
     treaties-customary-law/geneva-conventions

16   Cicero, de *Officiis*, I.11.

제11장

1   E. N. Luttwak, *The Rise of China vs. the Logic of Strategy*, Cambridge, Ma, Belknap, 2012,
     여러 쪽에.

2   Clausewitz, *On War*, pp.479-483.

3   Polybios, *The Histories*, 18.26.10-12.

4   I. Ehrenburg, *Thirteen Pipes* (1923), Pipe No.4.

5   S. P. Huntington, "The Clash of Civilizations," *Foreign Affairs*, 72, 3. summer 1993, p.25.

6   L. Sondhaus, *Strategic Culture and Ways of War*, London, Routledge, 2006.

7   이러한 언급이 있었던 정확한 시간과 장소는 논쟁되고 있다. "Storing up trouble: Pakistan's nuclear bombs," "Manchester Guardian," 3.2.2011, at http://www.theguardian.com/commen tisfree/2011/feb/03/pakistan-nuclear-bombs-editorial

8   두 번 생각하게 만들었다는 점에 대해서는 J. L. Gaddis, ed., *Cold War Statesmen Confront the Bomb*, Oxford, Oxford University Press, 1999, pp.39-61, 194-215.

9   Lt. Jeff Clement, personal communication, p.153.

10 "From killing to kindness." *Washington Post*, 4.12.2004.

11 H. A. Kissinger, "The Vietnam Negotiations," *Foreign Affairs*, 47, 2, January 1969, p.2.

관점과 전망: 변화, 연속성, 그리고 미래

1   Lord Alfred Tennyson, "In Locksley's Hall"(1842), http://www.poetryfoundation.org/poem/ 174629에서 볼 수 있다.

2   H. Belloc, *The Modern Traveler*, London, Arnold, 1898, p.42, 167.

3   M. Mead, "Warfare is Only an Invention—Not a Biological Necessity," *Asia*, 1940, pp. 402-405.

4   *Daybreak*, Cambridge, Cambridge University Press, 1982, fifth book, 571번 째 경구.

5   Lao Tzu on government, available at http://www.sacred-texts.com/tao/salt/salt08.htm

6   F. Bacon, "Of Seditions and Troubles," in Francis Bacon: *The Major Works*, B. Vickers, ed., Oxford, Oxford University Pres, 1996, pp.366-371.

7   *Lenin's Notebook on Clausewitz*, D. F. Davis and W. S. C. Kohn, eds., Normal, Il, Illinois State University, n.d., at http://www.clausewitz.com/bibl/DavisKohn-LeninsNotebookOn Clausewitz.pdf, p.167.

찾아보기

지은이 / **마틴 반 크레벨드(Martin van Creveld)**

  네덜란드에서 출생했으며 이스라엘에서 성장하고 교육받았다. 예루살렘의 히브리
대학교에서 석사학위를, 런던정경대학에서 역사학 박사학위를 취득했다. 1971년 이래
히브리대학교의 역사학과 교수진으로 일해왔으며 지금은 정교수이다. 반 크레벨드는
군사사와 전략에 대한 세계적인 석학 중 한 명이며 전쟁의 미래에 대해 각별한 관심을
갖고 있다. 20권의 책을 저술했으며 여기에는 *Supplying War* (1978), *Command in War*
(1985), *The Transformation of War* (1991), *The Rise and Decline of the State* (1999),
The Changing Face of War: Lessons of Combat, from the Marne to Iraq (2006), *The
Culture of War* (2008)가 포함된다. 반 크레벨드는 몇몇 국가의 국방조직에서 자문가
로 일해왔으며 캐나다, 뉴질랜드, 노르웨이를 비롯한 많은 국가의 국방대학에서 교육
하거나 강의해왔다. 또한 각종 텔레비전과 라디오 프로그램에도 출연했을 뿐 아니라
세계 도처의 신문과 잡지에 수백 편의 글을 기고하거나 인터뷰했다.

옮긴이 / **강창부**

  공군사관학교를 졸업하고 서울대학교 서양사학과에서 학사·석사 과정을 마쳤다.
2007년 영국 버밍엄대학교에서 역사학 박사학위를 취득했으며 현재는 공군사관학교
군사학과에서 전쟁의 과거, 현재, 미래를 강의하고 있다. 주요 저·역서에『항공전의 역
사』(2017),『근현대 전쟁사』(2016),『현대전의 이해』(2014),『항공우주시대 항공력 운
용』(2010, 공저)이 있다.

한울아카데미 2050

다시 쓰는 전쟁론
손자와 클라우제비츠를 넘어

지은이 | 마틴 반 크레벨드
옮긴이 | 강창부
펴낸이 | 김종수
펴낸곳 | 한울엠플러스(주)
편 집 | 배유진

초판 1쇄 인쇄 | 2018년 2월 8일
초판 1쇄 발행 | 2018년 2월 22일

주소 | 10881 경기도 파주시 광인사길 153 한울시소빌딩 3층
전화 | 031-955-0655
팩스 | 031-955-0656
홈페이지 | www.hanulmplus.kr
등록번호 | 제406-2015-000143호

Printed in Korea
ISBN 978-89-460-7050-9 93390 (양장)
      978-89-460-6425-6 93390 (반양장)

* 책값은 겉표지에 표시되어 있습니다.